불안하고 걱정 많은 아이,
어떻게 도와줄까?

불안하고 걱정 많은 아이,

어떻게 도와줄까?

로널드 라피, 앤 위그널, 수잔 스펜스,
바네사 코햄, 하이디 리네햄 지음

이정윤, 박중규 옮김

시그마북스
Sigma Books

불안하고 걱정 많은 아이,
어떻게 도와줄까?

발행일 2024년 2월 28일 초판 1쇄 발행
지은이 로널드 라피, 앤 위그널, 수잔 스펜스, 바네사 코햄, 하이디 리네햄
옮긴이 이정윤, 박중규
발행인 강학경
발행처 시그마북스
마케팅 정제용
에디터 양수진, 최연정, 최윤정
디자인 김문배, 강경희

등록번호 제10-965호
주소 서울특별시 영등포구 양평로 22길 21 선유도코오롱디지털타워 A402호
전자우편 sigmabooks@spress.co.kr
홈페이지 http://www.sigmabooks.co.kr
전화 (02) 2062-5288~9
팩시밀리 (02) 323-4197
ISBN 979-11-6862-215-9 (03590)

Helping Your Anxious Child
A Step-by-Step Guide for Parents, Third edition

차례

역자 서문

2002년에《불안하고 걱정 많은 아이, 어떻게 도와줄까?》의 초판이 발행되고 나서 12년 만인 2014년에 2판을 출간했다. 그리고 이로부터 10년이 지난 2024년에 이르러 다시 3판을 출간하게 되었다. 이 책은 인지행동치료라는 전문적인 심리학적 치료 방법을 불안 문제를 겪고 있는 아이들에게 쉽게 적용할 수 있도록 만들어진 부모용 지침서로, 아동 및 청소년의 불안 문제를 다루는 지침서가 드문 상황에서 매우 유용하고 가치 있는 책이라고 할 수 있다.

이 책의 저자인 라피 교수와 동료들은 초판 이후 두 차례 책을 개정하면서, 치료자는 물론이고 부모님들이 책의 내용을 보다 쉽게 이해하고 적용하도록 하기 위해 많은 노력을 기울였다. 그 예로, 2판에서는 각 장의 마지막 부분에 부모와 자녀를 위한 활동과 연습 과제를 추가했고, 불안 문제를 겪는 아동에게 필수적으로 적용하는 '사다리 기법'을 강조하기 위해 이에 대한 비중을 늘렸었다.

이번에 개정된 3판에서는 아동기에 나타날 수 있는 다양한 불안 문제에 대한 이해를 돕기 위해 사례를 일부 추가했으며, 최근 부각되고 있는 제3세대 인지행동치료의 흐름에 맞춰 2판에서 부록으로 다뤘던 이완 기법에 간단한 명상도 추가하여 하나의 독립된 장으로 편성하였다. 아울러 11장 '앞으로의 전망: 청소년기 불안을 이해하기'를 새롭게 편성하여, 아동기에 나타나는 불안 문제가 청소년기까지 지속될 때 생각해봐야 하는 몇 가지 이슈들에 대해 추가로 다루었다.

이 책은 대학과 대학원에서 심리학, 상담학, 아동학, 유아교육학, 사회복지학 등을 전공하는 학생들과 임상 현장에서 아동과 청소년을 상담하고 치료하는 전문가들에게 유용할 것으로 생각된다. 그리고 무엇보다도 불안하고 걱정 많은 자녀를 키우고 계신 수많은 부모님들에게 좋은 지침서가 될 것이다.

이번 3판 작업에서 1, 2, 3, 4, 8장은 박중규가, 서론과 5, 6, 7, 9, 10, 11장은 이정윤이 각각 맡아 번역하였으며, 이후 서로 교차하여 검토하였다. 이번 3판의 출간을 기획하고 독려하여주신 시그마프레스의 강학경 사장님과 편집을 도와주신 시그마북스의 양수진, 최연정 선생님께 감사드린다. 모쪼록 이 책이 자녀의 불안으로 인해 여러모로 마음 쓰고 계시는 부모님들에게 진정으로 유용한 도움이 되길 바라는 마음이다.

2024년 2월
이정윤, 박중규 드림

서론

《불안하고 걱정 많은 아이, 어떻게 도와줄까?》에 오신 여러분을 환영합니다. 불안한 아이의 부모가 된다는 것은 마치 롤러코스터를 타고 있는 것과 같습니다. 불안한 아이들은 대개 사려 깊고 배려심이 많지만, 한편으로는 짜증을 잘 내고 시간이나 감정적인 면에서 부모에게 많은 것을 요구합니다. 불안한 아동과 그 가족이 겪는 고통에 대해서는 가까운 친척이나 친구들도 잘 알지 못하는 경우가 많습니다. 아이의 두려움이나 걱정이 지속되고 아이가 인생에서 얻을 수 있는 많은 보상들을 놓치게 되면 대부분의 부모님들은 아이를 필사적으로 도와주려고 합니다. 따라서 어떤 노력도 효과가 없는 것같이 느껴질 때 부모님이 느끼는 좌절감은 당연히 클 수밖에 없을 것입니다. 때로는 여러분이 시도하는 것들이 장기적으로 아이들을 더 악화시키는 것처럼 보일 때도 있고, 대부분의 사람들은 아이들이 언젠가는 그냥 알아서 클 거라고 생각하기 때문에, 불안한 아동의 가족들은 제대로 된 방법을 찾기까지 오랜 기간 고통을 겪게 되곤 합니다.

불안 문제는 아동이든 어른이든 비슷한 정도로 흔하며, 도움이 필요한 사람들을 위하여 개발된 전문적인 치료 프로그램이 다수 있습니다. 하지만 이 책에서 여러분이 접하게 될 프로그램은 좀 다른 것입니다. 이 책은 부모님이 자녀에게 불안관리기술을 가르칠 수 있도록 기존의 검증된 전문적 프로그램을 조합하여 재구성한 것입니다.

이 책은 부모님이 자녀 스스로 불안을 관리하게끔 가르치는 데 도움이 되는 읽기 및 활동과제를 제시하고 있으며, 불안한 행동에 대응하는 새로운 방법을 배우는 데 도움이 되도록 설계되었습니다. 이 책에서 다루는 기술과 방법들은 다년간 과학적으로 검증된 몇몇 책의 내용으로부터 나온 것입니다(Cobham 외, 2010, Lyneham과 Rapee, 2006, Rapee 외, 2006, Rapee 외, 2021 참조). 각 장에는 자녀가 불안을 조절하는 데 적극적으로 참여하도록 격려하기 위한 '아동용 활동'과 부모님과 자녀가 일상생활에서 새로운 기술을 습득하는 데 도움이 되는 '연습 과제'가 포함되어 있습니다. 이 책은 주로 만 7세에서 12세 사이의 어린이를 대상으로 합니다. 하지만 이보다 나이가 어린 아이에게도 유사한 원칙이 적용되므로, 책 전체에 걸쳐 자녀를 도울 수 있는 방법에 대한 몇 가지 예와 지침을 제공합니다. 또한 이 책의 마지막 장(11장)에는 이 프로그램의 기술을 청소년에게 어떻게 적용할 수 있는지 설명하는 내용도 포함되어 있습니다.

우리는 부모님이 이 프로그램을 즐기게 되고 여러분의 자녀가 불안관리기술을 성공적으로 배워서 두려움과 걱정을 잘 극복할 수 있기를 바랍니다.

프로그램의 사용 방법

모든 아동은 각기 다르며, 모든 가족 역시 그렇다는 것을 우리는 잘 알고 있습니다. 그래서 이 프로그램을 시행하는 데 절대적인 규칙은 없으며, 만약 다른 방법이 더 낫다고 여긴다면 그것을 시도해보라고 권해드립니다. 단 우리는 불안한 아동 및 부모님과 함께한 경험과 본 프로그램의 운영에 관한 다년간의 경험을 갖고 있습니다. 이러한 경험을 바탕으로 우리는 대다수의 가족에게 가장 잘 작용하는 몇 가지 원리들을 여러분과 공유할 수 있을 것입니다.

먼저 이 책의 읽기 및 활동과제는 제시된 순서대로 완료하는 것이 가장 좋습니다. 각 장의 읽기 및 활동과제는 다음 장을 위해 기획된 것입니다. 그래서 만약 여러분이 앞부분을 뛰어넘는다면 그 부분에 해당되는 기술들을 잘 배울 수 없을지도 모르며, 진도를 나가는 것이 어려울 수도 있습니다. 단 어떤 아동은 다른 아동에 비해 더 빨리 혹은 더 느리게 진도를 나갈 수 있습니다. 각 장의 진행속도를 결정하는 것은 부모님에게 달려 있으며, 진행속도는 반드시 자녀의 개인적 상황에 근거하여 결정되어야 합니다. 활동과제를 할 때에는 같은 것을 반복 연습하는 것이 권장됩니다. 만약 여러분의 자녀가 하나 또는 둘 정도의 연습용 예시로도 해당 활동에 관한 아이디어를 잘 알아차린다면, 나머지 연습용 예시들을 모두 할 필요는 없을 것입니다. 하지만 아이디어를 충분히 알아차리기 위해서 추가 연습이 필요할 것 같다면, 모든 연습용 예시를 완수해야 할 것입니다. 어떤 아동의 경우에는 같은 장의 연습을 2~3주 이상 반복하는 시간이 필요할 수도 있습니다. 반복하여 시도하는 것을 두려워하지 마십시오! 이해하지 못하는 것보다는 조금 지루한 것이 훨씬 낫습니다.

자녀가 불안을 잘 관리하는 모습을 보기 원하신다면, 여러분의 일정에 프로그램을 시행하는 시간을 따로 정해두셔야 합니다. 우리는 여러분께 '불안관리 회기'를 매주 일정한 시간에 할 수 있게 만들어둘 것을 권장합니다. 다만 불안관리 회기를 갖는 시간을 정하는 것이 단지 그 시간에만 자녀의 불안을 다루라는 뜻은 아닙니다. 그보다는 그 시간을 주된 시간으로 삼아 이 책에서 읽은 내용을 곰곰이 생각해보고, 자녀와 함께 과제와 활동에 대해 의논하며, 다음 주의 연습과 활동에 대해 계획을 세우는 등의 기회로 활용하라는 것입니다. 예를 들어 여러분은 일요일 아침 식사 이후의 시간을 불안관리 회기의 시간으로 정할 수 있습니다. 이 시간을 무용이나 축구 혹은 피아노 교습 시간처럼 생각하십시오. 몇 달 동안 여러분은 매주 일요일 그 시간이 되면 자녀와 함께 앉아 불안관리기술에 대해 같이 작업하는 것입니다. 이렇게 하는 것이 실제로 가능한지 확인할 필요가 있습니다. 예를 들어 부모님은 이 시간을 피해서 주말 활동을 계획해야 하며, 가족 중 다른 사람이 이 계획에 참여하는 건지 아니면 그 시간 동안에 다른 곳에 가 있는 것인지 등을 분명하게 정해야 합니다.

여러분은 이 책에서 세 가지 유형의 활동을 보게 될 것입니다.

부모용 활동: 자녀와 함께 작업하기 전에 여러분은 책의 각 장을 읽고 부모용 활동을 하셔야 합니다. 대부분의 경우 이러한 활동은 자녀를 돕기 위해 생각해야 할 문제나 배워야 할 기술이라고 보시면 됩니다.

아동용 활동: 다음은 자녀가 불안을 관리하는 방법을 배울 수 있도록 부모님이 자녀와 함께 해야 할 활동이나 연습입니다. 아동용 활동에는 각 장에서 읽은 내용을 바탕으로 자녀에게 설명해야 할 내용에 대한 간략한 설명과 불안관리기술을 적용한 활동 기록지의 예시가 제공됩니다. 자녀가 일주일 동안 이러한 기술을 연습하기 위해서는 빈칸으로 된 활동지가 필요합니다. 이 책에 있는 완성된 예시를 참고하여 활동지를 만들 수 있습니다.

아동용 연습 과제: 이 연습 과제는 프로그램의 가장 중요한 구성요소입니다. 여기에는 자녀가 불안을 관리하는 방법을 배우기 위해 일주일 내

내 연습해야 할 내용들이 설명되어 있습니다. 이는 불안관리를 위해 익혀야만 하는 기술들로, 때로는 이 기술들을 잘할 수 있게 될 때까지 몇 주 이상 반복적으로 연습할 필요가 있습니다.

명심해야 할 사항

이 책의 읽기 및 활동과제들은 2~4개월에 걸쳐 다 마칠 수 있을 것입니다. 여러분이 열정적일 때에는 단 일주일만으로도 전체 프로그램을 모두 끝낼 수 있을 것 같겠지만, 일관된 진도를 유지하면서 철저하게 실행하는 것이 훨씬 더 좋습니다. 이렇게 하는 것이 프로그램 종료 전에 여러분이 지치지 않는 방법이며, 일상에 기초하여 불안한 생각과 기분, 그리고 행동을 적절하게 다룰 수 있는 습관을 형성하게 하는 데 도움이 됩니다.

이 프로그램은 아동의 부모님과 보호자 모두가 읽기 및 활동과제들을 함께 할 때 훨씬 효과적입니다. 성공적인 프로그램의 가장 중요한 특징 중 하나는 자녀가 삶의 모든 부분에서 이 기술들을 실천할 수 있게 되는 것이며, 부모님 모두가 무엇을 해야 하는지 알고 있다면 그 가능성은 훨씬 더 높아집니다. 조부모나 보호자 등 자녀와 상당한 시간을 함께 보내는 다른 성인들도 마찬가지입니다. 만약 아이가 학교에서 불안을 경험한다면, 자녀의 담임 선생님을 만나서 자녀가 이 프로그램을 통해 무엇을 이루려고 하는지 이야기해보세요. 하지만 자녀의 주변 사람들이 여러분이 하고 있는 일에 관심이 없다고 해도 포기하지 마세요. 우리는 심지어 부모 중 한 명이 프로그램에 전혀 관심이 없는 경우조차도 상당한 성공을 거둔 것을 본 적이 있습니다. 이 프로그램은 한부모 가정에서도 매우 성공적입니다.

마지막으로, 진도가 느리다거나 설령 지금보다 퇴보할지라도 낙담하지 마세요. 자녀의 불안한 사고 및 행동양식은 수년 동안 발달해왔다는 점을 기억하십시오. 따라서 이러한 양식을 변화시키기 위해서는 몇 주 이상의 시간과 끈기가 필요합니다. 특히 부모님이나 자녀가 스트레스를 받을 때 포기하지 말고 함께 간단한 게임을 하거나 이야기를 읽거나 산책을 하는 등 즐거운 활동을 찾은 다음, 상황이 조금 안정되면 다시 돌아와서 작업을 계속하시기 바랍니다.

정신건강 전문가를 만나보기

앞서 이 책은 부모님에게 자녀가 불안을 극복하는 데 도움이 되는 모든 정보를 제공하기 위한 것이라고 했습니다. 사실입니다. 그러나 우리는 어떤 것을 아는 것과 실행하는 것은 전혀 다른 일임을 잘 알고 있습니다. 그렇기 때문에 우리는 가능하면 여러분이 자녀의 불안 문제에 관해 자격을 갖춘 정신건강 전문가와 만나보기를 강력하게 추천합니다. 만약 여러분이 서점 혹은 인터넷을 통해 이 책을 골랐다면, 또한 여러분이 자녀를 위해 이제까지 전문가를 찾아본 적이 없다면, 특히 그렇습니다. 정신건강 전문가는 여러분의 자녀를 정확히 평가할 수 있으며, 자녀에게 이 프로그램이 잘 맞을 것인지 알게 해줄 것입니다. 전문가는 또한 여러분과 자녀의 상황에 맞게 이 책의 정보를 활용하는 것을 도와줄 수 있습니다. 그리고 전문가는 일이 뜻대로 잘 안 될 때에도 부모님으로 하여금 동기를 갖도록 도와줄 수 있으며, 여러분이 어려운 문제들을 잘 극복할 수 있도록 프로그램의 변형을 도와줄 것입니다.

반면 전문가가 여러분에게 이 책을 직접 주었거나 혹은 구하도록 조언했다면, 우리는 자신 있게 이 책이 여러분에게 도움이 된다고 말씀드릴 수 있습니다. 불안장애로 진단된 아동들에 대한 과학적 연구 결과에 따르면, 이 프로그램이 담긴 책자를 부모에게 주어 자녀가 도움을 받을 경우 추가적인 전문가의 도움 없이도 약 5명 중 1명의 아이에게서 불안장애가 완전히 사라졌으며, 더 많은 어린이들이 효과를 보는 것으로 나타났습니다. 또 부모가 올바른 방향으로 나아갈 수 있도록 전문가가 몇 회기 정도 추가적으로 돕는 경우에는 프로그램을 이수한 아동의 60% 이상이 불안장애 진단을 더 이상 받지 않는 것으로 나타났습니다(Lyneham과 Rapee, 2006).

프로그램에서 기대할 수 있는 것

- 불과 몇 주 만에 문제가 모두 해결될 것이라고 기대하지는 마십시오.
- 프로그램을 완료하기 전이라도 어느 정도 변화가 있을 것이라고 기대할 수 있습니다.
- 일직선이 아닌 지그재그 방식의 진전을 기대하세요. 즉 진전은 직선적으로 이뤄지기보다 전진과 후퇴를 반복하는 갈지(之)자형 과정, 즉 두 단계 전진하면 한 단계 후퇴하는 식으로 진행됩니다.
- 범위가 좁거나 분명한 걱정(예: 개를 무서워하거나 어두운 곳에서 잠자는 것에 대한 무서움 등)은 범위가 넓고 일반적인 걱정(예: 새로운 상황이나 사회적인 상황에 대한 걱정)에 비해 좀 더 진전이 쉬울 것으로 기대하실 수 있습니다.
- 프로그램이 끝난 뒤에도 새로운 사고와 행동 기술이 일상적인 습관이 될 때까지 연습을 계속해야 합니다.

불안이 완전히 없어지게 될까요?

불안이 전혀 없는 사람이 있다면 그 사람은 많은 어려움을 겪게 될 것입니다! 불안은 정상적인 정서로, 사람들이 최선의 능력을 발휘하도록 해주며, 위험한 상황에서 우리 자신을 보호하도록 만들어줍니다. 이 프로그램의 목적은 불안을 완전히 없애는 것이 아니라, 관리할 수 있는 수준으로 낮추는 것입니다. 우리는 아이들이 불안감을 관리하여 큰 경기를 앞두고 더욱 힘을 내는 것과 같은 좋은 효과는 얻고, 재밌었을지도 모르는 상황을 회피하는 것과 같은 나쁜 효과는 얻지 않기를 바랍니다.

나중에 배우게 되겠지만, 불안은 개인의 기질 또는 성격의 일부분이기도 합니다. 이 프로그램은 불안이 더 이상 자녀의 삶을 지배하지 않도록 자녀에게 새로운 대치방식을 가르쳐줄 것입니다. 다만 이 프로그램이 끝난 후에도 여러분의 자녀는 여러분이 아는 다른 일반 아동에 비해 좀 더 민감하고 감정적일 수 있는데, 그렇다고 해도 그것이 나쁜 것은 결코 아닙니다.

부모용 활동 프로그램을 준비하기

다음은 자녀와 함께 이 프로그램을 실시할 준비를 하기 위해 고려해야 할 몇 가지 사항입니다. 자녀가 피아노를 배우거나 읽기 능력을 향상시키는 데 도움을 줄 때처럼, 불안을 관리하는 방법을 배우도록 도울 때에도 시간과 노력을 기울여야 합니다. 자녀도 이 프로그램에 시간을 할애할 수 있어야 합니다. 빈칸에 답변을 적어보십시오.

1. 부모님은 매주 시간을 정하여 각 장을 읽고, 부모용 활동을 하고, 자녀와 함께 불안관리 회기를 갖도록 준비하세요.

   언제부터 준비할 수 있나요?

   _____

2. 매주 부모님과 자녀가 불안관리 회기를 실시할 시간을 따로 마련하세요(약 30~

60분). 이 시간은 '예약된' 시간이므로, 다른 일에 의해 밀려나지 않도록 하세요. 또한 다른 가족 구성원이 해야 할 일들 때문에 이 시간이 방해받지 않도록 확인하세요.

불안관리 회기는 매주 언제 할 수 있나요?

_____

3. 자녀의 인생에서 중요한 다른 사람들이 기꺼이 도와주면 훨씬 더 좋겠지만, 반드시 필요한 것은 아닙니다.

자녀가 불안을 관리하는 방법을 배우도록 돕는 데 주변 사람 중 누가 참여해야 하나요?

_____

_____

4. 정해진 불안관리 회기 이외에 추가로 시간을 할애하여 기술을 연습할 준비를 하세요. 매일 연습하는 것이 가장 이상적입니다.

1

불안을 이해하기

에밀리는 남들이 모르는 문제를 갖고 있습니다. 12살인데 아직도 밤을 무서워합니다. 가족들이 모두 잠든 후에 밖에서 이상한 소리라도 나면 무서워서 덜덜 떨고, 잠든 사이에 혹시 도둑이나 강도가 들어 우리 가족이 모두 죽게 되면 어쩌나 하는 상상을 하곤 합니다. 에밀리는 아직도 밤에 불을 켜놓아야 하며, 무서움증이 심한 날에는 안방으로 달려가 엄마와 아빠의 잠자리로 들어가버립니다. 밤에 쓰레기를 버리러 밖에 나가거나 위층에 혼자 올라가는 일은 절대 없으며, 항상 잠들기 전에 부모님이 자기 방을 점검해주길 요구합니다. 에밀리가 이렇게 무서움증을 가졌다는 것은 부모님 이외에는 아무도 모릅니다. 무서움증 때문에 친구 집에서 하룻밤을 보내자는 초대에 응한 적도 없고, 학교에서 캠프가 있을 때면 가지 않으려고 여러 가지 변명을 만들어냈습니다. 부모님은 에밀리가 무서움을 이겨내고 어두운 곳에서도 잠들 수 있도록 여러 번 밀어붙였지만, 에밀리가 너무 당황해하고 아무리 애를 써도 소용이 없었기 때문에 이제는 아이의 무서움증을 그냥 받아들이고 있는 실정입니다. 이제 에밀리의 무서움증은 자기뿐만 아니라 가족 모두에게 문제가 되었으며, 부모님은 좌절감을 느끼고 있습니다.

10살인 코너는 다른 문제를 가지고 있습니다. 이 아이는 극도로 수줍음을 탑니다. 집에서는 가족들과 자유롭게 이야기할 수 있는데, 학교에서 낯선 사람과 있을 때면 전혀 달라집니다. 코너는 혹시 일을 제대로 하지 못해서 사람들이 자기를 바보로 볼까봐 겁을 냅니다. 또한 교실에서 앞에 나가 이야기하는 것을 매우 싫어합니다. 심지어 피아노를 훌륭히 연주할 수 있는데도, 너무 겁을 먹어서 학교에서는 연주를 하지 못합니다. 학교에서는 보통 혼자 지내며, 다른 친구들과 어울리는 것도 꺼립니다.

에밀리와 코너의 문제는 일반적이고 정상적이며, 보통 쉽게 다룰 수 있습니다. 그러나 어떤 경우에는 이러한 문제들이 아동과 부모님의 삶을 힘들게 하고 잠재적으로 심각한 장애를 일으킬 수도 있습니다. 이 책에 제시된 여러 아이들의 이야기는 불안이 아동의 생활에 영향을 미치는 여러 방식들을 보여줄 것입니다.

불안이 나타나는 형태는 달라도 이들을 치료하고 여러분의 자녀가 삶에 대한 통제감과 자신감을 갖도록 돕는 방법은 상당히 유사합니다. 이 책에서 우리는 아동기 불안의 일반적인 유형들을 설명하고 이에 대한 이해를 도모하여, 자녀가 불안을 극복하도록 도와줄 수 있는 방법들을 소개하고자 합니다. 우리는 많은 아동들이 경험하는 미약하고 경증인 불안부터 아동의 삶을 심하게 제한시키는 좀 더 만성적이고 심각하며 침습적인 문제에 이르기까지 모든 종류의 불안에 대해 논의할 것입니다. 가장 중요한 점은 아이들에게 두려움을 다루는 법을 가르칠 수 있도록 구체적인 기술과 방법을 상세히 제시한다는 것입니다.

이 방법들로부터 도움을 받았던 몇몇 아동들의 사례를 제시하면서 불안한 아동에 대한 논의를 시작하겠습니다. 이 아동들은 책 전반에 걸쳐 계속해서 언급될 것이며, 각각의 사례들을 통해 치료기법이 어떻게 실생활에 적용되는지 살펴볼 수 있을 것입니다.

불안한 아동들의 사례

탈리아

탈리아는 친구가 많고 때로는 다소 건방지게도 보이는 9살 된 여자아이입니다. 록 음악을 매우 좋아하고 학교 축구팀의 일원이며, 걱정거리도 별로 없습니다. 그런데 탈리아는 물을 무서워합니다. 5살 때 수영을 배웠는데 한 번도 수영이 즐거운 적이 없었으며, 항상 깊은 물속에 들어가는 것을 두려워합니다. 한번은 아빠가 탈리아의 발이 닿지 않을 만큼 깊은 곳에 데려간 적이 있었는데, 그때 탈리아는 죽을 것 같은 무서움을 느끼며 아빠 옆에 딱 달라붙어서 밖으로 내보내달라고 애원했습니다. 아무도 탈리아가 물을 두려워하는 이유를 알 수 없었습니다. 물에서 안 좋은 경험을 한 적도 없고, 주변에 물에 빠진 사람도 전혀 없습니다. 탈리아의 두 형제들은 수영과 파도타기를 매우 좋아합니다. 그럼에도 불구하고 물은 항상 탈리아에게 무서운 존재였고, 탈리아가 노력했음에도 불구하고 물에 대한 공포가 항상 따라다녔습니다. 나이를 먹어감에 따라 탈리아는 수영장 파티에 가거나 친구들과 해변에 놀러 가게 되었는데, 이젠 변명도 바닥이 나버렸고, 수영 공포증은 문제가 되기 시작했습니다.

커트

10살 된 커트는 걱정이 많은 아동입니다. 그는 학업과 부모님의 건강에 대해 걱정하고, 자신이 먹이 주는 것을 잊어버려서 개가 굶어 죽을까봐 걱정하기도 합니다. 부모님은 커트가 더 이상 저녁 뉴스를 보지 못하도록 했는데, 왜냐하면 뉴스를 본 뒤에는 이틀 정도 계속해서 뉴스에서 봤던 모든 비극적인 이야기들에 대해 걱정하기 때문입니다. 또한 부모님은 커트에게 해야 할 새로운 일에 대해 미리 이야기하지 않습니다. 왜냐하면 무슨 일이 일어날 것인지 계속 질문하면서 끊임없이 부모님을 괴롭히기 때문입니다. 또한 학교에서 시험을 본다거나 치과에 가는 등 불쾌한 일을 해야 하는 상황에서 항상 이런 질문들을 하곤 합니다. 커트는 수차례에 걸쳐 부모님에게 확인하려 하며, 부모님이 안심시켜주기를 바라는 것입니다.

또한 커트는 세균에 대해서도 걱정합니다. 어떤 것을 만질 때면 세균이 자신의 손에 침투해서 병에 걸려 죽게 될 것이라며 두려워합니다. 그리고 감염되는 것과 모든 종류의 질병들을 무서워합니다. 커트는 하루 종일 반복해서 손을 씻고 또 씻습니다. 예를 들어 화장실에 다녀오면 몇 분 동안 손을 북북 문질러 닦습니다. 또한 밖에서 손잡이를 만졌다거나 다른 사람들이 사용했던 의자에 앉은 경우 자신이 오염되었다고 생각해 그때마다 미친 듯이 손을 씻어댑니다. 커트는 병원이나 학교 식당 등 몇몇 장소에는 가지 않는데, 왜냐하면 그곳에 병균이 있다고 생각하기 때문입니다. 어떤 것이 오염되었다고 생각되면 그것은 바로 금기가 되어버립니다. 예를 들어 한번은 뒤뜰에서 개가 토하는 것을 본 후로는 한동안 그곳에 가지 않았습니다. 지난주에는 엄마와 기차를 탔는데 앞에 앉은 아저씨가 여러 번 재채기를 했습니다. 커트는 집에 오자마자 욕실로 뛰어가서 무려 45분간 몸을 씻었습니다.

조지

12살 된 조지의 부모님은 그가 혼자서도 많은 일을 잘해낸다고 믿고 있습니다. 그런데 막상 조지는 자신감이 없고 다른 사람들이 자신에 대해 어떻게 생각할지 많은 걱정을 하고 있습니다. 그는 항상 신경이 날카롭고 예민하며 수줍음이 많고 친구가 거의 없습니다. 올해 중학생이 되면서 조지는 자신의 껍질 속으로 더욱 들어가버렸습니다. 이러한 양상 때문에 토니라는 첫 번째 친구를 사귀는 데 아주 오랜 시간이 걸렸으며, 그 친구 역시 아웃사이더에 속한 학생이었습니다. 선생님 말씀에 의하면 조지는 수업 시간에 거의 말을 하지 않으며, 질문을 받거나 반 아이들 앞에서 말을 해야 하는 상황에서 매우 당황한다고 합니다. 집에서 가족들과는 말을 아주 잘하는데, 그러다가도 잘 모르는 사람이 집에 오면 조용해집니다. 또 조지에게는 자신이 입을 수 있는 옷과 없는 옷을 구별하는 독특한 규칙이 있으며, 옷을 구입할 때는 부모님을 꼭 데리고 가서 점원과 대신 이야기하도록 하고, 집에 오는 전화도 절대 받지 않습니다. 부모님이 아무리 설득해도 조지는 모임이나 운동팀에 한 번도 참여한 적이 없으며, 대부분의 시간을 집에서 혼자 모형 만들기를 하면서 보냅니다. 때때로 외롭다고 이야기하며, 얼마 동안 기분이 가라앉았거나 울적해지는 때도 가끔씩 있습니다.

라쉬

라쉬는 7살 된 여자아이로, 부모님이 2년 전에 헤어졌습니다. 부모님이 이혼한 후부터 라쉬는 엄마에 대해 매우 많은 걱정을 하기 시작했습니다. 엄마가 혹시 차 사고나 강도를 당해 죽게 될까봐 걱정하고 두려워했습니다. 라쉬는 엄마와 떨어져서 돌봐주시는 아주머니와 있게 된다거나,

할머니 집에서 잠을 자야 할 때마다 울음을 터뜨렸습니다. 그 결과 라쉬의 엄마는 이혼한 이후로 거의 외출을 못 했습니다. 라쉬의 엄마는 점점 친구들을 잃게 되었으며, 다른 사람들을 만날 기회도 갖지 못했습니다. 가끔 라쉬는 아빠의 집에서 잘 때가 있었는데, 그때마다 엄마에 대해 물어보면서 시간을 다 보냈고, 급기야 아빠와는 전혀 함께 있고 싶어 하지 않게 되었습니다. 엄마는 매일 아침마다 라쉬를 학교에 보내려고 전쟁을 치러야 했으며, 라쉬와 집에 있기 위해 직장을 하루 쉬어야 하는 날도 종종 있었습니다. 라쉬는 또한 집에 도둑이 들까봐 걱정했으며, 어둠을 매우 무서워했습니다. 몇 주 전부터 라쉬는 엄마와 함께 자기 시작했으며, 엄마도 싸움에 지쳐 함께 자는 것을 허락하곤 했습니다. 라쉬의 엄마는 딸을 사랑하지만, 아이 때문에 얽매이게 되는 생활에 지치기 시작했고 분노감을 느끼게 되었습니다.

또한 라쉬는 이런 주요한 불안 이외에도 의사와 병원, 주사 맞기 등에 대한 공포를 가지고 있습니다. 물론 이런 공포들은 보통 때는 문제가 되지 않았습니다. 그런데 종종 치료받기 위해 병원에 가야 한다거나 친구의 병문안을 가야 할 상황에서는 라쉬를 설득하기가 매우 어려웠습니다. 주사를 맞는 것은 가장 큰 문제였는데, 라쉬는 간호사가 주사를 놓는 것을 강력하게 거부해서 급기야 지난번 예방 접종은 아예 받지도 못했습니다.

제시

제시는 11살입니다. 부모님은 모든 것에 대해 걱정하는 제시가 고등학교에 진학해서 잘 적응할 수 있을지 걱정이 태산입니다. 제시는 외출하는 부모님을 비롯하여, 교우 관계, 학교에서 잘할 수 있을지, 과거와 미래의 일들, 심지어는 어쩌다 생기는 위험한 일 등에 대해 모두 걱정이 심합니다. 항상 일이 잘못될 경우를 걱정하며, 자신에게 익숙한 일상 외에는 외출하는 것도 싫어합니다. 심지어 제시는 자신이 걱정을 너무 많이 한다고 걱정합니다. 학교에서는 몇 명의 친한 친구들이 있는데, 친구들이 어느 날 갑자기 자신을 싫어하면 어쩌나 두려워하기도 합니다. 자신의 현재 친구 관계를 해칠지도 모르는 새로운 친구는 전혀 사귀려 하지 않습니다. 제시는 똑똑하며, 모든 일을 흠집 하나 없이 처리하고, 모든 것이 완벽하게 옳은지 확인하기 위해 많은 시간을 씁니다. 그럼에도 실제 시험 성적은 썩 좋지 못했는데, 시험지 앞부분의 문제들을 완벽하게 풀기 위해 너무 오래 매달려서 뒷부분의 문제들을 다 풀지 못하기 때문입니다.

제시는 최근에 음식을 먹다가 숨 막혀 죽을까봐 무척 두려워하고 있습니다. 이러한 증상은 편도선염을 심하게 앓은 다음 시작되었습니다. 그 후 제시는 단단한 과일이나 큰 고깃덩어리 등을 삼키기 어렵다는 것을 알고 더 이상 먹지 않았습니다. 다른 음식들은 삼키기 전에 오랫동안 씹었습니다. 현재는 가족들과 저녁 식사를 하는 것이 어려워졌으며, 체중도 약간 줄었습니다. 부모님이 억지로라도 먹이려고 하면 제시는 매우 무서워하면서 바둥거렸고 음식을 집어 던지기도 하였습니다.

톰

톰은 5살 남아로 활동적이고 힘이 넘치며 호기심이 많습니다. 집에서는 다른 아이와 다르지 않아 누나와 함께 공을 차고 놀며 끊임없이 집에서 뛰어다닙니다. 하지만 식구가 아닌 다른 사람이 집에 오면 톰은 자기 방으로 숨고, 가장 친한 친척이 와도 눈 맞춤을 피하고 전혀 말을 하지 않습니다. 식구들과 밖으로 외출할 때도 톰은 전혀 다른 아이가 됩니다. 톰은 매우 조용하고 수줍어하며 엄마에게 딱 붙어 있습니다. 어떤 아이와도 놀지 않으려고 하며, 집 식구 외에는 누구와도 상호작용 하기를 거부합니다. 매일 아침마다 유치원에 보내려고 하는 엄마에게 울면서 안 가겠다고 하며, 최악의 경우에는 울며불며 심하게 땡깡을 부리면서 자기를 보내지 말라고 악착같이 매달립니다. 일단 유치원에 보낼 수 있는 경우도 있는데, 선생님에 의하면 톰은 다른 아이들과 전혀 말도 하지 않고 그저 혼자서 놀 뿐이라고 합니다. 그렇지만 집으로 돌아오면 다시 활달하고 행복한 아이가 됩니다. 또한 톰은 밤에 혼자 자는 것을 무서워하며, 일상에서 벗어나는 모든 일과 큰 소음에 대해서도 매우 예민해합니다.

여기 제시된 예들은 불안이 아동기에 걸쳐 아이들의 생활에 영향을 미치는 몇 가지 경우를 보여주고 있습니다. 불안의 종류는 매우 다양하고, 아동에게 영향을 주는 방식 또한 여러 가지가 있습니다. 사실 아동이 가질 수 있는 불안은 아동의 수만큼이나 많고도 다양합니다. 여러분도 아시겠지만, 불안이 항상 '기이한' 혹은 '미친 듯한' 양상을 보이지는 않습니다. 정상적이고 일반적인 많은 걱정들이 아동이 원하거나 해야 할 일을 방해하는 경우에만 비로소 문제가 되는 것입니다. 두려움과 걱정은 강도와 영향력 면에서도 매우 다양하게 나타납니다.

다행인 것은 이러한 문제들이 매우 잘 치료될 수 있다는 점입니다. 이 책에서는 현실적으로 생각하기, 두려움에 직면하기, 더 나은 사회적 상호작용 배우기 등 필요한 여러 기술들에 대해 설명할 것입니다. 각 기법들에 대해서 매우 구체적으로 설명하고 사례를 제시하면서, 각 개념들을 어떻게 치료에 적용시키는지 제시할 것입니다. 마지막으로 여러분의 자녀가 치료를 통해 얻었던 것들을 어떻게 유지시키고, 만일 증상이 재발하면 무엇을 해야 하는지 앞으로의 일에 대해서도 논의할 것입니다. 이 프로그램을 통해 여러분의 자녀는 자신감을 얻을 수 있고, 또한 가족 모두와 함께하는 즐거운 시간과 보상들을 얻게 될 것입니다. 우리의 경험에 의하면, 때로 해야만 하는 것을 어느 정도 무서워한다거나 그들이 생각하고 느끼는 것에 대해 놀라기도 하겠지만, 참가했던 대부분의 아동들은 이러한 기술들을 배우는 것을 즐기면서 프로그램을 잘 해냈습니다.

어떤 경우 자녀의 불안이 문제가 되는가?

모든 사람들은 때로 불안을 느낍니다. 하지만 대부분의 사람들한테는 불안이 일상생활에 실제로 영향을 미치지는 않습니다. '정상적인' 두려움과 걱정에 대해 잘 이해하고, 아울러 불안이 아동에게 영향을 주는 방식에 대해 좀 더 잘 이해한다면, 여러분의 자녀가 도움이 필요한지의 여부를 결정하는 데 도움이 될 것입니다.

정상적인 두려움

불안은 정상적인 것이며 자연스러운 삶의 일부입니다. 이는 종(種)으로서 진화해온 우리의 한 부분이며, 삶의 특정 시기에 출현해 발전해갑니다. 낯가리기, 그리고 양육자와 분리되는 것에 대한 두려움은 전형적으로 생후 6~9개월 전후에 나타납니다. 물론 정확한 연령과 불안의 정도는 아동마다 다르겠지만, 모든 아동들이 이러한 무서움을 경험하며 그 시기는 대개 비슷합니다. 아이가 조금 크게 되면 또 다른 종류의 두려움을 나타내곤 합니다. 동물(예: 개)이나 곤충(예: 거미)에 대한 공포, 물에 대한 공포, 초자연적인 대상에 대한 공포(예: 유령, 괴물) 등은 종종 걸음마기 이후의 어린 아동들에게 나타납니다. 아동기 중후반이 되면 아이들은 다른 사람을 더 의식하기 시작하고 자의식이 생기며, 또래들과 어울리는 것과 관련된 걱정을 할 수 있습니다. 통상 이런 걱정들은 나이가 들면서 증가하며, 청소년기 중기에 이르면 최고조에 달합니다. 그래서 이 시기에는 자기가 다른 사람들에게 어떻게 보이고, 다른 아동들이 자기를 어떻게 생각하는지가 세상에서 가장 중요한 문제가 됩니다.

이러한 두려움들은 보통 우리 모두가 거치는 정상적인 발달 과정의 한 부분에 불과한 경우가 대부분입니다. 하지만 때로 무서움과 걱정이 아동에게 문제를 일으키기 시작하는 수준까지 커질 수도 있습니다. 이런 과도한 무서움은 흔히 일시적이고 지나가는 것일 수도 있는데, 그래도 부모님의 입장에서는 그러한 고통을 자녀들이 얼른 이겨내도록 돕고 싶으실 것입니다. 또 한편으로, 어떤 아동들은 또래에 비해 무서움과 걱정을 훨씬 심하게 경험할 수 있고, 보통은 크면서 이를 이겨내는 데 비해 어떤 아동들은 커서도 계속 그럴 수 있습니다.

불안이 문제가 되는 때는 언제인가?

자녀의 불안이 '비정상적인' 것인지 부모님이 쉽게 판단할 수 있을까요? 간단히 말하자면, 그러기는 거의 불가능합니다! 불안을 '정상 또는 이상'이라는 식으로 딱 잘라 나눌 수 없는 경우가 대부분이라는 뜻입니다. 모든 두려움 자체는 정상적이지만, 단지 어떤 두려움은 다른 것보다 더 심하고 광범위할 뿐입니다. 어떤 아동이 세균에 대한 공포 때문에 손을 너무 자주 씻는 일은 처음에는 이상하게 보일지라도, 이러한 세균 공포는 지나친 수준의 정상적인 두려움으로 볼 수도 있습니다. 모든 사람들이 적어도 어느 정도는 세균에 대해 걱정을 합니다. 여러분이 만약 개 밥그릇으로 저녁을 먹는다고 상상해보십시오. 이런 관점에서 불안 문제가 있는 아동들은 단지 다른 아동들보다 정상적인 걱정에 비해 정도가 더 심하고 더 침습적일 뿐이라고 생각해볼 수 있습니다.

불안이 정상인지 이상인지를 따지기보다는 불안이 일상생활에서 아동에게 어떤 문제가 되는지를 심사숙고해보는 것이 좋습니다. 불안이 아동에게 방해가 되거나 어려움을 일으키고 있습니까? 불안으로 인한 어려움은 다양하게 나타날 수 있습니다. 예를 들면 무서움으로 인한 어려움이 단지 아동을 고통을 느끼고 당황하게 하는 정도에서 그칠 수도 있으며, 불안 때문에 아동이 좋아하던 어떤 일을 더 이상 하지 못하게 되기도 합니다. 혹은 걱정 때문에 아동의 학업이나 신체적 활동이 안 좋은 영향을 받는 경우도 있습니다.

요점은 다음과 같습니다: 만일 불안이 아동의 삶에 악영향을 미친다면, 그걸 어떻게 극복할 것인지를 배움으로써 혜택을 얻게 될 것입니다. 그 기술들을 익히는 작업을 하겠다고 결정하신다면, 이러한 변화 과정은 여러분의 기여와 노력, 적극적 헌신을 요구하게 될 것임을 명심하셔야만 합니다. 반면, 이러한 작업은 즐거운 일이 될 수 있습니다. 치료에서 사용되는 활동들은 전혀 위험하거나 해롭지 않으며, 이를 통해 자존감과 자기확신, 행복감의 향상과 같은 부가적인 이득을 많이 얻을 수 있습니다.

불안은 얼마나 흔한 문제인가?

많은 어른들이 아동기는 걱정도 없고 책임도 없는 때라고 여깁니다. 하지만 놀랍게도, 현실에서 아동기 및 청소년기 전반에 걸쳐 가장 흔한 심리적 어려움은 불안 문제입니다. 연령에 따라 불안장애의 하위 유형들은 다소 다르게 나타나지만, 약 10명당 1명의 아동이 불안장애의 진단기준에 부합됩니다. 양육자와의 분리불안은 좀 더 어린 나이에 흔히 발생하고, 사회불안은 좀 더 성장한 다음에 나타납니다. 유아부터 청소년까지 모든 연령에서

27

불안과 걱정은 아동에게 영향을 줍니다. 성별이나 빈부, 지능 등의 차이와는 상관없이 불안은 누구에게나 영향을 줍니다.

흥미로운 것은 불안장애가 실제로 이와 같이 매우 흔한 장애임에도 불구하고, 아동청소년 정신건강 전문기관(예: 아동청소년 정신건강의학과나 공공·사설 심리상담센터 등)에서 가장 일반적으로 발견되는 문제는 아니라는 점입니다. 아동청소년 정신건강 전문기관에는 공격성 문제나 주의력 결핍, 섭식장애, 자살 문제 등을 가진 사례들을 더 많이 볼 수 있습니다. 추측건대 불안이 매우 흔하고 또 아동에게 보편적으로 나타나는 문제이기는 하지만, 대부분의 부모님은 불안해하는 자녀를 데리고 전문가를 찾아가야겠다고 생각하지는 않는 것 같습니다. 이는 부모님이 불안을 단순히 아동의 성격의 일부로 생각하거나, 부모님이 해줄 수 있는 것이 없다고 믿기 때문인 듯합니다. 혹은 자녀의 불안 문제가 다른 문제만큼 부모님이나 교사에게 심각하게 와닿지 않아서, 아동에게 미치는 부정적 영향을 제대로 인식하지 못하기 때문에 그럴 수도 있습니다. 그 외, 대부분의 아동청소년 정신건강 전문기관은 불안보다는 공격성 문제들을 다루기 위한 준비가 더 잘 되어 있기도 합니다. 결과적으로, 불안한 자녀에 관해 걱정하고 있는 부모님들은 괜히 '침소봉대'하는 것이 아닐까 생각하여 전문적인 도움을 요청하는 것을 흔히 포기하는 것 같습니다.

불안은 아동에게 어떻게 영향을 끼치는가?

어떤 부모님은 '그래서 뭐요? 누구나 가끔씩 신경이 곤두서고 불안한 법이잖아요. 다른 사람을 해치지도 않는데, 요란을 떨어야 할까요?'라고 생각하실 수도 있습니다. 부모님의 이런 생각이 어느 정도는 맞을 수도 있습니다. 불안은 약물 남용이나 자살을 생각하는 문제처럼 아동의 일상에 극적인 영향을 미치지는 않습니다. 하지만 불안은 정말 개인적인 고통의 신호입니다. 이는 단지 동정심을 얻고자 하는 행위이거나 수단이 아닙니다.

불안한 아동은 또래 아동에 비해 친구를 적게 사귀는 경향이 있습니다. 대부분은 수줍음을 타기 때문에 새로운 친구를 만나거나 모임에 참여하기를 힘들어합니다. 이러한 이유 때문에 소수의 한정된 친구만을 사귀며, 다른 아이들처럼 친구들과 활발히 어울리지 못하는 경향이 있습니다. 이러한 사회성 결핍은 성장 후에도 중요한 영향을 미쳐서 외로움을 증가시키고 동료들의 지지를 받을 기회도 줄어들게 합니다.

또한 불안은 아동의 학업 수행에도 영향을 끼칩니다. 대부분의 불안한 아동들은 성실하고 완벽주의적인 성향을 지니고 있기 때문에 공부를 열심히 하며, 그래서 성적이 좋은 편입니다. 그렇지만 이들은 실제 자신의 능력만큼 잘 해내지 못하기도 합니다. 특히 지나치게 걱정을 하는 아동들의 경우에는 숙제를 미루기도 하고 공부할 때 고전을 면치 못하는데, 이는 능력이 없어서가 아니라 걱정이 많아서 자신 있게 과제를 처리하지 못하기 때문입니다. 수줍은 아동들 또한 교사와의 상호작용 및 학급 활동을 통한 배움이 적은데, 불안 때문에 자원을 충분히 활용하지 못하기 때문입니다(예: 수업 시간에 질문을 전혀 하지 않습니다). 더군다나 대부분의 불안한 아동들은 수업 시간에는 잘했던 것도 막상 시험을 보면 잘 못하는데, 이는 실패에 대한 두려움 때문에 집중을 못하기 때문입니다. 또한 우리는 불안한 아동은 그렇지 않은 아동에 비해 결석할 확률이 높다는 것을 알고 있습니다(Lawrence 외, 2015). 연구에 의하면, 장기적으로 봤을 때 수줍은 아동들은 직업 선택도 제한되며, 기회를 충분히 활용할 수 없게 됩니다(Caspi 외, 1988). 여러 사람 앞에서 무엇을 하는 일에 대해서 걱정이 많기 때문에 여러 직업(예: 판매 및 방송, 법 관련 직업)이 이들의 선택에서 제외되기 쉽습니다.

불안한 아동이 성장하고 성숙하면서 자신감 있게 변할 수 있으나, 일부는 불안한 어른이 됩니다. 성인기 불안장애는 생활에 큰 지장이 됩니다. 불안장애를 겪는 어른은 약물 또는 알코올 중독 문제를 보이기 쉽고, 직장생활 및 취업의 어려움을 겪으며, 여러 곳의 병원을 전전하거나, 흔히 우울해지고 심지어는 자살을 시도하기도 합니다. 또한 청소년기에 해당하는 비교적 이른 시기에 우울증이 발병할 수 있습니다. 이러한 일이 여러분의 자녀에게 반드시 일어날 것이라고 말씀드리는 건 아닙니다. 하지만 지금 경미한 수준의 불안으로 인한 영향이 있다면-아마도 기회를 놓친 적이 몇 번 있을 수 있는데-사태가 더 심각해질 때까지 기다리기보다는 당장 무엇인가를 하는 것이 더 좋겠다고 말씀드리는 것입니다.

만일 당신이 불안한 아동의 부모라면, 지나치게 걱정하지 마시기 바랍니다. 불안은 관리할 수 있습니다. 걱정보다는, 자녀를 돕기 위해 무엇인가 해보겠다는 동기를 분명히 하는 것이 좋겠습니다.

불안의 유형

사람들은 개인차가 있으며, 따라서 같은 불안 문제를 지닌 아동들 사이에서도 정확히 똑같은 문제행동이 나타나는 것은 아닙니다. 또한 불안의 수준도 아동마다 다릅니다. 어떤 아동은 한두 가지 것만을 무서워합니다. 예를 들면, 아동이 자신감이 있고 외향적이지만 깜깜하게 불을 끈 채로 잠자는 것은 두려워할 수 있습니다. 다른 한편으로, 어떤 아동들은 생활의 많은 영역에서 걱정할 수 있고 예민하고 긴장되어 있을 수 있습니다. 예를 들면, 어떤 아동은 모든 새로운 상황에 대해 걱정할 수 있습니다. 새로운 친구를 만나는 것을 두려워하고, 개나 거미, 어둠을 두려워하며, 밤에 외출하신 부모님을 걱정할 수 있습니다.

우리가 반복해서 보는 어떤 공통적인 불안의 패턴이 있으며, 다음 부분에서 각각을 설명할 것입니다.

특정 공포증

'특정 공포증'은 특정 대상이나 상황을 무서워하는 것이며, 이 경우 아동들은 보통 자신을 얼어붙게 만드는 것과 접촉하지 않으려고 무던히 애를 씁니다. 일반적으로 특정 공포증의 대상에는 어둠, 개 또는 거미와 같은 동물, 높은 곳, 폭풍, 주사 맞기 등이 포함됩니다. 이전에 언급했던 탈리아는 물에 대한 특정 공포증을 가지고 있습니다.

분리불안

'분리불안'은 양육자로부터 떨어지는 것에 대한 무서움을 말하는데, 일반적으로 어머니를 대상으로 나타납니다. 분리불안이 있는 아동은 어떤 이유에서든지 보호자와 떨어지게 되면 매우 당황합니다. 어떤 아동들은 이 방 저 방 따라다니면서 항상 부모님 곁에 있으려고 합니다. 더 일반적인 양상은 학교 가기를 싫어하고, 부모님이 외출하려고 하면 당황하고, 다른 곳에서는 자지 않으려고 하며, 부모님과 항상 함께 있으려고 애를 씁니다. 어떤 아동들은 부모님과 떨어져 있을 때 배가 아프다거나 다른 신체적 문제들을 호소하기도 하며, 헤어질 때 갑자기 떼를 쓰면서 심하게 울기도 합니다. 이러한 행동은 아마도 부모와 떨어져 있을 때 부모나 자기에게 끔찍한 일이 생겨서 다시는 서로 못 보게 될 것 같은 두려움 때문에 생기는 듯합니다. 앞에서 제시했던 라쉬의 경우는 부모가 이혼한 후에 분리불안이 생겼는데, 많은 경우 이렇게 분명한 촉발 원인이 쉽게 확인되지는 않습니다.

일반화된 불안

'일반화된 불안'은 일상의 여러 가지 일들에 대해 걱정하고 불안해하는 양상을 말합니다. 이러한 성향을 지닌 아동들의 부모님은 자녀를 '잔걱정이 많은 아이'라고 부릅니다. 이런 아동들은 건강이나 학업, 운동경기 결과, 각종 청구서, 심지어 부모님의 직업에 이르기까지 생활 전반에 대해 걱정합니다. 이들은 특히 부딪치게 될 새로운 상황에 대한 걱정을 많이 하는 편인데, 부모님에게 질문을 반복하면서 안도감을 얻으려 합니다. 저녁 뉴스나 드라마 등의 TV프로그램을 본 후에 아동이 며칠씩이나 걱정을 한다고 말하는 부모님들이 많습니다. 앞에서 소개된 커트와 제시의 경우는 일반화된 불안을 보이고 있습니다.

사회불안 혹은 사회공포증

'사회불안' 혹은 '사회공포증'은 아동이 다른 사람과 만나거나 자신이 관심의 초점이 되는 상황을 두려워하고 걱정하는 현상을 말합니다. 이런 아동들은 보통 수줍음이 많은 아이라고 일컬어지며, 다른 사람들이 자신을 좋지 않게 생각할 것이라는 두려움을 핵심 문제로 갖고 있습니다. 그 결과 아동들은 타인과의 상호작용이 요구되는 여러 상황을 회피하는데, 거기에는 새로운 사람과 만나는 것, 전화하는 것, 어떤 팀이나 모임에 참가하는 것, 수업 시간에 대답하는 것, 혹은 옷을 잘못 입은 상황 등이 포함됩니다. 앞에서 소개한 조지가 바로 사회공포증의 한 예입니다.

강박장애

'강박장애'는 오랜 기간 아동이 특정한 행동이나 생각을 반복해서 나타내는 것입니다. 강박 문제를 가지고 있는 아동들은 마음속에 끊임없이 반복되는 어떤 특별한 생각이나 주제들을 가지고 있습니다. 예를 들면 더러움이나 세균에 대해 반복해서 걱정하거나, 정리정돈과 단정함에 대해 계속적으로 걱정하는 경우입니다. 그리고 보통 이런 아동들은 어떤 행동을 반복적으로 계속하는데, 마치 미신을 믿는 것처럼 또는 자기만의 의례를 치르는 것처럼 보이기도 합니다. 예를 들면 오랫동안 특이한 방식으로 반복해서 손을 씻거나, 매우 독특한 방식으로 자신의 물건들을 정리정돈 합니다. 앞에서 언급했던 커트의 주요 문제 중 하나가 바로 강박장애입니다.

공황장애와 광장공포증

'공황장애'란 공황발작을 할까봐 무서워하고 걱정하는 것을 말합니다. 공황발작은 일련의 신체적 증상들(예: 가슴 뜀, 땀 흘림, 욱신거림, 어지럼증, 숨 막히는 느낌 등)과 함께 갑자기 극심한 무서움이 나타나는 것입니다. 공황발작 동안에 아동은 자신이 곧 죽을 것 같고, 어떤 끔찍한 일이 자신에게 일어날 것 같다고 믿습니다. 공황장애는 어린 아동에게는 흔치 않으며, 청소년기에 더 많이 나타나는 경향이 있습니다. 공황장애가 있는 청소년들은 종종 공황발작 때문에 여러 상황을 회피하기 시작하는데, 이러한 문제들로 인해 '광장공포증'을 동반한 공황장애로 발전해갈 가능성이 있습니다.

트라우마 사건 경험에 관한 유의사항

아주 심한 스트레스 사건뿐만 아니라 잠재적으로 트라우마가 될 수 있는 사건에 노출되는 경우, 거의 모든 아동이 처음 며칠 또는 몇 주 동안 고통을 경험하는 것은 정상입니다. 이러한 고통은 대부분 시간의 경과와 가족·공동체의 지지와 함께 점차 사라집니다. 그런데 몇몇 경우는 이러한 고통이 자연적으로 줄지 않고, 새롭거나 악화된 불안과 무서움으로 발전하기도 합니다. 예를 들어, 어떤 아동이 자연재해(예: 태풍, 폭우 등)를 경험한 후 재앙과 결부된 무언가에 특정 공포증을 발전시킨다든지, 이전에는 그렇지 않았는데 부모님과 떨어지는 것을 무서워하게 될 수 있습니다. 이러한 경우-아동의 주요 문제는 불안과 무서움에 초점이 있음-이 책은 부모님께 좋은 정보를 제공할 가능성이 있습니다. 반면 잠재적으로 트라우마 사건에 노출된 이후, 가장 흔한 심리적 반응으로 불안보다는 다른 유형의 어려움을 보인다면 이는 외상후 스트레스장애(PTSD)일 수 있습니다. PTSD를 겪는 아동은 불안을 겪는 아동과는 다른 양상을 나타냅니다. 예컨대 PTSD를 겪는 아동은 사건을 잊지 못하고, 그에 대한 악몽을 꾸기도 하며, 심지어 놀이 내용에 충격적인 트라우마 경험이 드러나기도 합니다. 어떤 때는 갑자기 그 사건이 다시 발생한 것처럼 느끼고 행동하며, 매우 동요하는 모습을 보이기도 합니다. 아동들은 그 사건을 다시 떠올리게 하는 상황을 피하려고 하며, 그들의 느낌에서 동떨어져 있는 듯이 보일 수도 있습니다. 또한 쉽게 놀라거나 수면 곤란, 성마름 등을 보이기도 합니다. PTSD를 겪는 아동의 치료는 불안 문제의 경우와는 달라야 합니다. 만일 우리 아이가 PTSD를 겪는 것 같다면, 우리는 전문적인 심리치료 및 가족지원을 찾으실 것을 강력히 추천합니다.

부모용 활동 ## 자녀의 불안

다음에 제시된 불안에 관한 설명을 읽으시면, 여러분은 아마도 '이건 우리 아이네'라고 내심 생각하실 수 있습니다. 불안의 하위 유형에 관한 설명의 유사점과 차이점에 대해 곰곰이 생각해보시면, 자녀가 겪는 어려움이 주로 어느 영역인지 파악하는 데 도움이 될 것입니다. 이는 또한 초점을 둬야 할 영역과 목표를 생각해보는 데에도 도움이 될 것입니다.

자녀의 문제를 잘 설명한다고 생각되는 항목을 찾아 표시해보십시오. 이를테면, 대부분의 또래 아동에 비해 어떤 면에서든 여러분 자녀의 일상을 훨씬 더 방해하는 것은 무엇인가요?

사회적 불안

- □ 수줍음
- □ 사람 만나는 것을 어려워함
- □ 집단에 참여하는 것을 어려워함
- □ 친구가 매우 적음
- □ 또래와의 관계를 회피함
- □ 주의를 끄는 것을 좋아하지 않음
- □ 다른 사람들이 자신에 대해 좋지 않게 생각할 것이라고 믿음
- □ 튀는 옷을 입는 것을 회피함
- □ 사람들 앞에서 말하지 않음
- □ 수업 중 문제에 대한 질문이나 응답에 대해 겁냄
- □ 다른 사람 앞에서 놀림거리가 되거나 당황하게 되는 것을 걱정함

분리불안

- □ 길을 잃게 될까봐 걱정함
- □ 가까운 누군가가 다치거나 아프게 될까봐 걱정함
- □ 엄마 혹은 아빠와 멀리 떨어져 있게 되면 기분이 불편해지고 당황하게 됨
- □ 부모가 외출을 할 때면 기분이 불편해지고 당황하게 됨
- □ 혼자 놀러 가는 것을 피함
- □ 부모 없이 다른 사람 집에서 잠자는 것을 거부함
- □ 떨어져 있어야 할 때 어디가 아프다고 불평함
- □ 엄마 혹은 아빠에게 끔찍한 사고(예: 자동차 사고 등)가 일어날까봐 염려함

강박적 불안

☐ 같은 것을 계속 반복해서 함

☐ 자기 마음속에서 어떤 생각이 계속 떠오른다고 불평함

☐ 세균이나 불결함에 대해 지속적으로 걱정함

☐ 물건을 정리하는 등 어떤 일을 할 때 매우 정확해야 하며 일정한 순서를 고집함

☐ 어떤 행위를 할 때 의례적인 방식으로 함

☐ 자신만의 의례를 지키지 못하면 매우 불편해하고 당황하게 됨

일반화된 불안

☐ 매우 양심적임

☐ 실수할까봐 걱정함

☐ 시험을 칠 때 어려워함

☐ 충분히 잘하는 일 또는 학업에 대해 걱정함

☐ 금전, 청구서, 가족, 건강 및 안전 등에 대해 걱정함

☐ 새로운 환경에 대해 염려함

☐ 너무 많은 질문을 하거나 자주 안심시켜주기를 원함

☐ 무서운 영화나 나쁜 뉴스를 본 후에 너무 많이 걱정함

특정 공포

☐ 자신이 두려워하는 특정한 것을 회피함

☐ 어둠, 높은 곳, 곤충, 동물, 의사, 치과의사, 태풍, 물 등 어떤 것을 두려워함

☐ 무서워하는 대상과 마주치면 공황 상태에 빠짐

신체적 증상	공황 공포
☐ 배가 아프다거나 몸이 아픈 것 같다고 불평함	☐ 어느 날 갑자기 공황발작을 겪게 됨
☐ 머리가 아프다고 불평함	☐ 호흡곤란을 일으킬 것 같은 활동들은 회피함
☐ 잠을 잘 못 잔다고 불평함	☐ 공황발작 때 자신이 죽어간다거나 몸에 이상이 생긴 것이라고 생각함
☐ 가슴이 두근거린다거나 숨을 가쁘게 쉼	
☐ 가만히 못 있거나 서성거림	☐ 공황발작을 더 많이 하게 될까봐 두려워함
☐ 불안정하게 떠는 모습을 보임	

해당 사항이 많이 표시된 곳의 제목을 보십시오. 아마도 신체적 증상에 대한 목록에 몇 개의 표시가 있음을 보시게 될 텐데, 이는 모든 불안 영역에서 매우 공통적인 것입니다. 그리고 표시가 있는 하나, 둘, 혹은 세 개 정도의 영역을 추가로 발견하실 겁니다. 문제를 일으키는 영역이 하나 이상 표시가 되는 아동은 매우 흔합니다. 여러 영역에 걸쳐 표시되는 경우가 있기도 하겠지만, 분명히 주로 문제가 되는 영역이 있을 것입니다.

여러분 자녀의 문제는 주로 어느 영역에서 나타나나요?

1. _____

2. _____

3. _____

4. _____

우리 아이가 불안한 이유는 무엇일까요?

어떤 무서움은 쉽게 이해할 수 있으며 뚜렷한 원인이 있습니다. 예를 들면, 아이가 따돌림을 당하고 있기 때문에 학교 가기를 두려워할 수 있으며, 집에 강도가 들었던 뒤로는 어둠을 무서워할 수 있습니다. 반면, 아동이 겪는 무서움과 걱정을 부모님이 이해하기가 매우 어려울 수도 있습니다. 예컨대, 어떤 아동은 학교나 생활의 다른 곳에서 완벽하게 잘하고 있는데도, 자신이 바보 같다고 생각할 수 있습니다. 다른 아동은 어머니가 매번 확인을 해주는데도, 교통사고가 나서 어머니가 죽을지도 모른다고 두려워할 수 있습니다. 어떤 아동은 이제까지 나쁜 일이 아무것도 일어나지 않았음에도, 일어날 수 있는 모든 재난을 상상하고 걱정할 수 있습니다. 이러한 경우, 불안

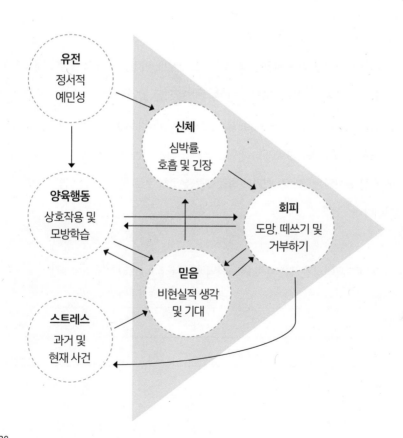

은 아동의 성격으로서 깊게 굳어져 있으며, 부모님은 자녀가 모든 생활에서 예민하고 신경이 곤두서 있다고 느낄 수 있습니다.

우리 아이가 왜 불안한지에 관해 완벽한 답을 알고 있는 사람은 없습니다. 다만 연구들은 어떤 식으로든 역할을 할 것 같은 여러 요인들을 규명해 왔습니다. 다음 부분에서 이러한 것들에 관해 논의할 텐데, 이들은 원인일 수도 있고 적어도 불안을 유지시키는 것들입니다. 옆의 그림에서 불안이 계속되도록 만드는 여러 요인들 간의 상호작용에 대해 보실 수 있습니다.

유전

불안이 유전된다는 사실은 의심할 여지가 없습니다. 불안한 사람의 가까운 친척 중에 불안 문제를 지닌 사람이 발견되는 경향이 종종 있으며, 불안한 아동의 부모 중 한 명은 어느 정도 불안한 양상을 보인다는 것은 매우 흔한 사실입니다. 어떤 경우에는 부모가 매우 심각한 수준의 불안을 보이기도 하며, 평균보다 다소 높은 수준으로 걱정을 하는 경우도 있습니다. 특히 아동의 불안이 매우 높은 수준일 때 더욱 그러한 것 같습니다. 이에 비해 한 가지 상황과 관련된 특정 공포를 가진 아동의 경우에는 불안한 부모가 존재할 가능성이 훨씬 더 적은 것 같습니다.

연구에 의하면, 부모로부터 자녀에게 유전되는 것은 수줍음을 타거나 어둠을 무서워하는 것과 같은 특정한 성향이라기보다는, 다른 사람들에 비해 감정적으로 예민한 일반적인 성격특성인 것으로 밝혀졌습니다(Eley, 1997). 사람마다 인종이나 키가 매우 다양한 것처럼, 일반적으로 사람의 감정적 성향 또한 다양합니다. 유전적으로 불안한 아동들은 평균보다 더 감정적인 성격을 갖고 있는 경향이 있습니다. 긍정적 측면에서 보면, 이들은 더 헌신적이고 다정하고 정직하며 사랑스러운 사람이라고 볼 수 있습니다. 그러나 부정

적 측면에서 보면, 이들은 걱정과 생각이 많으며 기분이 가라앉았거나 무서워
하는 양상을 더 많이 보인다고 할 수 있습니다. 어느 아동이라도 성격의 장
단점은 있으며, 이러한 점들을 모두 바꾸는 건 불가능할 것입니다. 단 이 책
에서는 여러분 자녀의 삶을 방해하는 심각한 불안 문제를 어떻게 관리할
지에 대한 방법을 제시할 것입니다.

부모와의 상호작용과 모방학습(모델링)

모든 아동은 부모에게 영향을 받으며 부모의 행동을 모방합니다. 어린 여
자아이가 안방에서 엄마 옷을 입고 엄마처럼 목걸이를 하고 높은 구두를
신고서 걸어 다니는 모습을 상상해보십시오. 이런 모습은 당연한 것이며,
따라서 아동은 부모가 세상을 보는 방식 또한 모방할 것이라고 기대할 수
있습니다. 만일 부모 중 한 명이 불안한 사람이고 그래서 상황을 회피하는
방식으로 대처한다면, 아동은 그런 식으로 두려움을 다루는 방법을 배우게
될 것입니다. 우리는 여러분이 아동의 불안에 전적으로 책임이 있다고 말하
는 것은 아니며, 불안 행동의 대부분을 모방학습으로 설명할 수 없음도 잘
알고 있습니다. 그러나 만일 여러분의 자녀가 이미 어느 정도 불안 성향을
가지고 있고 여러분이나 여러분의 배우자가 불안한 사람이라면, 아동은 여
러분의 행동을 배울 수 있으며, 이것은 이미 가지고 있던 불안 성향을 더욱
강화할 수 있음을 지적하는 것입니다.

자녀를 대하거나 다루는 여러분의 방식 또한 아동의 불안을 발전시키는
데 일종의 역할을 담당하고 있습니다. 모든 부모님이 다 다르겠지만, 어떤
부모님은 불안한 자녀를 지나치게 과잉보호합니다. 이것은 이해할 만한 일
입니다. 부모님은 자식을 사랑하므로 아동이 두려워하거나 나약하거나 걱
정할 때 아동을 보호해주는 행동을 하게 마련입니다. 그런데 어떤 부모님은

아동의 불안을 미리 예견하고서 도움이 필요 없을 때에도 도와주고자 합니다. 이런 양상은 특히 부모님 자신이 불안한 사람일 때 더 잘 나타납니다. 이런 경우 아동은 혼자서 자신의 두려움에 직면하지 못하게 되고, 그 결과 '세상은 위험한 것이다', 그리고 '나 혼자 힘으로는 아무것도 감당할 수 없다'라는 것을 배우게 될지도 모릅니다.

스트레스 유발 요인

아동이 개한테 물리게 되면 얼마 동안 개를 무서워하게 됩니다. 아동의 부모가 별거나 이혼을 하게 되면 아동은 한동안 자신감을 상실하고 더 예민해지는 경향을 보이기도 합니다. 이는 아동에게 나타날 수 있는 자연스러운 반응들입니다. 만일 아동이 이와 같은 스트레스를 경험했고 게다가 원래 예민한 아동이라면, 이러한 스트레스는 보통보다 더 많이 영향을 미치고 아동의 불안은 더 심해질 것입니다. 일반적으로 나타나는 스트레스 유발 요인으로는 부모의 별거 혹은 이혼, 가정폭력, 사랑하는 사람의 죽음, 학교폭력, 학교 부적응, 질병, 특별한 사건들(예: 교통사고, 강도, 물리거나 찔리는 상해, 화재 등)이 포함됩니다. 이와 같은 스트레스 경험들이 불안한 아동의 모두 혹은 대다수에게서 확인되는 것은 아닙니다. 그러나 어떤 아동들에게는 이러한 스트레스 유발 요인들이 불안을 일으키는 데 중요한 역할을 할 가능성이 있습니다.

그 외 사람은 자기만의 스트레스 유발 요인을 만들어내는 경우가 많다는 것이 최근 밝혀지고 있습니다. 불안한 아동들이 가지고 있는 바로 그 두려움과 걱정이 종종 그들의 삶에서 스트레스를 야기할 수 있으며, 그 결과 불안을 더 크게 만들 수 있습니다. 예를 들어 불안한 아동은 특이한 행동을 할 수 있는데, 그러면 다른 아동들이 그 아동을 놀리는 일이 더 많이 일어날 수 있습니다. 또한 불안한 아동은 부모님의 저녁 외출을 방해할 수 있는데, 이는 부모님의 부담을 증가시키게 되며, 그러면 가족 내에서 긴장은 더 높아집니다.

신체반응 과민성

불안할 때 우리의 몸은 흥분되거나 더 각성됩니다. 연구자들은 이를 투쟁-도피-동결 반응이라고 하는데, 왜냐하면 이러한 반응이 잠재적인 위험에 반하여 싸우거나 도피하도록 준비시킴으로써 우리를 보호하도록 하기 때문입니다. 투쟁-도피-동결 반응은 심박률의 증가 및 과호흡, 발한, 메스꺼움 등의 변화를 포함합니다. 상당수의 불안한 아동들은 위협이 지각되었을 때 심하게 신체적 반응을 하는 생리적 특성을 갖기도 합니다. 이러한 신체 반응성은 부분적으로는 유전자에 의하여 결정됩니다. 불안한 아동은 또한 자기 몸에서의 변화를 빠르게 주목하며, 그럼으로써 반응이 더욱 심해지는 경향이 있습니다. 걱정 많고 불안한 아동은 흔히 복통, 두통, 구토, 설사, 피곤을 호소하는데, 이는 만성적인 각성의 결과이며, 그들의 몸이 위험으로부터 도피하는 것을 준비하도록 거의 모든 에너지를 쓰기 때문에 불안할 때면 논리적이고 창의적으로 생각하는 것이 매우 어렵게 됩니다. 아픔을 느끼고 통증과 고통을 갖게 되는 것은 또한 불안한 아동이 어떤 활동들을 회피하고자 하는 욕구를 증가시킵니다. 예컨대, 그들은 흔히 아프기 때문에 파티에 가지 않거나 등교하지 않는 '이유'를 댈 수 있습니다.

부정확하며 부정적인 사고와 믿음

불안한 아동은 마음속으로 세상에서 일어날 수 있는 모든 위험에 대해 주의를 기울입니다. 여기에는 물리적 위험(예: 부모님이 돌아가실 거야, 우리 집이 망할 거야 등)과 **사회적 위험**(예: 아이들이 나를 비웃을 거야, 나는 실수할 거야 등)이 포함됩니다. 불안한 아동은 이러한 유형의 믿음에 주의를 기울임으로써 흔히 불분명한 사건을 위험한 것으로 잘못 해석하고, 무엇이든 있을 수 있는 위험에 주의를 집중하며, 좋은 일은 잊어버리고 오로지 나쁜 일에 관해서만 기억합니다. 중요한 점은 이러한 사고방식으로 인해 항상 세상은 위험하다고 여기게 되며, 그럼으로써 아동의 불안이 유지된다는 점입니다. 10살 커트의 사례를 살펴보면, 그는 부모님이 병에 걸리거나 다치는 것, 숙제를 하다가 실수하는 것, 심지어는 집에서 기르는 개가 굶어 죽는 것 등에 대해 끊임없이 걱정합니다. 심지어 커트는 무슨 일이 잘못되면 어떻게 하냐고 부모님께 매번 질문하며, 커트에게 지난번 학교 시험에 대해 묻는다면 그는 언제나 시험이 나쁜 경험이었다고 말할 겁니다. 집 밖에서 큰 소리가 나면 뭔가 큰일이 일어났다고 생각할 것입니다. 가엾은 커트에게 세상은 정말로 매우 위험한 곳처럼 보일 것이고, 이런 모든 생각과 해석 때문에 커트가 항상 많은 염려를 하는 건 의아한 일이 아닐 것입니다.

회피

불안한 아동은 무엇인가를 회피합니다. 이는 즉 어떤 일에서 도망친다는 것이며, 기본적이고 자동적인 성격 특징 중 하나처럼 보입니다. 이것은 학교나 모임에 가지 않으려고 하는 것처럼 분명한 경우가 있고, 실수를 하지 않으려고 숙제를 정말 열심히 한다든지, 나쁘게 보이지 않기 위해서 무슨 옷을 입을지 결정하는 데 무척 많은 시간을 들인다든지 하는 덜 분명한 경우도 있습니다. 어쨌든 분명하든 은밀하든 간에 회피는 불안을 계속 유지시키는 핵심 역할을 합니다. 회피하게 되면 앞에서 예로 들었던 생각들이 진짜라고 계속해서 믿을 수밖에 없는데, 왜냐하면 회피함으로써 그러한 생각들이 진실이 아님을 결코 배울 수 없기 때문입니다. 무서운 무엇인가를 회피할 수는 있지만, 그럼으로써 아동은 '내가 처리할 수 있어', '그것은 나쁜 것이 아냐', 혹은 '저건 날 해치지 않아'라는 긍정적 교훈을 배울 수 없습니다. 다른 사람들이 자신을 멍청하거나 무능하게 생각할 것이라는 믿음이 주요 문제였던 조지의 사례를 보십시오. 조지는 아이들과 이야기하는 것을 꺼릴 것이며, 조용히 집단에 '숨어' 있을 것이고, 다른 사람에게 조언을 구한다거나 전화로 얘기하지 않는 것에 대해 변명의 구실을 만들 것입니다. 분명히 또한 은밀히 모든 것을 회피함으로써, 조지는 사람들이 자신을 결코 무능하다고 생각하지 않는다는 것을 배울 수 없습니다.

부모용 활동 자녀의 불안 요인 파악하기

앞에서 우리는 자녀의 불안과 걱정을 유지시킬 수 있는 여러 요인들을 설명했습니다. 이러한 요인들 전부가 여러분의 자녀에게 중요한 건 아닐 것입니다. 그렇지만 회피는 핵심적인 요인이며, 모든 불안 문제의 일부분을 이루고 있습니다.

이 활동이 자책하기 위한 것이 아니라는 점은 더 이상 강조할 필요가 없을 줄 압니다. 부모님들이 불안의 원인에 대해 조금이라도 알았으면 좋겠다고 많은 치료자들이 얘기하지만, 일이 닥쳤을 때 이것이 무엇에서 비롯되었는지 아는 것보다는 불안에 대해 우리가 무엇을 할 수 있는가를 아는 것이 더 중요합니다.

유전	
가족 구성원 중에 '감정적'이거나 '예민하고 걱정이 많은' 사람이 있습니까?	

양육행동 부모님이 자녀를 도와주는 상황은 언제입니까? 또는 자녀의 무서움을 줄여주기 위해서 하지 않아도 된다고 허락하는 상황은 언제입니까?	
스트레스 자녀가 일상생활에서 무서워하거나 두려워하는 일은 무엇입니까?	
신체 자녀가 불안할 때, 그들의 몸은 어떻게 반응합니까?	
믿음(생각) 자녀의 관심이 집중되어 있는 걱정이나 위험의 주제는 무엇입니까?	
회피 자녀가 불안 상황을 피하기 위해서 도망가거나, 떼를 쓰거나, 활동을 거부하고 있나요?	

불안한 자녀를 어떻게 도울 수 있을까?

이 프로그램에서 여러분이 배울 기술들은 우리가 앞서 논의해왔던 요인들을 겨냥한 것입니다. 다음 그림은 각각의 기술들이 불안을 유지시키는 요소들과 어떻게 대응을 이루는지 보여줍니다.

비록 아이마다 중요한 요소가 다르겠지만, 불안관리에 필수적인 핵심 기술이 있습니다. 이러한 핵심 기술은 모델의 강조된 부분인 회피, 불안한 믿

신체

이완하기를 배움으로써, 아동은 자기 신체의 반응을 진정시킬 수 있게 됩니다.

양육행동

부모 관리 기술을 사용함으로써, 자녀가 보다 독립적이 되게끔 만드는 방법을 배우게 됩니다.

회피

사다리 기법을 사용함으로써, 아동은 현재 회피하려 하는 일들을 단계적으로 더 많이 하게 됩니다.

스트레스

사회기술 및 문제해결 훈련을 통해, 자녀가 스트레스 상황에서 대처하는 방법을 배우게 됩니다.

믿음

탐정처럼 생각하기를 사용함으로써, 아동은 현실적으로 생각하기를 배우고 있을법한 위험에 덜 초점을 맞추게 됩니다.

음 및 양육 행동과 관련하여 작용합니다. 이러한 기술은 프로그램의 처음 몇 주 동안 학습되며, 아이의 불안이 중요한 문제를 일으키지 않을 때까지 연습되어야만 합니다. 신체반응성 및 스트레스와 같은 좀 더 가변적인 요소는 이완 및 사회성 기술 훈련과 같은 선택적인 추가 기술을 통해 다룹니다. 모든 가족이 '사다리 기법', '탐정처럼 생각하기' 및 부모 관리와 같은 핵심적인 불안관리기술을 배우는 것이 중요합니다. 그런 다음 아이에게 필요한 경우 추가 기법을 선택할 수 있습니다.

자녀를 위해 가장 잘 맞는 프로그램 구성하기

만약 여러분이 전문적인 치료자와 함께 이 프로그램을 적용한다면, 전문가의 임무는 자녀의 개별적인 상황에 따라 가장 좋은 프로그램을 재단하고 맞춤형으로 만드는 일일 것입니다. 부모님이 혼자서 프로그램을 시행할 계획이라면, 여러분은 스스로 맞춤형으로 만들어야 합니다. 이 프로그램이 다루고 있는 여러 기법과 기술들을 어떻게 함께 짜맞출 것인지 미리 알고 싶으실 수 있습니다. 앞서 말했던 사례들에 대한 구체적인 프로그램이 어떻게 적용되고 있는지는 10장에서 살펴볼 수 있습니다. 앞서 본 사례들을 위한 프로그램이 어떻게 각각 다르게 짜였는지 미리 한번 살펴보는 것도 좋은 방법입니다. 여러분이 프로그램을 개관해보실 수 있도록 우리는 호주 시드니의 맥쿼리대학에서 운영하는 표준적인 임상 프로그램의 개요를 다음에 제시했습니다. 이 프로그램은 10회기로 12주 이상이 소요됩니다. 매주 어떠한 내용을 다루는지 다음 표에서 볼 수 있습니다. 이것은 자녀와 함께 프로그램을 시행하기 위한 개략적인 시간표가 될 수 있습니다.

맥쿼리대학의 아동기 불안관리를 위한 쿨키즈(COOL KIDS) 프로그램

	다루는 내용	연습해야 할 것	이 책의 해당 부분
1주차	불안 이해하기	생각과 느낌을 연결하기	1, 2장
2주차	탐정처럼 생각하기	탐정처럼 생각하기	3장
3주차	탐정처럼 생각하기와 부모의 관리	탐정처럼 생각하기, 부모의 점검(모니터링)	3, 4장
4주차	사다리 기법	사다리 기법, 탐정처럼 생각하기	5장
5주차	단축형 탐정처럼 생각하기와 고급 사다리 기법	사다리 기법, 탐정처럼 생각하기 (단축형 탐정처럼 생각하기와 고급 사다리 기법)	6장
6주차	사다리 기법의 문제점 해결하기	사다리 기법, 탐정처럼 생각하기	7장
7~9주차	모든 기술과 학습의 문제점 해결하기	사다리 기법, 탐정처럼 생각하기, 기타 기술(필요하면 이완 기법과 사회성 기술 훈련)	8, 9장
10주차	미래의 목표와 퇴보에 대처하기	미래를 위한 계획 세우기	10장

우리의 목표는 무엇일까요?

여러분께서 이 프로그램에서 얻고자 하는 것이 무엇인지 생각해볼 시간입니다. 여러분이 얼마나 성과를 거둘 것인지는 얼마나 오랜 시간 동안 하고자 했는지 그리고 여러분과 자녀가 새로운 기술들을 얼마나 열심히 작업했는지에 따를 것입니다. 마음속으로 목표를 갖는 것은 동기를 북돋을 것이고, 나중에 여러분이 얼마나 진도를 나갔는지를 알아보는 데 사용될 수 있습니다.

이전에 언급한 대로, 각 장 끝에는 자녀와 함께 할 수 있는 활동들이 있으며, 이를 통해 자녀에게 불안관리기술을 가르치는 데 도움을 줄 것입니다. 활동을 꾸준히 실천하고 연습하는 것이 매우 중요합니다.

첫 번째 불안관리 회기에서는 아동용 활동을 통해 자녀가 자신의 목표에 대해 이야기하는 기회가 있을 것입니다. 지금은 우선 부모님이 프로그램을 마친 후에 보고 싶은 것이 무엇인지를 확인하고자 합니다.

자녀가 현재 불안으로 인해 못 하고 있지만 부모님 입장에서 자녀가 할 수 있기를 바라는 것은 무엇입니까? [예시] 방과 후 친구들과 시간 보내는 것, 매일 버스를 타는 것, 사람들과 인사를 주고받는 것, 잠자리에서 30분 내에 잠들기, 여름캠프 가기, 개를 키우는 친구 집에 놀러 가기 등	

부모님 입장에서 자녀가 하지 않기를 바라는 것은 무엇이며, 현재 자녀는 이러한 일들을 얼마나 자주 하고 있나요? [예시] 등교 거부, 부모와 함께 잠자기, 자꾸 질문하기, 상습적인 복통-하루에도 몇 번씩 또는 일주일에 몇 번씩	
여러분이 성취하고 싶은 보다 큰 목표 [예시] 새로운 상황에서 자신감 갖기	

프로그램 끝부분에서 우리는 이러한 목표들을 되돌아봄으로써 자녀가 얼마나 성과를 거두었는지, 또한 여러분이 여전히 성취하기를 원하는 것이 무엇인지를 알아볼 것입니다.

장애물

이 프로그램을 실행하는 데 방해가 될 만한 현실적인 장애물을 생각해볼 수 있을까요? [예시] 자녀가 방과 후 활동이 너무 많아서 프로그램을 적절히 하지 못할 수도 있습니다. 또는 여러분의 배우자가 이 프로그램을 지지하지 않을 수도 있습니다.	

장애물과 그것을 극복할 수 있는 방법에 대해 잠시 생각해보세요. 예를 들어 만약 자녀가 방과 후 활동이 너무 많다면, 학교를 가지 않는 휴일만을 골라서 프로그램을 더 잘 수행할 수 있도록 시간을 조정할 수 있겠습니다.

요약

한마디로 불안한 아동들은 세상이 위험한 곳이라고 믿고 있습니다. 이러한 믿음 때문에, 아이들은 종종 전혀 위험하지 않은 상황을 위험한 것으로 잘못 해석하곤 합니다. 예를 들면 밤에 밖에서 들리는 일상적인 소리를 도둑이 내는 소리로 해석할지도 모릅니다. 이런 식의 사고방식은 자신이 갖고 있는 무서움에 대한 증거를 잘못 판단하게 함으로써 불안을 유지하게끔 만듭니다. 이와 유사하게 불안한 아동들은 일반적으로 그들이 두려워하는 것들을 회피합니다. 이런 회피 때문에 일어날까봐 무서워하는 일들이 실제로는 일어나지 않는다는 사실을 절대 발견하지 못하게 됩니다. 다시 말하면 회피반응은 상반되는 증거를 발견하지 못하게 함으로써 불안을 유지하게 만듭니다. 또한 부모가 아동 대신 일을 해주고 걱정으로부터 자녀를 보호함으로써 불안을 회피할 수 있도록 한다면, 이러한 부모의 행동은 아동의 잘못된 믿음이 유지되도록 하는 역할을 합니다.

이 프로그램에서, 우리는 어떤 상황에서 아이들이 세상을 보다 정확하고 건설적으로 생각하고 위험을 덜 기대하게끔 가르치는 방법을 알려드릴 것입니다. 이제까지와는 다른 방식으로 여러분들이 자녀를 다루고 상호작용하는 방법을 가르쳐드릴 것이며, 아이가 두려워하는 상황에 접근할 수 있도록 격려하는 단계적이고 일관적인 방법을 알려드릴 것입니다. 이런 방법과 함께, 몇 가지 상황에서 도움이 될 수 있는 부가적인 기법들도 제시할 것입니다. 여기에는 사회성 기술 향상 및 이완과 같은 대처전략이 포함됩니다.

무엇보다 이 책은 아동의 부모님과 보호자들을 위한 책입니다. 자녀가 불안을 극복할 수 있도록 보호자인 여러분을 위해 가르쳐드리려는 것입니다. 이는 프로그램을 통해 여러분의 자녀가 부모님과 긴밀하게 협력해야만 한다는 의미입니다. 불안은 미취학 아동부터 성인 초기까지 모든 연령대에서 발생할 수 있지만, 이 책은 아직 청소년기가 되지 않은 어린아이들에게 가장 유용할 것입니다. 우리 모두 알다시피, 사춘기가 되면 부모의 말을 듣는 것이 최우선 순위가 아니기 때문입니다! 이 책의 마지막에는 자녀가 십대에 접어들면서 이 기술들을 어떻게 활용할 수 있는지를 다루는 장이 포함되어 있습니다. 그러나 대부분의 경우 이 책은 어린 아동들에게 가장 큰 도움이 될 것입니다.

프로그램 시작을 위해 아이에게 동기부여 하기

불안한 아동에게 뭔가 새로운 것을 시도하게 하는 것은 힘든 일입니다. 일반적으로 이런 아이들은 이전에 해보지 못한 어떤 것을 해야 한다는 생각을 할 때 최악의 경우를 예상하면서 걱정하는 경향이 있습니다. 프로그램이 너무 어려울 것 같다거나 혹은 자신이 할 수 없는 어떤 끔찍한 일을 해야만 하는 것은 아닌지 걱정을 합니다. 또한 대다수의 불안한 아이들은 부모님 앞에서 완벽하게 보이려고 애쓰는 경향이 있으며, 자신의 한계를 인정하기 힘들어합니다. 그러면서도 아이들은 불안한 것이 얼마나 힘든지 잘 알고 있으며, 불안으로부터 자유로워지기를 가장 바라고 있을 것입니다.

부모님에게도 이러한 프로그램을 시작하는 것은 어느 정도 꺼려지는 일일 수 있습니다. 이 책에서 제시하는 불안관리 연습을 철저히 시행하는 것은 그리 쉽지 않을 것입니다. 어떤 때는 여러분이 자신의 느낌과 행동을 자세히 살펴보도록 요청받으실 것입니다. 또한 자녀가 정말로 개선되려면 부모님 자신도 어떻게 변화하겠다는 준비를 해야만 할 수도 있습니다. 무엇보다도 이 프로그램을 시행하기 위해서는 시간과 노력이 필요합니다. 부모님과 자녀가 온전히 함께 참여하지 않는다면 이 프로그램은 효과를 나타내기 어렵습니다.

그러므로 자녀의 완전한 협조가 중요하며, 이제 앞으로 수개월 동안은 이 프로그램을 최우선으로 할 필요가 있을 것입니다. 부모님과 자녀가 이 프로그램을 함께하는 모험으로 여길 때 가장 잘할 수 있습니다. 부모님과 자녀가 한 팀이 되어야 하며, 공통의 목표를 향해 움직여야만 합니다. 대부분의 자녀들은 자신의 부모님과 함께 무언가를 하는 것을 좋아한다는 점을 꼭 기억하십시오! 여러분이 이 프로그램을 함께 해야 할 게임이나 모험으로 여긴다면, 자녀들도 훨씬 더 부모님과 함께 하려고 할 것입니다.

자녀와 같이 앉아서 함께할 프로그램에 대해 이야기를 나누는 것은 좋은 방법입니다. 여기 몇 가지 다룰 점들이 있습니다.

- 불안을 느끼는 것은 정상적이며, 이런 아동들은 많은 편입니다.
- 여러분과 자녀는 함께 프로그램을 할 것입니다. 부모님은 이 프로그램의 모든 단계에 참여해야 합니다. 여러분은 두 명(혹은 세 명)이 팀이 되어 모험을 하는 것처럼 프로그램을 설명할 수 있습니다.
- 아동은 자신이 원하지 않는 어떤 것을 강제로 하게 되지는 않을 것입니다.
- 새로운 기술은 작은 단계별로 한 번에 하나씩 배우게 될 것입니다.
- 이 프로그램은 재미있을 것이고, 획득할 수 있는 보상이 포함될 것입니다.
- 이 프로그램이 끝나면, 자녀는 더욱 용감해지고 자신감을 느끼게 될 것입니다.

이 프로그램은 아동이 특정 상황(예: 깜깜한 통로를 따라 내려갈 때 무서워하는 것)에서 느낄 수 있는 정상적이고 자기보호적인 불안을 없애려는 것이 아님을 기억해야 합니다. 이 프로그램의 목적은 다른 아이들은 흔히 할 수 있고 또한 자기도 그렇게 하길 원하는데, 그럼에도 불구하고 하고 싶은 것을 하지 못하게 만드는 과도한 불안을 다루는 기술을 배우는 데 있습니다.

자녀와 함께 하는 활동

앞서 언급했듯이 각 장의 마지막에는 불안관리기술을 가르치는 데 도움이 되는 자녀와 함께 할 수 있는 활동이 나와 있습니다. 부모님과 자녀가 정기적으로 활동과 연습 과제를 수행하는 것이 매우 중요합니다. 이 책에는 자녀와 함께 인쇄하여 사용할 수 있는 모든 활동이 포함되어 있습니다. 또한 각 기술에 대한 쉬운 설명과 자녀가 완성할 수 있는 활동 기록지도 제공합니다.

일반적으로 어린이가 약 7세 이상이라면, 이 책의 활동 기록지를 스스로 완성함으로써 능동적으로 기술을 배울 수 있습니다. 그러나 3세에서 6세 사이의 어린 자녀의 경우는 주로 부모님이 먼저 학습한 다음 자녀와의 일상 상호작용에서 이러한 기술을 사용하는 것이 도움이 될 것입니다. 아동용 활동에 특히 어린아이들에게 적합한 과제가 있는 경우에는 그 내용을 아동 활동 지침에 강조해서 표시했습니다.

여러분의 아이가 작업을 완료한 노력에 대한 보상으로 꾸준한 격려와 그들이 한 일에 대한 관심을 지속적으로 보여주세요. 아이가 하는 작업에 부모님이 주의를 기울이지 않는다면, 아이도 관심을 빨리 잃을 것입니다. 대부분의 아동은 나중에 큰 보상으로 교환할 수 있는 스탬프 도장, 작은 스티커 또는 토큰을 좋아합니다. 아이가 각 활동을 완료할 때마다 스탬프 도장이나 스티커를 주는 것은 프로그램을 재미있게 만들어서 아이에게 동기를 부여하는 좋은 방법입니다. 그러나 아이에게는 부모님의 관심과 흥미와 칭찬이 가장 강력한 보상이자 아이에게 동기부여를 하는 최상의 방법일 것입니다. 나중에 보상을 사용하는 것에 대해 좀 더 자세히 언급하겠습니다. 한 가지 간단한 원칙은 '분 단위 교환'입니다. 즉, 자녀가 프로그램을 하는 데 1분을 소요할 때마다 부모님과 함께 재미있는 영상을 보거나 함께 이야기를 하는 것과 같은 즐거운 활동을 1분 동안 할 수 있게 교환하는 것입니다.

아동용 활동 1 불안을 가진 다른 아동을 만나기

여러분의 자녀와 함께 이 장에서 언급된 아동들의 이야기나 그들의 활동 기록지에서 가져온 이야기를 읽어보세요. 이것은 아마도 자녀가 자신의 두려움과 걱정에 대한 대화를 시작하는 데 도움이 될 것이며, 그들이 혼자가 아니며 '미치거나 이상한' 사람이 아님을 이해하게 도울 것입니다. 더 어린 아동들을 위해 도서관에서 빌려 읽을 수 있는 두려움이나 걱정을 가진 어린이들에 관한 이야기를 다루는 그림책이 많이 있습니다.

아동용 활동 2 나와 나의 불안

자녀와 함께 그들의 두려움과 걱정에 대해 이야기를 나눠보세요. 먼저 사람들이 무엇에 두려워하거나 걱정할 수 있는지를 적거나 그려볼 수 있습니다. 그런 다음 어릴 때 두려워했던 것들(또는 현재 걱정하는 것들)에 동그라미로 표시하고, 자녀에게도 어려운 것을 동그라미로 표시하도록 하세요. 이를 '딱딱한 면접'으로 만들지 않도록 세심하게 신경 쓰셔야 하며, 자녀에게 이러한 것들을 걱정하지 말라는 식으로 말하면 안 됩니다. 단지 자녀의 시각을 받아들이고, 두려움에 대해 더 이해하기 위해 질문하세요.

아동용 활동 3 나의 목표

프로그램을 통해 자녀가 무엇을 얻을 수 있을지에 대해 이야기를 나눠보세요. 이를 제대로 표현하는 좋은 방법은 다음과 같은 질문을 하는 것입니다. "네가 긴장해서 하기 어려운 일이 있니?", "무서워하지 않고 하고 싶은 일이 있니?" 혹은 더 구체적이고 긍정적인 측면에 집중할 수도 있습니다(특히 어린 아동이라면). 예를 들어 "친구를 더 쉽게 사귈 수 있으면 좋겠니?"라고 할 수 있습니다. 밤에 외출할 때 보모에게 아이를 맡길 수 있는 것과 같이 부모님이 개인적으로 원하는 것이 있을 수 있겠지만, 여기서는 자녀가 프로그램을 통해 얻을 수 있는 긍정적인 효과(예: '다 큰' 아이가 되기, 혼자서 어떤 장소에 가기, 용감해지기, 더 많은 친구 사귀기 등)에 초점을 맞춰야 합니다. 자녀가 생각해낸 주요 목표들을 적어보세요. 언제든 볼 수 있는 곳에 이를 비치해 프로그램을 왜 진행하고 있는지를 기억하게 하는 것이 특히 어려울 때 도움이 될 것입니다. 자녀에게 이 목표를 멋지게 보이도록 꾸미게 해서 무엇을 달성하려는지 자랑스럽게 생각하도록 격려하세요.

목표를 설정하는 일환으로, 프로그램을 마칠 때 함께 할 특별한 활동을 계획하세요. 이 활동은 부모·보호자와 프로그램을 진행하는 자녀만을 위한 것이어야 합니다. 이 활동은 자녀가 특별하게 느끼고, 그들의 (그리고 부모님의) 노력이 보상될 것이라고 느끼게 하는 것이 목적입니다. 우리는 프로그램을 완료하는 데 3개월 정도 걸릴 것이라고 생각합니다. 이 활동을 프로그램 진행 중에 일종의 협박하는 수단으로 사용해서는 안 되며, 이는 불안에 대한 작업이 장기적으로 혜택을 가져다줄 것임을 기억하게 하는 수단으로 사용할 수 있겠습니다.

1장의 주요 내용

이 장에서 여러분과 자녀는 다음과 같은 것을 배웠습니다.

- 불안이 일상생활에 미치는 영향을 생각해봄으로써 문제가 되는 두려움을 알아내는 것

- 불안이 사람의 세 가지 측면(생각, 신체, 행동)에 영향을 미치는 방식

- 불안은 몇 가지 유형으로 나뉠 수 있으며, 아동들은 흔히 한 영역 이상에서 어려움을 겪습니다.

- 불안을 일으키거나 유지시키는 요인은 다양합니다. 유전의 영향, 부정적 사고, 회피, 부모 양육반응, 부모를 따라 하는 모방학습, 스트레스 유발 요인 등

- 불안을 유지시키는 특정한 요인에 대해 각각의 불안관리기술이 적용되는 방식

자녀는 다음과 같은 것을 할 필요가 있습니다.

- 부모나 다른 어른의 도움을 받아 아동용 활동과제 마치기

- 목표를 정하고, 불안을 다스리는 것을 배우는 활동에 적극적으로 참여하기

2

감정과 생각, 행동

이 장에서는 아동이 불안을 관리하는 방법을 보다 잘 배우는 데 도움이 되는 기본적인 정보들을 제시합니다. 어린 아동이라면 이 부분에서 좀 더 시간이 걸릴 수 있겠으나, 좀 더 큰 아동들은 보다 빨리 진도를 나갈 수도 있습니다.

감정에 대해 배우기

많은 아동이 자신의 느낌을 분명하게 단어로 표현하거나 여러 감정 간의 차이를 말로써 표현하는 데 어려움을 보입니다. 불안을 관리하는 방법들을 가르치기 전에 아동이 여러 감정을 이해하고, 서로 비슷한 것과 다른 것을 분명히 파악할 수 있도록 만드는 것이 중요합니다. 만약 자녀가 감정을 인식하고 정확히 표현하는 데 어려움을 겪는다면, 일상생활 중에 기분 상태를 뭐라고 불러야 할지 함께 의논함으로써 또는 감정을 다루는 게임을 통해서 자녀를 도와줄 수 있습니다. 예를 들어 자녀가 어떤 감정을 연기하는 게임을 할 때, 먼저 그 감정의 이름(예: 슬프다, 화가 났다)을 알려준 다음 상황(예: 상을 받았다, 지갑을 잃어버렸다)을 알려줍니다. 그런 다음 자녀는 해당 상황에서 느낄 수 있는 감정을 몸으로 연기합니다. 재미있고 웃을 수 있도록 만들어보세요. 나머지 가족들이 기꺼이 참여하고자 한다면, 다양한 감정이 적힌 카드를 만들어 각자가 돌아가면서 카드 중 하나를 고른 후 말하지 않고 몸짓으로만 그 감정을 연기하게 할 수 있습니다. 그런 다음 다른 가족 구성원이 그 느낌이 무엇인지 추측해볼 수 있습니다. 또 다른 유용한 활동으로 동영상이나 사진 속 인물이 느끼는 기분에 이름을 붙여보는 것도 좋습니다.

여러분의 자녀들은 불안의 여러 유형에 대해서도 알아야 합니다. 예를 들면 두려움, 걱정, 긴장, 수줍음, 부끄러움, 극심한 공포 등이 그것인데, 이 모든 불안 문제들은 핵심적으로 '있을법한 위험'에 초점을 맞춘다는 공통점을 갖고 있습니다. 각각의 불안 문제들은 약간씩 다른 점이 있지만, 이 프로그램의 관점에서 모든 불안 문제들은 기본적으로 같은 것으로 간주됩니다.

걱정 척도

아이들에게 자신의 두려움을 어떻게 측정하는지를 가르치는 일은 중요한 단계에 해당합니다. 이를 통해 아동은 강렬하게 느끼는 감정들이 '어느 날 갑자기' 생기는 것이 아님을 이해할 수 있게 될 것입니다. 더불어 아동은 이 프로그램이 불안을 아예 없애려고 하는 것이 아니며, 불안을 더욱 잘 조절할 수 있게 하려는 것임을 알 필요가 있습니다. 이에 따라 두려움의 다양한 수준을 구별하는 능력은 프로그램의 후반부에서 매우 중요하게 될 것입니다.

여기서 우리는 불안의 정도나 수준의 차이를 보여주기 위해 '걱정 척도'를 사용할 것입니다. 온도계처럼 생긴 걱정 척도는 0점에서 10점까지 적혀

걱정 척도

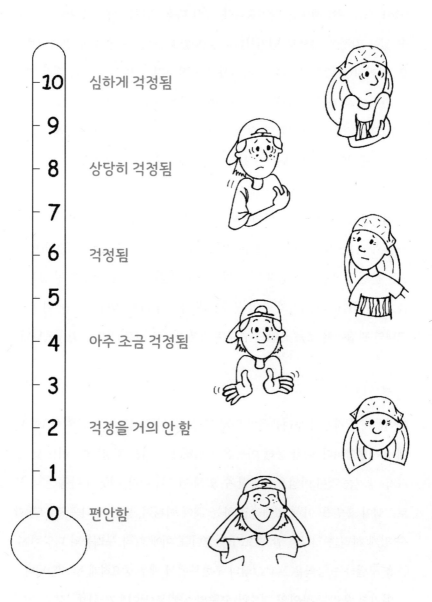

10   심하게 걱정됨

9

8   상당히 걱정됨

7

6   걱정됨

5

4   아주 조금 걱정됨

3

2   걱정을 거의 안 함

1

0   편안함

있는데, 0점은 매우 편안한 상태를, 10점은 매우 걱정스러운 상태를 나타냅니다. 누구든지 여러 상황을 각기 다르게 볼 수 있으므로 점수는 개인적인 판단에 따릅니다. 나이가 매우 어린 자녀의 경우에는 매우 무서운 얼굴부터 행복한 얼굴까지 서너 개의 얼굴만 사용하는 작은 그림 척도를 만들어 사용할 수 있습니다. 중요한 점은 불안이 '있거나 아니면 없는(이분법적)' 감정이 아니라, 실제로는 매우 다양한 수준으로 나타남을 가르치는 것입니다.

아동에게 걱정 척도를 가르쳐준 이후에는, 걱정 척도를 사용하는 연습을 시키는 것이 중요합니다. 하루 동안 일어나는 여러 상황에서 얼마나 불안을 느꼈는지 물어보십시오. 이런 방법을 통해 아동이 자신의 불안 수준을 보다 분명히 인식할 수 있도록 돕고, 여러분과 자녀가 불안을 설명할 때 공통적으로 사용하는 언어를 갖게 될 것입니다(예: '나는 지금 4점 정도로 불안을 느낀다', '나는 지금 7점 정도로 불안을 느낀다' 등).

불안의 3요소

아동은 불안을 경험할 때 다음의 세 가지 측면에서 영향을 받습니다.

- 첫째, 불안은 생각과 믿음, 기대에 영향을 줍니다. 불안한 아동들은 어떤 유형의 위험이나 위협을 중심에 두고 생각하는 경향이 있습니다. 예를 들면 자신이 다치게 될까봐, 또는 자기와 가까운 누군가가 다치게 될까봐, 또는 비웃음거리가 될까봐 걱정할 수 있습니다.
- 둘째, 불안은 몸에서 신체적 증상 반응으로 경험됩니다. 아동이 불안해지면 그들의 신체는 위험에 대비하는데, 그러려면 심장박동과 호흡, 근육 긴장이 증가하게 됩니다. 뿐만 아니라 이러한 반응은 땀이 나게 하고, 메스꺼움이나 위장통, 두통, 흥분된 반응을 이끕니다.

- 셋째, 아마도 가장 중요하게, 불안은 아동의 행동에 영향을 줍니다. 아동이 불안해지면, 그들은 얼어붙거나, 가만히 못 있고 꼼지락거리거나 서성대고, 울고 매달리거나 덜덜 떨게 됩니다. 아울러, 불안은 거의 언제나 어떤 '회피'를 포함합니다.

아동이 자신의 불안이 어떻게 작용하는지에 관해 인식함으로써, 불안의 3요소와 이들의 상호 영향 방식을 이해할 수 있도록 하는 것이 중요합니다. 이번 주 불안관리 회기는, 불안이 어떤 식으로 세 가지 체계-신체 증상, 생각, 행동-에 영향을 미칠 수 있는지를 가르치는 것에서 시작합니다. 여러분이 다뤄야 할 내용은 다음과 같습니다.

불안이 신체에 미치는 영향

사람들은 놀랄 때 많은 신체 변화를 경험하는데, 다음과 같은 것들이 포함됩니다.

- 호흡이 가빠짐
- 조마조마한 기분
- 화장실에 가고 싶음
- 무릎 떨림
- 근육 긴장
- 현기증
- 울음
- 땀이 남
- 복통
- 덜덜 떪
- 두통
- 열이 확 오름
- 안절부절못함
- 심장박동의 증가
- 얼굴이 빨개짐

보다 어린 자녀들에게는 깜짝 놀란 동물을 떠올려보라고 질문함으로써 이러한 변화들에 관해 생각해보도록 할 수 있습니다. 예컨대 잠이 들었다가 문득 깬 고양이가 자기 바로 옆에 있는 큰 개를 보았다면, 고양이의 몸이 어떻게 변할지에 대해 아이에게 물어볼 수 있습니다(아마도 털이 곤두서고, 눈이 커지며, 몸이 긴장되고, 겁에 질린 표정을 짓게 될 것입니다). 이러한 질문 이후에 여러분은 자녀에게 불안할 때 몸에서 어떤 반응이 느껴지는지에 관해 물어볼 수 있습니다. 여러분 혹은 다른 가족 구성원이 참여하여 불안할 때 몸이 어떻게 반응하는지 논의해준다면, 사람들이 불안에 반응할 때 어떤 점에서 비슷하고 다른지를 잘 보여줄 수 있을 것입니다.

불안이 생각에 미치는 영향

여러분의 자녀가 자신의 걱정스러운 생각과 믿음을 좀 더 분명히 인식하는 것 또한 중요합니다. 이번 주 이후 몇 주에 걸쳐 자녀의 불안한 생각을 변화시켜야 하기 때문에 이 부분은 특히 중요합니다. 아동들은 대개 어떤 감정은 어떤 생각과 함께하며, 불안한 기분은 위험에 대한 생각과 함께하는 경향이 있음을 배우게 될 것입니다. 더불어 아동은 자신들이 예상하는 나쁜 일이 구체적으로 무엇인지 좀 더 분명히 인식해야만 합니다. 자녀에게 생각에 대해 가르칠 때, 단순히 기분을 설명하기보다는 어떤 종류의 일이 생길 거라고 믿는지를 말할 수 있도록 애써야 합니다. 예를 들어 "아플 것 같아요"는 예상할 수 있는 나쁜 결과를 설명하고 있으므로 적절한 표현입니다. 그러나 "무서워요"와 같은 표현은 단순히 감정을 묘사하는 것으로, 자녀가 무엇을 두려워하는지 아무것도 말해주지 않습니다. 이 프로그램에서 가장 어려운 점 중 하나는 자녀에게 사고와 감정의 차이에 관해 배우게 하는 것입니다. 그러므로 이 부분에서 생각과 감정을 혼동하지 않도록 하는 것이 최선입니다.

'걱정스러운 생각'이라는 용어는 이를 설명하는 데 좋은 방법입니다. 여러분의 자녀는 우리가 두려움 혹은 걱정이나 수줍음을 느끼는 것은 그에 따르는 걱정스러운 생각이나 믿음을 갖고 있기 때문임을 이해해야만 합니다. 물론 때때로 이러한 걱정스러운 생각은 발견하기 상당히 어려울지도 모릅니다. 그리고 몇몇 아동들은 "저는 그냥 그렇게 느껴요"라고 말할 것입니다. 만일 여러분의 자녀가 그런다고 해도 다그치지 마십시오. 이러한 경우에는 자녀가 생각하는 것에 대해서 정확하지 않더라도 '추측'해보라는 것만으로도 충분합니다.

불안이 행동에 미치는 영향

불안할 때 자신이 어떻게 움직이거나 행동하는지에 관해 자녀에게 생각해보도록 하는 것은 좋은 방법입니다. 여기에는 두려운 상황에서 미리 회피하거나 맞닥뜨리면 도피하는 식의 다양한 방법들이 있으며, 그뿐만 아니라 조급하게 서두르거나 서성이기, 떼쓰기, 도움 요청하기, 손톱 물어뜯기 등의 행동도 포함됩니다. 자녀가 불안할 때 전형적으로 무슨 행동을 하는지를 알게 만들려면, 먼저 부모님은 불안할 때 무슨 행동을 하는지 얘기해주고, 다른 사람들(가족 구성원, 친구, TV 캐릭터 등)은 어떤 행동을 하는 것 같은지 묻고, 마지막으로 자녀에게 보통 어떻게 행동하는지 묻습니다. 걱정스러운 생각과 같이, 어떤 아동은 자신의 행동에 대해 인식 또는 인정을 전혀 하지 못할 수도 있습니다. 설사 그렇더라도 이번 단계에서는 아직 너무 무리하게 다그치지 마셔야 합니다.

부모용 활동 자녀의 불안에 관해 배우기

이 프로그램을 통해 부모님이 자녀를 도울 예정이므로, 부모님도 이러한 패턴에 대해 조금 더 알아두는 것이 좋습니다. 다음 며칠 동안 자녀를 주의 깊게 관찰하면서 아이들의 불안한 행동, 생각 및 감정에 주목해보세요(이 활동 기록지는 복사해서 쓰시면 됩니다).

상황		
신체 나는 아이의 몸이 어떻게 되는지 볼 수 있었다.	**생각** 아이가 말하거나 질문한 것은 무엇이다.	**행동** 아이가 한 일은 무엇이다.

상황		
신체 나는 아이의 몸이 어떻게 되는지 볼 수 있었다.	**생각** 아이가 말하거나 질문한 것은 무엇이다.	**행동** 아이가 한 일은 무엇이다.

수집된 정보를 바탕으로, 자녀가 걱정하고 무서워하는 것과 관련해 부모님이 주의를 기울여야 하는 것은 무엇인가요? (자녀가 하는 말과 신체 증상, 기분 변화 등 전형적인 반응들을 생각해보세요.) 이 정보는 추후의 활동에도 도움이 되므로, 잘 보관하시기 바랍니다.

상황, 생각, 감정 및 행동을 연결시키기

앞서 불안이 여러 방식으로 우리에게 영향을 준다는 것을 배웠다면, 이제 프로그램의 다음 단계에서는 상황 및 생각, 감정, 그리고 행동이 서로 연결되어 있음을 알 수 있도록 해야 합니다. 이를 성공적으로 해내기 위해서는, 여러분의 자녀는 자신이 어떤 상황에 있었고, 그 시간 동안 무슨 생각을 했으며, 그때 어떻게 느꼈는지, 그리고 무엇을 했는지에 대해 알아낼 수 있어야 합니다. 이 과제는 아동이 자신감 있게 자신의 감정과 생각을 구분해낼 수 있을 때까지 매일 연습해야 하는 첫 번째 기술입니다.

우리는 상황과 생각, 감정, 그리고 행동 간의 연결을 보여주는 활동 기록지를 사용할 것입니다. 다음은 완성된 예시입니다. 이 기록지는 아동에게 두려움을 느끼는 상황과 생각, 실제 느낌(예: 두려움, 걱정, 수줍음, 긴장 등) 및 걱정 척도상에서의 두려움이나 걱정의 정도, 그리고 무엇을 했는지를 설명하도록 요청합니다.

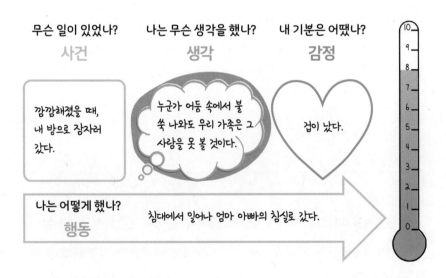

자녀와 함께 하는 활동

자녀와 함께 다음 활동을 완성하세요. 이러한 활동 기록지를 직접 만들거나, 책에 있는 것을 복사해서 사용할 수 있습니다.

아동용 활동 4 불안이란 무엇인가?

자녀와 걱정과 두려움에 관해 이야기하면서, 때로 불안해지는 것이 어떤 식으로 도움이 될 수 있겠는지도 따져봅니다(예: 집에서 타는 냄새가 나면 불이 난 게 아닌가 걱정해서 확인하게 되고, 중요한 시험이나 시합을 앞두고는 더 기운을 낼 수 있게 함). 여러분은 자녀의 능력에 적합한 언어 수준을 사용해야 합니다. 물론 유치원생이나 더 어린 경우에는 아주 쉬운 말을 사용해야 할 것입니다.

　가끔은 실제로 두려울 것이 없는 상황에서도 불안해질 때가 있다는 것을 설명하세요. 예를 들어, 밤에 집 밖에서 나는 소리가 이웃의 고양이가 내는 소리인데도 불안해질 수 있습니다. 사실 어떤 아이들은 다른 아이들보다 훨씬 더 자주 불안해하며, 그 결과 재미있는 활동에 참여하지 못하거나 긴 시간 동안 좋지 못한 기분으로 보낼 수 있다는 점을 설명합니다.

　불안의 세 가지 부분인 신체반응(예: 심장이 빨리 뛴다), 생각(예: 공원에 있는 개가 위험하다), 행동(예: 개가 접근하지 못하도록 공원을 떠난다)에 대해 설명해주세요. 예를 들어 불안한 기분을 느낄 때, 그들의 몸에서 어떤 일이 일어나고, 무슨 생각을 하며, 어떤 행동을 하는지 이해할 수 있도록 예를 들어 설명해주세요.

아동용 활동 5 걱정 척도

여러분의 자녀에게 걱정 척도(걱정 온도계)를 보여주세요. 때로는 약간 걱정스러운 느낌만 들 수도 있지만 어떤 때에는 정말 정말 무서워할 수도 있다는 것을 설명해주세요.

온도계를 통해 온도를 쉽게 읽을 수 있는 것처럼, 우리는 걱정 척도를 통해 걱정의 점수를 매겨볼 수 있으며, 걱정 척도는 누군가가 느끼는 걱정의 정도를 아주 빨리 알게 해준다고 얘기해줄 수 있습니다. 걱정 척도를 사용해 자녀에게 다양한 상황 목록에서 걱정의 정도를 설명하도록 하세요. 여러분의 자녀가 불안 목록의 여러 상황에 대해 걱정하는 정도를 나타내기 위해 이를 사용한다면, 이 목록에는 어리석은 상황(예: 잠에서 깨어났는데 침대에 사자가 있는 것을 발견하는 상황)을 예로 사용할 수도 있고, 걱정 정도가 매우 낮게 평가될 수 있는 상황(예: 할머니 생신을 맞아 할머니 댁에 방문하는 상황)뿐만 아니라, 자녀가 매우 무섭다고 생각하는 상황 등 다양한 상황을 포함하도록 합니다. 자녀에게 상황·사건에 대해 걱정하는 정도에 따라 점수를 매기도록 격려해주세요.

아동용 활동 6 불안과 나의 신체

자녀 스스로 불안이 신체의 어느 부분에 영향을 주는지 표시할 수 있도록 외곽선만 있는 몸 그림을 만듭니다. 자유롭게 그릴 수도 있지만, 큰 종이를 바닥에 깔고 아이를 그 위에 눕힌 다음 펜으로 자녀의 신체 윤곽을 따라 그려보는 것도 재미있는 대안이 될 수 있습니다. 그런 다음 불안이 어디에 영향을 미치는지 색칠하여 보여주기 위해 몸 그림을 사용할 수 있습니다. 필요하다면 신체 증상에는 어떤 것이 있는지를 떠올려볼 수 있도록 '불안이 신체에 미치는 영향'에 있는 목록을 사용할 수 있습니다. 이러한 증상들을 부모님이 걱정하거나 두려워할 때 겪는 증상들과 비교해줌으로써, 자녀들이 겪는 증상이 그럴 수 있는 일임을 알게 해주십시오.

아동용 활동 7 생각과 감정, 행동을 파악하기

생각하는 것에 따라 어떤 기분을 느끼게 되는지 자녀와 이야기해보세요. 잡지의 사진을 보고 자녀에게 이 사람은 어떤 감정을 느끼는 것 같은지 그리고 무슨 생각을 하고 있을 것 같은지 질문해보세요. 긍정적 혹은 부정적으로 여겨질 수 있는 상황의 사진을 사용하면 되는데, 예컨대 아이가 얼음 위에서 스케이트를 타고 있는 상황과 같은 것입니다. 상황 속의 주인공이 행복을 느끼도록 만드는 생각은 무엇이겠는지, 그다음 걱정과 두려움을 느끼도록 만드는 생각은 무엇이겠는지를 찾아보게끔 질문하세요.

자녀가 다른 상황들에서도 생각을 쉽게 알아내게 되려면 몇 번의 연습이 필요할 수 있습니다. 이 활동이 끝나면, 사람마다 생각이 다를 수 있고 심지어는 같은 사람이라 하더라도 상황에 따라 다른 생각을 할 수 있음을 알려주세요.

참고: 어린 자녀(7세 이하)는 자신의 생각을 알아차리거나 생각과 감정을 연결하는 것을 매우 어려워할 수 있습니다. 만약 자녀가 이것을 너무 어려워하면, 알 수는 없더라도 그저 추측해보도록 하거나("어떨 것 같은데?"라고 묻거나) 다른 아이들은 보통 어떨 것 같은지 질문해서 '걱정스러운 생각'을 추측해보도록 도와주세요.

아동용 활동 8 생각과 감정, 행동을 연결시키기

앞에서 제시된 예시와 유사한 그림을 그려보세요. 이 그림에는 상황의 주요한 생각, 감정 및 행동을 기록할 수 있습니다. 그런 다음 자녀에게 자신이 정말 행복하고 가장 편안함을 느꼈을 때를 떠올리도록 하고, 그곳이 어디였는지, 누구와 함께 있었는지, 무엇을 하고 있었는지 물어봅니다. 첫 번째 '무슨 일이 있었나?' 칸에 그 상황에 대해 짧게 적습니다. 다음으로 자녀에게 머릿속에서 스스로에게 말했던 내용을 떠올려보라고 지시합니다. 만일 오래전에 일어났던 상황이라면 기억해내기 어려울지도 모릅니다. 자녀가 자신이 생각한 것을 정확하게 기억하지 못한다면, 그 상황에서 무슨 생각을 했을 것 같은지 추측하게끔 하여 '나는 무슨 생각을 했나?' 칸에 그 내용을 적습니다. 그리고 자녀에게 자신이 어떻게 느꼈는지를 나타내도록 하여 '내 기분은 어땠나?' 칸에 적습니다. 자녀에게 걱정 척도를 사용해 그 상황에서 자신이 얼마나 걱정을 했는지 평가하도록 합니다(아마도 0점일 것입니다). 마지막으로, 그 상황에서 자녀가 어떤 행동을 취했는지 '나는 어떻게 했나?' 칸에 작성하도록 하세요.

그런 다음, 이번에는 자녀가 몹시 걱정하거나 두려움을 느꼈던 때를 생각하게 하면서 이 연습을 반복합니다. 마지막으로 자녀에게 지난 하루나 이틀 동안 있었던 상황을 사용하여, 생각과 느낌, 행동을 연결시켜서 기록하는 연습을 하도록 합니다.

아동용 연습 과제 1 내 생각과 감정, 행동에 대해 배우기

앞서 말한 대로, 자녀가 자신의 불안 양상을 보다 분명하게 인식하는 것을 배우는 게 중요합니다. 이는 자녀가 불안을 느끼는 여러 상황에서 자신의 생각과 감정, 행동에 대해 1주 혹은 2주 동안 기록을 하게 함으로써 가르칠 수 있습니다. 앞서 보았던 생각-감정-행동 연결 기록지를 자녀가 불안을 느끼거나 걱정하거나 수줍음이나 두려움을 느낄 때 사용될 수 있습니다. 이는 하루에 한 번일 수도 있고 여러 번일 수도 있으나, 적어도 하루에 한 번은 할 수 있도록 격려하는 게 좋습니다. 한 주 내내 자녀의 이러한 노력에 대해 칭찬하고 보상해주는 것을 잊지 마세요. 이 연습은 일반적으로 7세 이상의 자녀에게 적합합니다.

2장의 주요 내용

이 장에서 여러분과 자녀는 다음과 같은 것을 배웠습니다.

- 다양한 종류의 감정들을 인식하고 구분하는 방법

- 불안한 감정의 수준을 평가하기 위해 걱정 척도를 사용하는 방법

- 불안할 때 우리 몸에서 일어나는 변화

- 각 상황에는 생각과 감정, 그리고 행동이 있다는 점

자녀는 다음과 같은 것을 할 필요가 있습니다.

- 부모 혹은 다른 어른들의 도움으로 아동용 활동들을 완성하기

- 연습 과제 1 완성하기. 약 일주일 동안 조금이라도 불안한 감정을 느낄 때마다 생각-감정-행동을 연결시키는 활동 기록지를 작성해보세요.

탐정처럼 생각하기

정확하고도 평온하며 건설적인 방식으로 생각하기를 배우는 것은 어른이 든 아동이든 불안을 극복하고자 하는 모든 사람들에게 매우 유용한 방법 입니다. 이 프로그램에서는 '탐정처럼 생각하기'라는 용어를 사용해 잘못 된 혹은 비현실적인 생각과 믿음에 도전하는 과정을 설명합니다. 이것은 자 녀가 자신의 걱정을 알아내고, 그런 다음 마치 탐정처럼 행동하며 그 걱정 이 현실적인지 아닌지를 살펴보는 간단한 '게임' 같은 것입니다. 이것은 특 히 자녀의 불안대처기술의 일부로 매우 유용하며, 특히 어느 정도 성숙한 수준에 도달한 아이들(일반적으로 약 7세 이후)에게 도움이 될 것입니다(보다 어린 아동을 위해서는 이 장 뒷부분에서 좀 더 단순화된 형식을 제공합니다).

하지만 이 기법을 제대로 사용한다는 것은 어른에게도 어려운 일입니 다. 그러므로 이 기법이 자녀에게 실제로 도움이 되게 하려면, 부모님이 먼 저 사용법을 배우는 것이 가장 좋습니다. 이런 이유로 이 장은 두 부분으로 나뉘어 있습니다. 첫 번째 부분에서는, '탐정처럼 생각하기'가 어떻게 작동하는 것인지를 부모님께서 충분히 이해할 수 있도록 기본 개념과 방법들을 설명할 것입니다. 이는 다소 복잡하므로, 걱정되거나 스트레스를 받거나 화가 나는 등의 몇몇 상황에서 '탐정처럼 생각하기' 기법을 일정 기간 부모님이 먼저 사용해볼 것을 권합니다. 이런 식으로 연습해보면 이것이 어떻게 작동하는지 보다 잘 이해할 수 있을 것입니다. 이 장의 두 번째 부분에서는 부모님이 자녀에게 '탐정처럼 생각하기'를 어떻게 가르칠 것인지에 대해 제시할 것이며, 이는 부모님이 배워서 사용하게 될 전체 기법을 단순화시킨 것입니다.

만약 부모님께서 생활 속에서 어떤 두려움과 걱정이 있다는 것을 알게 되셨다면, '탐정처럼 생각하기' 방법을 익혀서 사용하세요. 그러면 자연스럽게 자녀가 부모님이 사용하는 것을 보고 배우게 됨으로써, 불안을 줄일 수 있는 기술을 배우는 훌륭한 모방학습이 될 수 있습니다.

'탐정처럼 생각하기'의 기본 사항

생각을 바꾸는 법을 터득하여 부모 자신의 감정을 관리하고 자녀를 돕는 방법을 배우기 전에 부모님이 이해해야 할 기본 원칙이 있습니다.

사건과 생각, 감정 간의 관계

대개 사람들은 외부에서 생긴 일 때문에 자신의 기분이 결정된다고 생각합니다. 즉 어떤 사건을 경험하게 되면 그에 따른 감정이 불가피하게 생긴다고 간주하는 것입니다. 예를 들어 "너 때문에 너무 화가 났어", "그 소음 때문에 너무 괴로웠어"라는 소리를 정말 많이 들었을 것입니다. 그러나 교통신호등이나 다른 사람 같은 외부의 것들은 여러분의 감정을 전적으로 좌지

우지하는 것이 될 수 없습니다. 두 사람이 똑같은 사건을 경험하더라도 전혀 다르게 느낄 수 있음을 생각해보면 이 원리를 이해할 수 있을 것입니다. 한 걸음 더 나아가, 같은 사람이 같은 사건을 겪어도 언제 경험했느냐에 따라 매번 다르게 느낄 수 있습니다. 왜 그럴까요?

그건 여러분의 믿음과 생각, 자기 대화의 내용 때문입니다. 즉 사람의 감정이란 어떤 사건에 대해 자기 자신에게 스스로 무엇을 말하는지에 따라 달리 결정된다는 것입니다. 다음의 예에서 보게 되겠지만, 한 상황이나 사건에 대한 생각이 그때 느끼는 감정을 결정하게 됩니다.

토니와 짐의 아내들이 영화관에 갔다가 한 시간이나 늦게 귀가했다고 합시다. 토니는 속으로 '아내가 친구들과 커피를 마시나 보군' 하고 생각했습니다(이것이 그 상황에 대한 토니의 생각입니다). 이 생각을 하는 한 아내에 대해 그리 신경 쓰지 않을 수 있었으며, 아내가 전화도 하지 않고 어디 있는지 알려주지 않은 것에 대해 그다지 화나지 않을 수 있었습니다. 반면에 짐은 아내가 교통사고를 당했을 것으로 생각했습니다(그 상황에 대해 짐은 그렇게 믿었습니다). 이런 생각을 가진 결과, 짐은 무척이나 근심하게 되었습니다.

이 예를 통해서 우리는 두 남자의 감정을 불러일으킨 것은 상황 그 자체(아내의 늦은 귀가)가 아니라는 것을 분명히 알 수 있습니다. 서로 다른 감정을 일으킨 것은 바로 각자의 믿음 또는 생각입니다. 사건은 마치 방아쇠 같은 역할을 했지만, 일어난 감정은 사람이 그 사건을 어떻게 해석했는가에 달려 있습니다. 비슷해 보이는 상황에서 같은 사람이 다른 감정을 보이게 되는 예를 하나 더 생각해봅시다.

셸린은 고된 하루 일을 막 마쳐서 아주 피곤하고 짜증스러웠습니다. 그녀는 남편이 어린 아들 찰스에게 저녁을 먹이고 있을 때 집에 왔습니다. 남편이 잠시 자리를 비웠을 때 찰스는 음식을 갖고 장난을 치기 시작했고, 깔깔대며 접시를 들더니 갑자기 머리에 뒤집어썼습니다. 아마도 찰스는 매우 재미있다고 생각했겠지만, 셀린은 머리끝까지 화가 나게 되었습니다. 며칠이 지난 후 똑같은 일이 일어났습니다. 하지만 이번에는 셀린이 막 승진 통보를 받아 매우 기분이 좋았습니다. 이때 찰스가 접시를 머리에 뒤집어쓰자 셀린은 아들이 매우 귀엽다고 생각하며 깔깔대고 같이 웃었습니다. 분명히 같은 사건이 같은 사람에게 일어났지만, 감정은 다르다는 것을 볼 수 있습니다. 차이는 전적으로 셀린의 머릿속에 무엇이 일어나고 있는가에 달려 있습니다. 한 예에서는 어질러진 것과 그것을 치울 생각을 하니 화가 나게 되었고, 다른 예에서는 아들을 귀엽게 생각하고 아들이 얼마나 재밌을까 생각하니 기분이 좋아졌습니다.

우리는 감정이나 기분이 사건 자체에 의해 결정된다고 믿는 경향이 있지만, 사실은 사건에 대한 해석에 근거한 우리의 믿음과 생각이 우리가 어떻게 반응할지를 직접적으로 결정하는 것입니다. 여러분이 이 프로그램을 통해 아동들을 도울 때 항상 기억해야 할 점은, 우리를 둘러싸고 있는 사건 때문에 감정이 직접 일어나지는 않는다는 것입니다. 오히려 우리의 기분과 감정은 '사건과 상황을 어떻게 생각하고 해석하는가'에 대한 직접적인 결과입니다. 여기 예가 있습니다.

사건	믿음/생각	감정
차가 급히 브레이크를 밟아 "끼이익" 하는 소리를 들었음	'개가 치였나봐.'	놀람
	'폭주족들이 또 저러는군.'	화남
	'운 좋게도 치이지 않은 것 같아.'	안도

스트레스를 잘 받거나 걱정을 많이 하는 사람들은 대개 생각할 때 두 가지 오류를 범하는 경향이 있습니다. 첫째, 이런 사람들은 대개 나쁜 일이 발생할 확률을 과대평가합니다. 둘째, 걱정하는 일의 결과가 끔찍하고 도저히 견딜 수 없을 것이라고 나쁜 결과를 과대평가하여 추측합니다.

나쁜 일이 일어날 확률을 과대평가하기

불안한 사람들은, 비록 사실이 아닐지라도, 자기에게 나쁜 일이 일어날 것 같다고 믿는 경향이 있습니다. 일례로 수줍음이 많은 사람이 결혼식에서 축사해야 하는 경우를 생각해봅시다. 그 사람은 '분명히 내가 실수를 하게 될 거야'라고 생각하게 됩니다. 실제로 다소 매끈하지 못하게 끝마칠 수 있습니다. 하지만 결혼식에서 실수로 잘못 말하기란 대단히 어려우며, 실제로 그럴 확률은 그리 높지 않습니다. '내가 실수를 하게 될 거야'라고 생각하는 것은 100%-즉 확실히-실수로 잘못 말한다는 것을 의미합니다. 이는 명백한 과대평가입니다.

이와 유사하게 여러분이 늦게 귀가할 때 댁의 자녀가 '우리 부모님이 사고를 당했다'라고 믿고 매우 불안해할 수 있습니다. '부모님이 분명히 사고를 당했어'라는 생각도 역시 100% 그렇다는 의미를 반영합니다. 물론 부모님이 사고를 당했을 가능성이 약간 존재할 수는 있겠지만, 실제로 그러한 일이 일어날 확률은 매우 낮습니다. 결국, 아동의 생각은 분명히 과대평가이며, 불안을 심화시키는 데 기여할 뿐입니다.

일의 부정적 결과를 과대평가하기

스트레스가 심한 사람들에게 삶이란 대체로 아주 위협적인 것처럼 보입니다. 이들은 불쾌한 일이 자기에게 생길 확률이 실제보다 더 높다고 믿을 뿐만 아니라, 그 결과도 견딜 수 없을 것이고 정말 끔찍할 것이라고 여깁니다.

흥미롭게도 최악의 경우를 예상하는 사람들은 자기가 무엇을 생각하고 있는지 깨닫지 못하는 경우가 대부분입니다. 달리 말하면 스스로 '나에게 생길 수 있는 최악의 일이 무엇일까? 내가 감당해낼 수 있을까?' 하는 질문조차 전혀 하지 않는다는 것입니다. 예를 들어 약속 때문에 가고 있는 경우를 떠올려봅시다. 차가 막혀 있는 동안에 '안 돼, 정말 늦겠어'라고 생각할 수 있습니다. 이때 여러분은 늦어진다는 것은 정말 끔찍한 일이 될 거라고 가정합니다. 즉 '난 늦을 것이고, 그건 세상 끝나는 일이 될 거야'라는 겁니다. 그러나 자신에게 다음과 같이 질문하면 다를 수 있습니다. '내가 늦는다면 정말 무슨 일이 있게 될까? 내가 잘 대처할 수 있지 않을까?' 아마도 여러분은 늦어진다는 것이 생각만큼 그렇게 끔찍하지는 않다는 사실을 깨닫게 될 것입니다.

다른 예로 여러분의 자녀가 숙제할 때 실수를 저지를까봐 매우 불안해한다고 해봅시다. 이러한 두려움은 실수하면 곧 '끝장'이라고 가정하기 때문에 비롯되는 것입니다. 선생님이 실수한 것에 대해 지적할 수는 있겠지만, 그것은 그렇게 심각한 결과를 가져오지는 않을 것입니다. 이와 같은 예들은 생각하기에서의 두 번째 일반적인 오류인 '부정적인 결과를 과대평가하기'의 좋은 예입니다.

믿음을 변화시키기

기분은 어떤 상황에 대한 믿음으로부터 직접적으로 생기며, 불안한 사람들은 나쁜 일이 일어날 확률이 실제보다 높다고 믿는 경향이 있습니다. 따라서 믿음을 변화시키면 불안감을 어느 정도 통제할 수 있습니다.

더 나아가기 전에 중요한 한계점을 먼저 지적해야겠습니다. 누구라도 자신의 생각과 믿음을 100% 통제할 수는 없으며, 따라서 자신의 감정을 100% 통제할 수도 없습니다. 그것은 우리가 하고자 하는 것이 아닙니다. 우리의 목표는 여러분의 자녀가 극단적인 믿음을 조금이라도 통제할 수 있도록 도와주는 것입니다. 그렇게 함으로써 아동들도 아주 조금씩이나마 자신의 극단적인 감정들을 줄여갈 수 있을 것입니다. 이것은 불안 극복하기를 배우는 데 있어서 하나의 작은 단계가 됩니다.

극단적인 불안을 감소시키는 방안이란, 믿음을 아주 극단적인 것에서 덜 극단적인 것으로 바꿔가는 것을 배우는 것입니다. 예컨대, '내 배우자가 교통사고를 당했고, 죽었을 것 같다'라고 생각하기보다는, '내 배우자가 교통사고를 당했을 수도 있지만, 이렇게 늦는 것에는 다른 이유가 있을지도 몰라. 설령 사고를 당했더라도, 그렇게 심각한 것은 아닐 거야'라는 식으로 생각할 필요가 있습니다. 후자처럼 생각할 때 여러분의 불안은 훨씬 감소할 것입니다.

감정을 변화시키는 열쇠는 믿음에 달려 있습니다. 가령, 여러분이 정말로 믿지 않은 채 그저 "차 사고로 죽지 않았을 거야"라고 자신에게 말하기만 하는 것은 별로 효과가 없습니다. 덜 극단적인 생각이 진실임을 스스로 확신해야만 합니다. 다행히도 대부분 덜 극단적인 경우가 사실이며, 그런 식으로 생각하는 게 그렇게 어렵지는 않을 것입니다. 일상생활에서 극단적이고 끔찍한 생각은 그리 현실적인 것이 못 됩니다. 대개 덜 극단적인 믿음이 더 현실적입니다. 그래서 우리는 이렇게 좀 더 정확하고 현실적으로 생각하는 기법을 '탐정처럼 생각하기'라고 하는 것입니다. 불안해하는 사람들은 대개 비현실적인 방식으로 생각하는 경향이 있습니다. 보다 건설적으로 생각하기를 배움으로써 자신의 불안을 통제하는 법을 배울 수 있습니다.

여기서 중요한 점을 짚고 넘어가야겠습니다. 물론 살다 보면 때로는 진짜 나쁜 일이 일어날 수도 있습니다. 그럴 때 불안해지는 것은 매우 당연하며, 또한 이해될 수 있습니다. 우리의 목적은 아동들이 절대로 불안해하지 않도록 가르치는 것이 아닙니다. 다만 불안이 과도하고 실제 상황과 동떨어질 때 그 불안을 어떻게 다루는지를 가르치는 것입니다.

증거 찾아보기

생각을 변화시키는 열쇠는 새로운 생각을 실제로 믿는 것입니다. 즉 원래 내가 했던 생각은 그저 사실이 아니라고 확신하는 것입니다. 실제 증거 찾아보기를 배움으로써 이것을 할 수 있습니다. 스스로 탐정이나 과학자가 되어서 이제껏 믿어왔던 모든 부정적인 일들에 대한 증거를 찾아보는 것입니다. 이제 이 방법을 '탐정처럼 생각하기'라고 부르는 이유를 아실 것입니다. 이 방법을 자녀에게 어떻게 가르칠지는 잠시 후에 제시하겠습니다.

스스로 탐정처럼 생각하기, 이것이 바로 여러분이 해야 할 일입니다. 스트레스를 받거나, 불안하거나, 걱정하고 있음을 알게 될 때, 스스로에게 질문을 해야 합니다. "내가 생각하는 부정적인 일이 뭘까?", "내 생각이 지금 잘못 가고 있지는 않나?" 이 질문에 답하면서 여러분은 부정적인 생각과 믿음을 알게 될 것입니다. 예를 들어 상사의 사무실로 호출되었는데 그 이유를 알 수 없을 때를 상상해봅시다. 여러분은 걱정된다고 느낄 수 있습니다. 이때 스스로에게 질문을 할 수 있습니다. "내가 왜 이렇게 걱정을 하지? 내가 생각하는 부정적인 일이란 무엇일까?" 아마 여러분은 "내가 뭔가 잘못했기 때문에 나를 야단칠 거야"라고 스스로에게 대답할 수 있습니다. 이것은 당신의 부정적인 믿음입니다. 반면 "상사가 나를 보고 싶어 하는 이유가 뭘까?" 같은 질문은 부정적인 믿음이 아니며, 당신을 걱정하게 만들지 않는다는 점을 주목하십시오. 당신이 스스로에게 해야 할 질문은 "내가 어떤 나쁜 일을 기대하고 있는 걸까?"일 것입니다.

일단 자신의 부정적인 믿음을 알아차릴 수 있다면, 그것을 지지하거나 반박하는 증거들을 찾아야 합니다. 이때 자세히 찾아볼 수 있는 증거들은 매우 여러 가지이며, 각각의 생각들은 다소 상이한 증거들을 요구할 것입니다. 그러나 가장 흔히 사용하는 일반적인 증거의 유형은 다음 네 가지입니다.

- **과거의 경험:** 증거를 찾는 가장 쉬운 방법 중 하나는 이전에 비슷한 상황을 얼마나 자주 경험했는지, 그럴 때마다 나빴던 적은 얼마나 많았는지 스스로에게 질문해보는 것입니다. 여러분 자신에게 아주 솔직해야 합니다. 나빴을 때만을 보는 게 아니라, 비슷한 상황이었던 모든 경우를 고려해야 합니다. 예를 들면 "과거에 상사가 나를 불렀던 상황들 중 얼마나 많은 경우가 내가 잘못한 것으로 밝혀진 경우였는가?"라고 자문해볼 수 있습니다.
- **일반적인 정보:** 상황이나 사건과 관련된 일반적인 정보를 찾아봄으로써 적합한 증거를 얻을 수도 있습니다. 이 정보는 상식, 논리, 일반적인 지식, 또는 공식적인 통계나 연구 결과의 형태로 되어 있을 것입니다. 예를 들면 "나는 알지 못하는 실수를 자주 저지르는 편인가?" 또는 "내 상사는 보통 비판하는 편인가?"라고 자문해볼 수 있습니다.
- **다른 가능한 설명:** 사건에 대해 다른 가능한 이유를 생각해보는 것도 매우 유용한 방법입니다. 부정적인 해석이 하나의 설명이 될 수도 있겠지만, 달리 해석할 수는 없을까요? 예를 들어, 상사가 당신을 불러서 무엇을 명확하게 하려는 것일 수도 있고, 새로운 업무를 부여하려는 것일 수도 있으며, 당신의 의견을 물어보려는 것일 수도 있고, 심지

어는 승진을 제안하려는 것일 수도 있습니다. 이를 보면 부정적인 생각은 확정적인 것이 아니며, 여러 가능한 이유 중 한 가지일 뿐입니다. 따라서 부정적인 해석은 절대적이지 않으며, 두려웠던 결과는 처음에 생각한 것보다 일어날 가능성이 낮을 수 있습니다.

- **역할 바꾸기:** 마지막으로 어떤 상황에서 증거를 구하는 좋은 방법 중 하나는, 특히 대인관계와 관련된 상황에서 마음속으로 입장을 바꿔놓고 생각해보는 것입니다. 즉 내가 그 사람이고, 그 사람이 나인 것처럼 여기는 것입니다. 그러고 나서 상황이 반대였다면 여러분은 어떻게 느끼고 생각할지 스스로에게 질문합니다. 예를 들면 "내 동료가 상사에게 부름을 받았다면, 나는 그들이 비판을 받을 것이라고 여길까?"라고 자문해볼 수 있습니다. 대개의 경우 우리는 다른 사람들의 삶에 대해 덜 부정적인 시각을 가지며, 이렇게 역할을 바꿔보는 것은 여러분이 본인과 다른 사람에게 각기 다르게 기대한다는 사실을 깨닫는 강력한 방법이 됩니다.

이런 식으로 모든 증거를 자세히 찾아보면 부정적인 생각('상사는 나를 비판할 거야')이 반드시 그렇지만은 않음을, 또는 적어도 처음에 가정했던 것과 같지는 않음을 확신하게 될 수 있습니다. 또한, 믿음을 변화시키는 한 걸음 더 나간 단계의 방법도 있습니다.

이미 지적했듯이 불안한 사람들은 나쁜 일이 일어날 가능성과 그 결과가 얼마나 나쁠 것인지에 대해 모두 과대평가하는 경향이 있습니다. 지금까지 우리가 찾아본 증거들은 예측된 가능성의 정도를 줄여줄 것입니다. 하지만 따라올 결과에 대해서는 어떨까요? 이것을 알아보기 위해 여러분은 마지막 질문 하나를 스스로에게 던져볼 필요가 있습니다. "그래서 어떻다는 거야?" 달리 표현하자면, "내가 기대하던 나쁜 일이 실제로 일어난다면 무슨 일이 생기는 거야?"라고 자신에게 물어봐야 한다는 것입니다. 이렇게 질문해보면 두 가지 대답이 가능함을 확인할 수 있습니다. 한 가지 가능성은 여러분이 걱정했던 일이 일어나도 실제로는 그 결과가 그렇게 나쁘지 않다는 사실을 이내 깨닫게 되는 것입니다. 다른 가능성은 만약 부정적인 생각이 떠오른다면 그에 대한 증거를 찾아내야 할 필요가 있다는 것입니다.

예를 들면, "만약 상사가 내가 실수한 것에 대해 비판한다면 어떻게 될까?"라고 자신에게 물어볼 수 있습니다. 한 가지 가능한 대답은 "뭐, 별로 문제 되지 않을 거야. 내가 잘 대처할 수 있지"라는 것입니다. 만약 마음속의 이 대답을 정말로 믿는다면, 여러분의 걱정은 즉시 가라앉을 것입니다. 반면에 "내 상사가 내 일을 비판하고, 나를 해고할 거야"와 같은 부정적인 결과를 떠올릴 수도 있습니다. 이 경우 여러분은 이제 또 다른 극단적인 생각을 확인한 것이며, 더 나아가 이에 대한 증거를 찾아내야 합니다. 예를 들면 여러분은 이 생각의 논리(상사가 한 번의 실수를 지적한다고 해서 나를 해고할 수 있을까?) 또는 과거 경험(이전에 상사에게 비판을 받았을 때 직장을 잃은 적이 있었나?) 등을 조사해볼 수 있습니다.

생활 속에서 탐정처럼 생각하기를 적용하는 법을 배우는 일이란 쉽지 않으며, 많은 연습이 필요합니다. 이 장을 읽으면서 '이런 얘기를 왜 하는 거야? 나는 이런 문제를 겪을 사람이 아니야'라고 생각할 수도 있습니다. 맞는 말일 수도 있겠지만, 사실 우리 모두는 때때로 탐정처럼 생각하기를 쓰고 있습니다. 사람은 누구나 필요 이상으로 화내거나, 불안해하고, 스트레스를 받을 때가 있는데, 보다 건설적이고 현실적으로 생각하는 법을 배운다면 그러한 때 확실히 도움이 됩니다. 단 충분히 익히고 평소 감정이 지나치게 동요되지 않았을 때에 자주 연습을 해두어야만 그렇게 될 수 있습니다. 더 중요한 것은 자녀를 위해 부모님이 탐정처럼 생각하기를 배울 필요가 있다는 점입니다. 부모님이나 다른 보호자가 이 방법을 사용할 수 있으면, 자녀가 탐정처럼 생각하기에서 성공할 확률이 그만큼 높아집니다. 아동들이 부모님을 따라 하면서 배울 것이고, 부모님이 내용을 알면 자녀를 더 잘 도울 수 있습니다. 이런 이유로 부모님이 자녀와 더불어 탐정처럼 생각하기를 연습하도록 권유하는 것입니다.

과거 걱정에 대한 증거를 찾음으로써 증거를 분석하는 것이 여러분에게 보다 정확하고 덜 극단적인 걱정을 하게 만드는 믿음을 형성하는 데 도움이 됨을 알게 되실 것입니다. 처음에는 이 기술을 배우는 게 꽤 어렵게 느껴질 것입니다. 다음에 나올 부모용 활동에서 여러분은 최근 걱정들 중 하나에 대한 증거를 생각해보게 될 텐데, 이는 증거 분석에 도움이 되는 몇 가지 질문들로 구성되어 있습니다. 그 외 다른 고통스러운 생각 혹은 걱정에도 탐정처럼 생각하기 활동 기록지를 사용해 더 많은 연습을 하면 좋습니다.

자신의 걱정에 대한 증거 찾기

어른이든 아이든 이 기술을 배우는 것은 결코 쉬운 일이 아닙니다. 자녀에게 이 기술을 가르치기 전에 부모님께서 먼저 시도해보세요.

탐정처럼 생각하기 증거 기록지	
사건	
생각	
	걱정 척도 점수:
증거	과거에 무슨 일이 일어났었나?
	이 상황에 대해서 알고 있는 것은 무엇인가?
	가능한 다른 설명은?
	일어날 확률이 가장 높은 것은 무엇인가?
	다른 사람들이 예상하는 것은 무엇일까?
	그것은 실제로 얼마나 안 좋은 일일까?
	나는 대처할 수 있을까?
보다 정확한 생각은?	
	걱정 척도 점수:

탐정처럼 생각하기를 자녀에게 가르치기

이제까지 다뤄온 것을 이해하기란 그리 쉽지만은 않은데, 여러분이 자신의 생각과 믿음에 이러한 원리들을 적용하기는 좀 더 어려울 것입니다. 그러므로 자녀에게 이것을 어떻게 가르칠 것인지 궁금해하는 것이 당연합니다. 간단히 말하자면 여러분은 이러한 원리들을 간단하게 줄여서 가르치게 될 것입니다. 자녀들은 탐정처럼 생각하기 활동 기록지를 가지고 일정한 계획에 따라 연습하게 됩니다. 이는 앞서 본 부모용 탐정처럼 생각하기 활동 기록지와 비슷합니다. 다만 아동이 쓰는 것이므로, 단어와 질문이 좀 더 쉽게 되어 있습니다. 부모님이 자신의 걱정에 대해 탐정처럼 생각하기 활동 기록지를 적용해보셨다면, 자녀에게 이를 적용하는 과정에 대해 좀 더 잘 이해하실 수 있습니다.

이 장을 끝까지 철저히 익히고 나면, 아동들은 몇 가지 중요한 사항들을 잘 이해하게 될 것입니다. 이는 아동들과 여러분이 철저하게 연습과 읽기 과제를 실행하는 과정 속에서 이루어질 것입니다. 그 외에도 할 수 있을 때마다 다음 사항을 여러 차례 강조하는 것이 역시 중요합니다. 중요 핵심은 다음과 같습니다.

- 생각이란 머릿속에서 자기 자신에게 말하는 것입니다.
- 생각은 우리의 감정과 행동의 원인이 되기 때문에 중요합니다.
- 생각은 걱정스러운 내용일 수도 있고, 반대로 차분한 내용일 수도 있습니다.
- 훌륭한 탐정이 되어 증거를 찾아봄으로써 걱정스러운 생각을 차분한 생각으로 변화시킬 수 있습니다.

3장에서 여러분은 자녀와 함께 세 단계로 구성된 탐정처럼 생각하기를 배울 것입니다. 각 단계들은 서로 관련되어 있으며 이전 단계는 다음 단계의 기초가 됩니다. 첫 번째 단계는 자녀에게 생각이 무엇인지 이해하도록 만들고, 자신의 생각이 무엇인지 알게 해주는 기술에 익숙하게끔 만드는 일입니다. 두 번째 단계는 자녀가 생각의 중요성을 알도록 만드는 것이고, 세 번째 단계는 자녀가 탐정처럼 행동해 증거를 찾아나가면서 걱정스러운 생각에 도전하도록 만드는 것입니다. 아동에게 이러한 아이디어를 설명하는 데 사용할 수 있는 몇 가지 지침이 제시되며, 이 장의 마지막에는 아동이 이러한 아이디어를 보다 분명히 이해하도록 만드는 데 사용할 수 있는 몇 가지 지시문을 제시할 것입니다.

생각이 왜 중요한가?

이 시점에서 우리가 이 장의 전반부에 설명했던 탐정처럼 생각하기의 기본 개념을 아동에게 설명해줄 필요가 있습니다. 이 장 끝부분의 아동용 활동들이 이를 도와줄 것입니다. 물론 자녀의 나이에 따라 다르겠지만, 이는 앞서 설명했던 것보다도 훨씬 간단한 방식이어야 할 것입니다. 생각이 중요한 이유를 아동에게 강조해야 하는데, 어떤 상황에서 우리는 여러 생각을 할 수 있으며, 자신이 어떤 생각을 하느냐가 어떤 감정을 느끼게 될 것인가를 결정한다는 점을 분명히 알게 해야 합니다. 결론적으로 만일 아동이 그들의 생각을 바꿀 수 있다면, 어떻게 느끼는가도 역시 바꿀 수 있다는 것입니다.

탐정처럼 생각하기 접근법

앞서 논의했듯이 불안하고 걱정 많은 아이들이 가장 공통적으로 범하고 있는 오류는 어떤 상황에 대해 부정적으로 생각한 게 정말 그럴 것이라고 가능성을 과대평가해 생각하는 것입니다.* 그러므로 불안한 아동들은 자신의 부정적이고 불안한 상황해석이 정말 사실인지, 그리고 정확한지 그 가능성을 현실적으로 평가하는 방법을 배워야 합니다. 이 방법은 스스로에게 도움이 되는 생각들을 진정으로 믿게 만들어줄 것입니다.

부모님께서 부정적인 생각과 믿음을 시험해온 것과 같이, 자녀도 자신의 부정적인 기대에 대한 증거를 찾는 법을 배워야 합니다. 부모님께서 그랬던 것처럼, 자녀도 차분한 생각을 믿을 수 있어야만 합니다. 이러한 이유로, 자녀의 걱정스러운 생각에 대해 그저 어리석거나 그럴 가능성이 낮다고 말하지 않는 것이 중요합니다. 아이들은 아마도 여러분의 말을 믿지 않을 것이며, 흔히 더 괴로워할 것입니다. 대신, 자녀는 걱정스러운 해석의 가능성이 낮다는 사실을 증거를 모으는 과정을 통해 스스로 알아가야만 합니다.

증거를 수집하고, 증거에 따라 자신의 걱정스러운 해석과 생각을 평가하는 것은 탐정이 하는 일과 유사합니다. 둘 다 '진실'을 밝히기 위해 증거와 단서들을 찾는 것입니다. 흔히 우리가 잘 아는 유명한 탐정이나 영화·만화의 주인공(예를 들면 해리포터나 헤르미온느, 형사 가제트, 셜록 홈즈, 스파이더맨, 아이언맨 등)처럼 단서를 찾아내고 증거를 조사한다면 좀 더 즐거울 수 있으며, 이는 특히 아동이 어릴수록 좋은 방안이 될 수 있습니다. 일단 아동들이 좋아하는 어떤 주인공에 대해 생각할 수 있게 되면, 이 인물을 일종의 신호로 쓸 수

---

* 여러분이 이 주제를 읽을 때, 여러분은 자녀의 걱정이 실제 '현실'이라는 생각이 들 수 있습니다. 다시 말해 자녀가 과대평가하는 것이 아닐 수도 있습니다. 예를 들어 자녀의 불안은 전적으로 현실에 맞춰져 있어서, 학교에서 신체적으로 따돌림을 당하는 일에 대한 것일 수도 있고, 학습 부진을 겪어서 진짜로 낙제하게 될까봐 걱정하는 것일 수도 있습니다. 만약 이것이 사실이라면, 본 프로그램은 자녀들의 걱정에 적합한 것이 못 됩니다. 본 프로그램의 탐정처럼 생각하기는 실제의 위험과 어려움에 근거한 공포가 아닌, 과도하고 비현실적인 불안을 관리하는 것이며, 현실적인 위험이나 어려움에 기반한 두려움을 다루는 것은 아닙니다.

있습니다. 달리 말하면 아동들이 불안해하기 시작할 때 좋아하는 탐정처럼 생각해보라고 상기시켜주기만 하면 되는 것입니다.

이 방법은 필수적으로 3단계를 포함합니다. **첫 번째 단계**는 걱정하고 있는 것이 무엇인지 밝히는 것입니다. 아동들은 자기의 걱정스러운 생각을 알아차릴 수 있어야 합니다. 생각과 기분의 차이를 알게 해주십시오. 무슨 일이 일어날 거라고 기대하는지 분명한 문장으로 걱정스러운 생각을 표현하는 것이 가장 좋습니다. 예를 들면 "우리 아빠가 차 사고로 죽을까봐 무서워요"와 같은 생각은 잘 표현된 것이며, 탐정처럼 생각하기에서 사용할 수 있습니다. 반면에 "우리 아빠가 여기 없을까봐 무서워요"와 같은 생각은 아동이 진짜로 두려워하는 일이 무엇인지 분명하지 않으며, 이런 생각으로는 작업해나가기가 쉽지 않습니다. **두 번째 단계**는 걱정스러운 생각에 대해 가능한 한 증거를 많이 모으는 것입니다. 바로 이 단계에서 아동들은 탐정처럼 행동해야 하고, 자신이 두려워하는 일이 실제로 일어날 것인지의 여부를 어떻게 알 수 있는지 따져봐야 합니다. 가장 바람직한 증거들은 다음과 같습니다.

- 전에는 이 상황에서 무슨 일이 일어났니?
- 정말로 무섭고, 두려우며, 끔찍한 일이 생겼니?
- 이 상황에 대해 내가 알고 있는 일반적인 일은 무엇이지?
- 이런 상황에서 생길 수 있는 다른 일은 무엇일까?
- 무슨 일이 더 일어날 것 같니?
- 그럴 때 다른 사람들한테는 무슨 일이 일어날까?

우리가 평소 하듯이 아동에게 결과에 대한 생각(무슨 일이 생길 수 있을까?)을 직접 묻지 않는 것에 주목하세요. 아동들은, 어릴수록 특히, 결과에 대해 생각하는 것을 많이 어려워할 가능성이 있습니다. 자녀들은 매우 구체적이며 다양한 결과에 대한 삶의 경험이 많지 않기 때문입니다. 나이가 좀 더 든 자녀와 십대 자녀의 경우에는 "실제로 얼마나 나쁠까?", "만약 나쁜 결과가 발생한다면 대처할 수 있을까?"와 같이 가능한 결과에 대해 직접 물어볼 수 있는 경우가 많을 것입니다. 결과에 대한 질문을 물어볼지의 여부는 상황에 따라 달라질 수도 있습니다. 만약 걱정이 학교에서 문제가 되거나 놀림을 당하는 것과 같은 사회적인 것이라면 결과에 대해 논의하는 것이 쉽고 중요합니다. 그러나 가령 부모의 죽음과 같은 경우에는 자녀가 두려워하는 일이 일어나지 않을 것이라는 증거를 제시하는 것이 가장 좋습니다.

마지막으로 아이들이 생각한 증거에 기초해서, 걱정스러운 생각을 재평가하는 것이 **세 번째 단계**가 됩니다. 아이들은 걱정스러운 생각이 실제로 그럴법하지 않으며, 오히려 차분한 생각이 더 가능성이 크다는 것을 깨달을 수 있을 겁니다. 하지만 이 연습은 '탐정처럼' 생각하기지, '긍정적으로' 생각하기가 아님을 명심해야 합니다. 즉 경우에 따라서 걱정스러운 생각이 실제로 더 그럴법할 수도 있다는 겁니다. 예를 들어 어두워진 후 밖에 나갔다가 좁은 골목길에서 누군가가 남의 집에 몰래 들어가는 것을 목격한 아동의 경우를 생각해봅시다. 그런 경우 겁이 나는 건 자연스러운 것이고, 또한 그 상황에서는 오히려 무서운 것이 더 나은 것일 수 있습니다. 자녀에게 가르쳐야 할 탐정처럼 생각하기란 모든 상황에 적용하는 것이 아니라, 오직 아동들의 두려움이 과도하고 비현실적일 때에만 걱정스러운 생각을 차분한 생각으로 바꾸기 위해 고안된 것입니다.

여러분께서 탐정처럼 생각하기를 자녀에게 설명하기 위해 사용할 수 있는 지시문을 다음에 제시할 것입니다. 탐정처럼 생각하기를 이해하고 바로 사용할 수 있는 예외적인 자녀(혹은 부모)가 있기도 합니다만, 인내심을 갖고 자녀에게 개념을 계속 상기시키면서 많은 연습을 할 수 있도록 해야 합니다. 연습은 부모님에게 또한 도움이 됩니다. 많은 부모님들이 이 방법에 대해 상당히 어려워하는 것을 발견했습니다. 어려움을 인정하는 것은 부끄러운 게 아닙니다. 앞부분을 다시 읽는 것을 두려워하지 마시고, 연습을 계속하세요. 그리고 기억하세요. 탐정처럼 생각하기 기술은 유치원 아동이나 생각이 매우 단순한 어린 자녀에게는 유용하지 않습니다. 이러한 아동들에게는 이 장의 뒷부분에 있는 단순형을 참조하세요.

자녀에게 탐정처럼 생각하기를 설명하는 방법

이 장의 끝부분에 있는 아동용 활동은 여러분이 자녀에게 탐정처럼 생각하기를 가르칠 수 있도록 도울 것입니다. 다음 예시는 자녀에게 이 중요한 기법을 어떻게 안내하는지를 가르쳐줍니다. 여러분은 다음의 예시를 자녀에게 읽어주거나 혹은 여러분의 말로 바꾸어 다음과 같은 내용을 전달할 수 있습니다.

너도 알겠지만, 도움이 되지 않는 생각들이 있단다. 그런 생각은 너를 걱정스럽게 만들거나 무섭게 만들겠지. 그리고 그 생각들은 너한테 나쁜 결과를 가져오게 할 거야. 다행인 것은 이런 걱정스러운 생각들을 이겨내기 위해 네가 할 수 있는 일이 있다는 거란다.

첫 번째 단계는 그 생각을 잡아내는 일이야. 너는 그 훈련을 벌써 몇 가지 해보았단다. 걱정스럽거나 무섭거나 예민한 기분이 들 때에는 항상 걱정스러운 생각이 그렇게 느끼도록 만들었다는 것을 먼저 알아챌 필요가 있어. 그다음엔 그것을 탐정처럼 생각하기 기록 용지의 '걱정스러운 생각' 칸에 적는 거란다. 너는 또한 걱정 척도를 이용해서 네가 얼마나 불안한지 적을 수 있지.

다음 단계는 탐정이 되어 걱정스러운 생각과 관련된 모든 증거들을 샅샅이 찾아내는 거야. 탐정의 임무는 진실을 규명하기 위해 증거와 단서를 찾아내는 것이지. 바로 우리가 해야 할 일과 똑같단다. 일단 걱정스러운 생각이 들면 이와 관련된 증거들을 모두 찾아내야 하고, 이런 걱정스러운 생각이 사실인지 아닌지 결론을 내려야 하는 거야. 모든 증거를 생각해봤는지 스스로 확인하기 위한 몇 가지 질문이 있단다(부모님은 탐정처럼 생각하기 활동 기록지를 보면서 이런 내용을 지적할 수 있으며, 또는 이 기술을 배우는 동안 이 내용을 카드에 적어줌으로써 활용할 수 있습니다).

- **예전에 이런 상황에서 무슨 일이 생겼었니?** 전에도 이런 상황에 처한 적이 있었니? 그때 무슨 나쁜 일이 생겼었니? 이런 상황이 있을 때마다 나쁜 일이 일어났니?
- **이 상황에 대해 네가 이미 알고 있는 것이 있니?** 정말로 나쁜 상황이니? 네가 아는 사람이나 친구에게도 이런 일이 생긴 적이 있었니?
- **이 상황에서 어떤 다른 일이 생길 수 있을까?** 이 상황이 일어난 또 다른 이유는 없을까? 다른 어떤 일이 일어날 수 있을 것 같아?

증거를 모은 후에 마지막으로 해야 할 일은 모든 것을 종합해 생각하고, (증거에 근거해서) 걱정스러운 생각을 네가 얼마나 믿고 있는지 따져보는 거야. 여기서 너 자신에게 물어봐야 하는 것은, '증거에 따라 살펴볼 때, 내가 생각하는 일이 정말 일어날까? 다른 차분한 생각을 할 수는 없을까?'란다. 탐정처럼 생각하기 활동 기록지의 마지막 줄에 너의 차분한 생각을 적어보렴. 마지막으로, '만약 내가 정말로 차분한 생각을 믿는다면 얼마나 불안해할까?'라고 스스로 물어봐야 돼. 걱정 척도를 사용해서 어느 정도인지 점수를 적어보렴.

탐정처럼 생각하기의 사례

다음에 제시된 큰 개에 대한 예는 커트와 엄마가 커트의 작은 두려움 중 하나인 개에 대한 이야기를 어떻게 나누는지 보여주는 예입니다. 여러분은 자녀가 실제로 탐정처럼 생각하기를 사용하는 방법을 배울 수 있도록 자녀와 함께 몇 주에 걸쳐 연습을 철저히 해야 할 것입니다. 커트의 탐정처럼 생각하기 활동 기록지 예시를 소개합니다. 다음 사례를 자녀와 함께 읽어보세요. 진행해가는 동안에, 커트와 엄마가 탐정처럼 생각하기 활동 기록지의 여러 부분을 어떻게 작성했는지 자녀에게 제시해주세요.

커트의 사례: 큰 개에 대한 예

어머니 어느 날 네가 길을 가고 있는데 저쪽에서 큰 개 한 마리가 뛰어오고 있다고 상상해보렴(탐정처럼 생각하기 활동 기록지의 사건 칸에 "큰 개가 나한테 다가온다"라고 적습니다). 개가 무섭다면, 너는 그때 무슨 생각을 하고 있는 걸까?

커트 개가 진짜 크면요, 개한테 물리게 될까봐 무서울 거예요.

어머니 좋아. 네가 걱정하는 생각을 잘 말했다. 그걸 여기 적어보자(생각 칸에 "개가 나를 물려고 한다. 나는 막을 수 없을 것 같다"라고 적습니다). 걱정 척도를 한번 볼까? 네 생각에 얼마나 걱정할 것 같으니?

커트 7점 정도요… 아니 9점이요.

어머니 그래. 점수를 여기에 써보자. 이제 우리가 탐정이라고 생각하고 너의 생각대로 일이 일어날 것인지 아닌지 증거를 찾아보자. 네가 생각할 수 있는 증거는 어떤 거지?

커트 그 개는 큰 이빨을 가지고 있어요.

어머니 그래, 큰 이빨을 갖고 있지. 개가 너를 물지 안 물지를 어떻게 알 수 있는지 그 증거를 생각해볼 수 있을까? 예를 들어, 다른 개가 너한테 다가올 때 이전에 어떤 일이 발생했는지 생각해볼래?

커트 전에 아줌마 집에 갔을 때, 그 집의 잭이란 큰 검은색 개가 나한테 달려온 적이 있었어요.

어머니 개가 너한테 달려와서 어떻게 됐어?

커트 아무 일도 없었어요. 그 녀석은 날 반겼거든요.

어머니 잘했다. 네가 아줌마 집에 갔을 때 개가 달려오기는 했지만, 나쁜 일은 전혀 일어나지 않았다는 거구나. 그 이야기는 한 가지 훌륭한 증거로 들리네. 그걸 여기 적어보자("예전에 개가 나한테 달려온 적이 있었지만, 날 물지는 않았다"라고 증거 칸에 적습니다). 그다음엔 어떻게 했니?

커트 그러니까요. 내가 그 녀석을 쓰다듬어줬어요. 근데 털이 정말 더러웠어요.

어머니 와, 쓰다듬어주기도 하고 정말 용감했구나. 아주 잘했단다. 그렇다면, 개가 널 무는 것 말고 어떤 다른 일이 생길 수 있겠니?

커트 개가 날 반길 수도 있고, 내가 쓰다듬어줄 수도 있어요.

어머니 바로 그거야. 개가 널 물기보다는 반가워하고 네가 쓰다듬어주기를 바랄 수도 있겠지. 이것도 좋은 증거가 될 수 있다고 생각하니?

커트 예.

어머니 그래, 엄마도 그렇게 생각해. 아주 훌륭한 탐정이구나. 다른 가능성을 증거 칸에 써보자("개는 반가워하며, 나한테 쓰다듬어달라고 한다"라고 적습니다). 엄마가 질문 하나만 더 해볼게. 너를 물 것같이 무서운 개가 많을까, 아니면 다정하게 너를 반기는 개가 더 많을까?

커트 대부분의 개가 나를 반겨줄 거예요.

어머니 그렇지, 또 좋은 증거가 하나 있구나("대부분의 개들은 반가워한다"라고 증거 칸에 적습니다). 이제껏 몇 가지 증거를 찾아보았는데, 아직도 정말 개한테 물릴 거라고 생각하니?

커트   아마 아닐 것 같아요.

어머니   그렇지. 우리가 찾아본 증거에서 보면, 개가 널 반겨주고 나쁜 일도 생기지 않을 가능성이 더 높은 거였어. 이것이 차분한 생각인 거 같구나. 여기 그걸 적어보자꾸나("개는 아마도 반가워할 것이고, 나쁜 일은 일어나지 않을 것이다"라고 마지막 칸에 적습니다). 만약에 개한테 물릴 것이라고 생각했다면, 네 기분이 어땠을지 궁금하구나.

커트   무섭죠.

어머니   그러면 개가 반가워할 거라고 생각할 때 네 기분은 어떨까?

커트   좋아요.

어머니   자, 이제 네가 얼마나 걱정을 하게 될지 걱정 척도에 몇 점을 줄 수 있을까?

커트   거의 아무렇지 않을 것 같아요. 아마 3점 정도인 거 같아요.

어머니   아주 잘했다. 개에 대한 걱정스러운 생각은 너를 두렵게 만들고, 차분한 생각은 너를 더 행복하고 편안하게 만든다는 것을 알 수 있게 되었구나.

탐정처럼 생각하기 증거 기록지

사건 무슨 일이 일어났나?	큰 개가 나한테 다가온다.
걱정스러운 생각 그때 나는 무슨 생각을 했나?	개가 나를 물려고 한다. 나는 막을 수 없을 것 같다. 걱정 척도 점수: 9점
증거는 무엇인가? 사실은 무엇인가? 다른 무슨 일이 일어날 수 있는가? 내가 걱정한 일이 발생했는가? 무슨 일이 일어날 것 같은가? 다른 사람들에게는 무슨 일이 일어났는가?	예전에 개가 나한테 달려온 적이 있었지만, 날 물지는 않았다. 개는 반가워하며, 나한테 쓰다듬어달라고 한다. 대부분의 개들은 반가워한다.
차분한 생각은 무엇인가?	개는 아마도 반가워할 것이고, 나쁜 일은 일어나지 않을 것이다. 걱정 척도 점수: 3점

탐정처럼 생각하기를 견고하게 다지기

이미 말씀드렸듯이, 탐정처럼 생각하기는 자녀(혹은 부모)가 불안한 상황에서 이것을 사용할 수 있기 전까지 많은 연습을 해야만 합니다. 다양한 유형의 생각에 대한 증거를 찾는 것을 돕기 위해, 우리는 부모님께서 증거를 모으는 데 쓸 수 있는 질문 목록을 제시했으며, 또한 완성된 탐정처럼 생각하기 활동 기록지 예시들을 제시했습니다. 이러한 질문들은 자녀가 증거에 다가갈 수 있도록 해주는 다양한 방법에 관한 아이디어를 부모님께 제시할 것입니다. 제시된 탐정처럼 생각하기의 예들을 통해 이 기법에 대해 더 좋은 아이디어를 얻게 될 것입니다. 이 예들을 자녀와 함께 철저히 다뤄보셔야 합니다.

일단 탐정처럼 생각하기를 연습하기 시작했다면, 먼저 작은 걱정에 대해 탐정처럼 생각하기를 적용한 후, 이후 보다 큰 걱정에 적용하도록 해야 합니다. 연습 과제 2는 자녀가 날마다 기본적으로 탐정처럼 생각하기를 반복 연습할 것을 요구합니다. 여러분은 자녀가 이 기법을 도움 없이 자신 있게 사용할 수 있을 때까지 탐정처럼 생각하기 연습을 계속해야 합니다.

탐정처럼 생각하기를 돕는 질문

자녀가 증거를 발견하는 것을 도울 수 있는 가능한 많은 질문 목록이 있습니다. 탐정처럼 생각하기 활동 기록지의 제일 왼쪽 칸에 있는 질문들은 단지 일부분일 뿐임을 기억하세요. 증거를 찾는 데 사용할 수 있는 질문은 많습니다. 단 어떤 상황에 대해 특정한 질문은 부적절할 수도 있습니다(예컨대 부모님이 돌아가실까봐 두려워하는데, "그런 일이 생겼다면, 그래서 어떻다는 건데?"라고 질문하는 경우).

자녀가 아주 많은 증거를 찾아야만 한다거나, 모든 걱정에 대해 전체 용지를 꽉 채워야 할 필요는 없습니다. 때때로 적은 증거를 찾는 것만으로도 걱정을 변화시키기에 충분합니다. 중요한 점은 일어날 것 같다고 걱정하는 일이 실제로는 거의 일어나지 않는다는 사실을 자녀가 깨닫게 되는 것입니다. 증거가 많든 적든 그것은 그다지 중요하지 않습니다.

유용한 질문 목록

다양한 걱정에 대해 자녀가 사용할 수 있는 가능한 질문들의 상세 목록이 여기 있습니다. 모든 걱정스러운 생각에 대해 모든 질문을 사용할 필요는 없습니다. 유용한 증거를 찾을 가능성이 높은 질문을 선택하십시오.

- 그 일이 일어나지 않을 것이라는 증거는 무엇인가?
- 그 밖에 일어났을 수 있는 일들은 무엇인가?
- 그 일이 일어날 것이라고 무조건 결론짓는 것은 아닌가?
- 내 생각은 합리적인가?
- 생길 수 있는 좋은 결과는 무엇일까?
- 생길 수 있는 가장 나쁜 결과는 무엇일까?
- 그 일이 일어난다면, 나는 대처할 수 있을까?
- 가장 그럴듯한 결과는 무엇인가?
- 2주 또는 한 달, 1년 뒤에는 어떻게 보일 것 같은가?
- 다른 사람들이 반응하는 방식에 대해 다르게 설명할 수 있을까?
- 이 일이 일어날 실제 확률은 얼마인가? (따져보라.)
- 과거에는 무슨 일이 일어났는가?
- 이 상황에서 다른 사람에게는 무슨 일이 생길 것 같은가?
- 완벽해지려고 하는 것은 아닌가?

- 앞으로 일어날 일을 모두 통제할 수 있을까?

- 이 상황에서 내가 다룰 수 있는 일을 과소평가하고 있는 건 아닌가?

- 다른 사람의 마음은 어떨 것 같은지 알려고 시도해봤는가?

- 만약 이런 상황에 처한 친구가 있다면, 그 친구에게 뭐라고 말할 것 같은가?

- 증거에 근거해, 당신의 슈퍼히어로·탐정 캐릭터는 어떻게 생각할까?

탐정처럼 생각하기 활동 기록지 예시

여기에 1장에서 소개했던 아동들의 탐정처럼 생각하기 활동 기록지들을 제시합니다. 여러분은 자녀와 함께 이 사례들을 꼼꼼히 읽고, 다른 아동들은 어떻게 탐정처럼 생각하기를 하는지 자녀로 하여금 알게 할 수 있습니다. 또한 자녀로 하여금 다른 아이들이 사용한 증거에 대해 생각해보라고 요청할 수도 있습니다.

라쉬의 사례

탐정처럼 생각하기 증거 기록지

사건 무슨 일이 일어났나?	학교가 따하고 엄마 차를 기다리는데, 엄마가 10분 늦고 있다.
걱정스러운 생각 그때 나는 무슨 생각을 했나?	엄마에게 사고가 난 것 같다. 걱정 척도 점수: 8점
증거는 무엇인가? 사실은 무엇인가? 다른 무슨 일이 일어날 수 있는가? 내가 걱정한 일이 발생했는가? 무슨 일이 일어날 것 같은가? 다른 사람들에게는 무슨 일이 일어났는가?	엄마가 10분 늦고 있다. 교통이 막히거나, 시간을 잘못 봤거나, 또는 엄마 친구와 통화하고 있을 수 있다. 엄마는 지난번에 두 번이나 늦은 적이 있었고, 두 번 다 왔다. 기다리는 애들은 내 주위에 여전히 여럿이다. 얘네들 부모님이 다 죽었을 리는 없다. 전화하고 싶지 않은데, 왜냐하면 운전하고 있을 것이고 전화를 하면 내가 방해하는 꼴이 될 것이다.
차분한 생각은 무엇인가?	엄마가 늦고 있다. 곧 오겠지. 걱정 척도 점수: 3점

탐정처럼 생각하기 증거 기록지

사건 무슨 일이 일어났나?	할머니 집에서 하루를 지내게 되었다.
걱정스러운 생각 그때 나는 무슨 생각을 했나?	내가 없을 때 엄마가 아프면 어떡하지? 걱정 척도 점수: **6점**
증거는 무엇인가? 사실은 무엇인가? 다른 무슨 일이 일어날 수 있는가? 내가 걱정한 일이 발생했는가? 무슨 일이 일어날 것 같은가? 다른 사람들에게는 무슨 일이 일어났는가?	내가 떠날 때 엄마는 아파 보이지 않았다. 만일 엄마가 아프게 되더라도, 친구분들이 있고 그들이 도와줄 것이다. 엄마는 재미난 시간을 보내고 계실 것이다. 엄마가 아팠던 때는 대개 감기였거나 배가 좀 아팠던 것뿐이다. 그렇게 심각한 적은 없었다. 엄마는 내가 학교에 가 있을 때 스스로를 잘 돌볼 수 있었는데, 왜 지금이라고 아니겠어?
차분한 생각은 무엇인가?	엄마가 아프지는 않을 거야. 만일 그렇더라도 스스로 잘 돌보실 수 있을 거야. 걱정 척도 점수: **2점**

100

커트의 사례

탐정처럼 생각하기 증거 기록지	
사건 무슨 일이 일어났나?	앞문을 방금 막 닫았다.
걱정스러운 생각 그때 나는 무슨 생각을 했나?	손이 더러워졌다. 만약 내가 손을 씻지 않는다면 병에 걸릴 거다. `걱정 척도 점수:` 9점
증거는 무엇인가? 사실은 무엇인가? 다른 무슨 일이 일어날 수 있는가? 내가 걱정한 일이 발생했는가? 무슨 일이 일어날 것 같은가? 다른 사람들에게는 무슨 일이 일어났는가?	내 손에 보이는 건 없어. 나는 살면서 많은 문을 닫았지만, 심각한 병에 걸린 적은 없었어. 내 몸은 세균을 막을 수 있어. 내가 진짜 아프게 되려면 신기한 일들이 계속해서 나한테 일어나야 할 거야. 많은 사람들은 신경 쓰지 않아. 그리고 그들은 아프지도 않아.
차분한 생각은 무엇인가?	내 몸은 어느 정도 세균을 막을 수 있어. `걱정 척도 점수:` 5점

탐정처럼 생각하기 증거 기록지

사건 무슨 일이 일어났나?	주말에 외출한다.
걱정스러운 생각 그때 나는 무슨 생각을 했나?	무언가 안 좋은 일이 생길 거야. 걱정 척도 점수: 7점
증거는 무엇인가? 사실은 무엇인가? 다른 무슨 일이 일어날 수 있는가? 내가 걱정한 일이 발생했는가? 무슨 일이 일어날 것 같은가? 다른 사람들에게는 무슨 일이 일어났는가?	주말 계획은 잘 짜여 있어. 만약 예상치 못한 일이 발생한다면, 그것은 좋은 일일 거야, 축제 같은. 만약 차가 고장 나면, 우리는 고쳐서 집에 갈 수 있어. 일어날 수 있는 일 중에 최악은 지루해지는 것뿐이야.
차분한 생각은 무엇인가?	나쁜 일이 일어날 가능성은 낮고, 그렇다 해도 나는 대처할 수 있어. 걱정 척도 점수: 4점

조지의 사례

	탐정처럼 생각하기 증거 기록지
사건 무슨 일이 일어났나?	학급에서 토론을 하고 있는데, 모두가 참여해야 한다.
걱정스러운 생각 그때 나는 무슨 생각을 했나?	얼간이처럼 말해서 비웃음을 당할 것 같다. 걱정 척도 점수: 7점
증거는 무엇인가? 사실은 무엇인가? 다른 무슨 일이 일어날 수 있는가? 내가 걱정한 일이 발생했는가? 무슨 일이 일어날 것 같은가? 다른 사람들에게는 무슨 일이 일어났는가?	나는 숙제를 해서 무슨 얘기인지 알아. 나는 뭘 얘기해야 하는지 알고 있어. 대부분의 사람들은 이미 지루해 보였어. 그들은 심지어 잘 듣지도 않을 거야. 만약 그들이 웃는다면 그건 내 말이 재미있었기 때문일 수도 있을 거야. 비록 그들이 웃더라도, 그들은 아마 3일 지나면 기억하지 못하고 별로 중요시하지 않을 거야.
차분한 생각은 무엇인가?	내가 이야기하는 것에 대해 알고 있어도, 대부분의 사람들은 별로 신경 쓰지 않을 거야. 걱정 척도 점수: 4점

탐정처럼 생각하기 증거 기록지

사건 무슨 일이 일어났나?	체육시간에 새로운 기술을 배우고 있다.
걱정스러운 생각 그때 나는 무슨 생각을 했나?	바보 같아 보일 거야, 나는 못 해. `걱정 척도 점수:` 10점
증거는 무엇인가? 사실은 무엇인가? 다른 무슨 일이 일어날 수 있는가? 내가 걱정한 일이 발생했는가? 무슨 일이 일어날 것 같은가? 다른 사람들에게는 무슨 일이 일어났는가?	모든 애들이 배우고 있는데, 몇 명만 할 수 있을 것 같아. 잘할 때까지 연습하면 될 거야. 나는 새로운 기술들을 어느 정도 할 수 있어. 완벽할 필요는 없다고 생각해.
차분한 생각은 무엇인가?	일단 부딪쳐보자. 그것이 배우는 방법이야. `걱정 척도 점수:` 5점

104

제시의 사례

탐정처럼 생각하기 증거 기록지

사건 무슨 일이 일어났나?	수학 숙제를 하고 있는데, 두 번째 문제에서 막혔다.
걱정스러운 생각 그때 나는 무슨 생각을 했나?	이 질문에 답해야만 해. 그러지 못하면 곤란해질 거야. 걱정 척도 점수: 9점
증거는 무엇인가? 사실은 무엇인가? 다른 무슨 일이 일어날 수 있는가? 내가 걱정한 일이 발생했는가? 무슨 일이 일어날 것 같은가? 다른 사람들에게는 무슨 일이 일어났는가?	나는 그냥 한번 해보는 거야. 그게 꼭 정답일 필요는 없어. 나는 1번 문제를 풀었고, 이건 같은 유형의 문제야. 모든 애들이 풀 수는 없을 거야. 만약 내가 정말로 풀 수 없다 해도, 문제가 생기지는 않을 거야. 쉬는 시간에 도움받기 위해 남아 있어야 할 수도 있어.
차분한 생각은 무엇인가?	내가 최선을 다한다면, 모두 풀 수 있을 거야. 조금만 인내심을 가지고 침착하게 해보자. 걱정 척도 점수: 4점

탐정처럼 생각하기 증거 기록지

사건 무슨 일이 일어났나?	우리 반의 새로운 여자애한테 말을 걸었다.
걱정스러운 생각 그때 나는 무슨 생각을 했나?	내 친구들은 나랑 놀지 않을 거야. **걱정 척도 점수:** 6점
증거는 무엇인가? 사실은 무엇인가? 다른 무슨 일이 일어날 수 있는가? 내가 걱정한 일이 발생했는가? 무슨 일이 일어날 것 같은가? 다른 사람들에게는 무슨 일이 일어났는가?	나는 공손했어. 그 애는 친절해. 친구들도 그 애를 좋아할 거야. 친구들은 내가 걔한테 말을 걸었다는 사실을 모를 거야. 가끔 나는 내 친구들이 좋아하지 않는 사람들에게 말을 걸었지만, 그래도 내 친구들은 여전히 나와 함께 놀아. 내 친구들도 지난 학기에 새로운 친구에게 말을 걸었고, 나는 그 후에도 여전히 같이 잘 놀았어.
차분한 생각은 무엇인가?	친구들은 신경 쓰지 않을 거야. 친구들은 그 애와 만나는 것을 흥미 있어 할 거야. **걱정 척도 점수:** 1점

탈리아의 사례

탐정처럼 생각하기 증거 기록지	
사건 무슨 일이 일어났나?	친구의 가족과 함께 수영장에 가기로 초대받았다.
걱정스러운 생각 그때 나는 무슨 생각을 했나?	나는 갈 수 없어. 누군가가 나를 안으로 밀어 넣으면 나는 아마 가라앉을 거야. 걱정 척도 점수: 6점
증거는 무엇인가? 사실은 무엇인가? 다른 무슨 일이 일어날 수 있는가? 내가 걱정한 일이 발생했는가? 무슨 일이 일어날 것 같은가? 다른 사람들에게는 무슨 일이 일어났는가?	수영장 끝에 수심이 얕은 곳이 있어서 거기서 놀 수 있을 거야. 굳이 깊은 곳으로 갈 필요는 없어. 많은 사람들이 동네 수영장에 오는데, 그들 모두 물에 빠져 가라앉지는 않아. 나는 수영하는 법을 알아. 다른 아이들도 있을 거고, 그들은 무서워하지 않을 거야. 여기 인명구조원이 근무하고 있어. 내 친구 부모님들도 거기에 있을 거고, 그들은 우리를 봐줄 거야. 지난번에 갔을 때도 나는 물에 빠져 가라앉지 않았어. 우리는 모든 시간을 수영장에서 보내지 않을 거야. 우리는 근처에서 대화하고 있을 수도 있어.
차분한 생각은 무엇인가?	나는 수영하는 법을 알고 있고, 거기에 어른들도 있어서 우리가 안전한지 지켜보고 있을 거야. 걱정 척도 점수: 4점

더 어린 아동을 위한 단순화된 탐정처럼 생각하기

앞서 말했듯이, 어떤 아동들은 탐정처럼 생각하기 전체 과정을 배우는 것이 어렵다고 생각할 수 있습니다. 아마도 그들이 너무 어리거나, 학습에 어려움이 있거나, 사고방식 자체가 보이는 것에만 국한된 '구체적 양상'을 지녔기 때문일 것입니다. 이런 아동들은 탐정처럼 생각하기의 논리적 사고 과정에 참여하는 데 어려움을 겪을 수 있지만, 흔히 '생각 전환'이라는 간단한 방법을 통해서 혜택을 받을 수 있습니다.

생각 전환은 아동이 걱정스럽거나 차분한 생각을 찾아내거나 때론 짐작만이라도 해보는 좀 더 쉬운 과정입니다. 이 단계는 먼저 자녀가 두려운 감정을 느낄 때 '걱정스러운 생각'이 무엇인지 물어본 다음(또는 다른 아이들도 같은 상황에 있을 수 있음), 이를 대체할 수 있는 '차분한 생각'과 어떤 차이가 있는지 찾아보라고 하는 것이 포함됩니다. 많은 경우, 겁먹었다는 느낌이 들기 시작할 때, 차분한 생각을 상기시키는 것만으로도 불안을 줄이는 데 도움이 될 수 있습니다.

이 장의 뒷부분에 나오는 것처럼 생각풍선을 사용하여 한 사람 또는 두 사람이 같은 주제에 대해 서로 다른 생각을 할 수 있음을 보여주는 것이 도움이 될 수 있습니다. 자녀가 불안할 때, 그 상황에 대해 쓰게 하거나 그림을 그리게 한 후 생각풍선을 두 개 추가한 다음, 하나에는 자신이 걱정되는 생각을 적고, 다른 하나에는 차분한 생각을 추측해 적도록 할 수 있습니다. 슈퍼히어로의 조언을 사용하는 것이 흔히 유용합니다. 예를 들어 "엄마가 학교에 늦게 데리러 오면 캡틴 마블(또는 다른 영웅)은 어떻게 생각할까?"와 같은 것입니다. 분명 탐정처럼 생각하기의 전체 과정을 사용하는 것이 보통 더 좋습니다. 하지만 일부 아이들은 두려움을 느낄 때 차분한 생각을 하는 법을 배우는 것만으로도 두려움을 줄이는 데 도움이 됩니다. 만약 여러분이 이 기술을 사용하겠다고 결심했다면, 이 훈련을 반복해야 합니다. 집에서 편안하게 있을 때 자녀와 다양한 상황에서 생길 수 있는 걱정스러운 생각과 정반대의 차분한 생각을 구별해 알 수 있도록 연습하세요. 그런 다음 부모님이 외출했을 때 아이가 불안감을 보이기 시작하면, 아이에게 차분한 생각을 떠올리게 하는 기회를 가지셔야 합니다. 나중에 사다리 연습을 시작할 때(5장 참조) 자녀에게 적절하게 차분한 생각을 상기시켜주는 것이 사다리 기법의 훈련 및 연습의 일부가 됩니다.

마지막 중요한 논평

자녀가 이러한 기술들을 배우는 동안, 부모님께서는 지나치게 완벽할 필요가 없으며, 또한 자녀들도 지나치게 완벽하게 되도록 애쓸 필요가 없습니다. 이 활동의 목표는 여러분의 자녀가 걱정스러운 생각을 현실적이고 차분한 생각으로 대체하는 방법을 배우고 믿는 것에 있습니다. 정확히 어떻게 이 지점에 도달했는가는 중요하지 않으며, 아마 아이들마다 약간의 차이가 있을 것입니다. 몇몇 아동, 특히 매우 어린 아동의 경우에는 우리가 여기에 제시한 증거 수집 방법을 정확하게 따라 할 수 없을지도 모릅니다. 그러나 만일 그들이 차분하고 현실적인 생각을 떠올리는 연습을 한다면, 그들은 아마도 좀 더 차분한 생각을 하게 될 것입니다. 증거를 수집하는 방법을 배우는 것을 어려워하는 아동(예를 들어 좀 더 눈앞에 보이는 것만 생각하는 아동)에게는, 단지 그들 자신의 걱정스러운 생각을 인식하는 것을 배우고, 그런 다음 차분한 생각을 추측해보고자 시도하는 것만으로도 자녀의 불안을 줄이는 것을 도와줄 수 있습니다.

마지막으로 탐정처럼 생각하기가 불안을 이겨내는 유일한 기법은 아님을 명심하세요. 만일 여러분의 자녀가 (진지하고도 성실한 노력을 한 뒤에도) 이것을 완수할 수 없었다면, 여러분은 다음 장으로 넘어가서 뒤에 있는 다른 기술들을 먼저 적용할 수 있습니다. 뒤에 나오는 사다리 기법을 사용하여 두려움에 맞서기 시작하면 자연스레 증거를 찾아낼 수 있으며, 또한 불안 감소에 도움이 되는 또 다른 전략인 이완법도 다른 장에 제시되어 있습니다.

자녀와 함께 하는 활동

아동용 활동 9 생각은 왜 중요할까?

자녀에게 사건, 생각, 감정 그리고 행동과 관련된 모든 상황을 설명하세요. 같은 상황이 두 가지 다른 생각으로 이어질 수 있으며, 그 생각이 다른 감정과 행동을 야기한다는 점을 강조합니다. 아래의 예를 사용하거나 이와 유사한 것을 사용하세요.

사건	생각	감정	행동
엄마가 집에 늦게 들어온다.	엄마가 사고가 났나봐. →	두려운/걱정되는 →	복도를 왔다 갔다 하면서 서성댄다.
	엄마는 저녁 먹을 것을 사려고 가게에 들렀을 거야. →	행복한/신나는 →	기다리면서 TV를 본다.

생각이 먼저 들기 때문에, 생각을 먼저 바꾸면 기분도 바뀔 수 있다는 점을 강조하세요. 때로 우리는 우리의 기분을 좋게 만들고 도움이 되는 차분한 생각을 하지만, 어떤 때에는 우리의 기분을 나쁘게 만들고 도움이 되지 못하는 걱정스러운 생각을 하기도 합니다.

다음에 나오는 샘과 팀의 이야기를 읽고, 자녀에게 누구의 생각이 도움이 되는지, 그리고 왜 그런지 찾아보라고 물어보세요.

샘의 이야기

샘은 가족들과 함께 극장에 갔다. 영화가 시작되기 바로 전에 그는 반대편 쪽에 같은 반 친구가 있는 것을 보았다. 샘은 손을 흔들며 친구를 불렀다. 그러나 친구는 대답하지 않았다. 샘은 혼자 생각했다. '내가 부르는 소리를 듣지 못한 게 분명해. 영화가 끝난 후에 인사해야지.'

샘은 기분이 괜찮았다. 그는 자리에 조용히 앉아서 영화를 즐겼다. 영화가 끝나자, 그는 친구가 앉아 있는 반대편으로 가서 인사를 했다. 친구는 샘을 보고 반가워했고, 다음 날 만나서 같이 놀기로 약속했다.

샘의 생각은 도움이 되는가?

_____

이유는?

_____

사건이 일어난 후 샘의 기분은 어땠나?

_____

샘은 어떻게 했나? (그의 행동은 무엇이었나?)

_____

결과는 좋았나?

_____

팀의 이야기

팀은 가족과 함께 극장에 갔다. 영화가 시작되기 바로 전에 반대편에 같은 반 친구가 있는 것을 보았다. 팀은 손을 흔들며 친구를 불렀다. 친구는 대답하지 않았다. 팀은 혼자 생각했다. '걔가 날 무시했어. 날 싫어하는 게 틀림없어. 걔가 날 무시하는 걸 사람들이 다 봤어. 이렇게 망신을 당하다니.'

팀은 당황스러웠고 비참했다. 그는 이 일에 대한 생각 때문에 영화에 집중할 수 없었다. 월요일에 그 친구를 만났을 때 팀은 자리를 피했다.

팀의 생각은 도움이 되는가?

_____

이유는?

_____

사건이 일어난 후 팀의 기분은 어땠나?

_____

팀은 어떻게 했나? (그의 행동은 무엇이었나?)

_____

결과는 좋았나?

_____

아동용 활동 10 자기-대화

이 활동은 여러분의 자녀에게 사람은 같은 상황에서 서로 다른 식으로 생각할 수 있고, 이런 다른 생각은 서로 다른 감정과 행동으로 이어질 것임을 더 잘 이해하도록 돕기 위해 구성되었습니다. 커다란 개에게 접근하거나, 새로운 친구를 만나거나, 발표를 하거나, 집에 오는 누군가를 기다리는 것과 같은 상황 속의 아동이 주인공인 사진이나 만화를 찾아보세요. 사진을 사용하면서, 사진 속의 아동이 가질 수 있는 두 가지 다른 생각을 여러분의 자녀가 적게 하세요. 자녀가 차분한 생각과 걱정스러운 생각을 알게 하도록 격려하세요.

그런 다음에 제목에 '상황', '생각', '감정', '행동'이 적힌 칸이 나누어진 표를 이용해, "숙제를 다 못 했다", "우리 집에 새로운 친구를 초대하고 싶다", "우리 팀이 내일 준결승전을 치른다", "여름 캠프가 월요일에 시작한다"와 같이 여러 상황에 대해 쓰게 한 후에, 각 상황에 대하여 자녀의 차분한 반응 및 걱정스러운 반응을 빈칸에 쓰도록 하세요. 각각의 경우에 따라, 자녀가 어떻게 느끼고 무슨 행동을 할지를 결정하는 것은 바로 생각임을 지적해주세요.

아동용 활동 11 탐정처럼 생각하기

이 활동을 위해 여러분은 앞에서 보셨던 탐정처럼 생각하기 활동 기록지를 만들 필요가 있습니다. 여러분은 우리가 이전 장에서 보여주었던 예시 양식을 복사해서 사용할 수 있습니다. 앞으로 몇 주 동안 이 작업을 위해 여러 장의 활동 기록지를 활용한 연습이 필요할 것입니다.

탐정처럼 생각하기를 자녀에게 가르치기 위해 앞서 보셨던 내용에 따라, 먼저 걱정 많은 아동은, 나쁜 일이 더 많이 발생하며 나쁜 일이 발생하면 이는 끔찍한 재앙이 될 것이라고 생각하는 경향이 있음을 설명해주세요. 그리고 걱정을 덜 느끼는 방법 중 하나는, 만일 걱정스러운 생각이 진짜 일어난다면 어떨 것인지 생각해보는 것이라고 설명해주세요. 여러분은 걱정스러운 생각이 진실인지 아닌지에 관한 '단서'를 찾으면서 활동할 수 있다고 설명하세요.

탐정처럼 생각하기는 다음의 단계를 거칩니다.

- 사건과 생각을 적고, 걱정 척도에 감정이 얼마나 강하게 일어났는지 기입한다.
- 증거를 찾는 데 도움이 되도록 자기에게 질문해본다("무엇이 사실인가?", "무슨 일이 일어날 것 같은가?", "이전 혹은 다른 사람들에게는 무슨 일이 일어났을까?" 등).
- 이 상황에서 일어날 수 있는 것들을 모두 나열해본다.
- 차분한 생각을 이끌 수 있는 단서들을 사용하고, 만일 이런 차분한 생각을 한다면 얼마나 걱정할 것인지 평가해본다.

여러분의 자녀에게 탐정처럼 생각하기 작업을 어떻게 할지 보여주기 위해 이전 장에서 제시한 하나 혹은 두 가지의 예를 읽어줍니다.

여러분의 자녀에게 어떻게 하는지 가르칠 때에는 예를 들어 보여주는 것이 가장 좋은 방법입니다. 간단한 두 가지 예를 들면, 먼저 상황으로 "커다란 개가 나를 향해 다가오고 있다", 그래서 생각은 "개가 나를 물려고 하는데 막을 수 없을 것 같아"가 있습니다. 혹은 또 다른 상황으로 "밖에서 이상한 소리가 났다", 그래서 생각은 "강도가 집 안으로 들어오려는 거 같아"라는 예를 들면서 증거 및 차분한 생각을 찾도록 할 수 있습니다.

아동용 활동 12 큰 걱정에 탐정처럼 생각하기를 적용하기

이 활동은 여러분의 자녀가 자신의 작은 걱정들에 대해 탐정처럼 생각하기 연습을 최소한 일주일 정도 일관되게 한 뒤에 이뤄져야 합니다. 일단 여러분의 자녀가 이 과정을 이해하기 시작했다면, 적어도 두 가지 상황을 포괄하면서 자신의 큰 걱정에 관해

탐정처럼 생각하기 활동 기록지를 완성하게 할 수 있습니다. 여러분의 자녀가 각각의 상황에서 최선의 증거를 모으는 것을 돕기 위해 이전에 열거한 질문들을 사용하는 것을 잊지 마십시오. 만일 여러분의 자녀가 어려움을 겪고 있다면, 여러분 자신의 걱정 가운데 하나를 언급하면서 자녀가 이에 대한 '코치'가 되어보게 하세요. 여러분의 자녀가 여러분에게 질문을 하도록 하여, 여러분이 걱정에 관한 증거를 떠올리도록 만들고, 이후 차분한 생각을 떠올릴 수 있도록 해보세요. 흔히 자기의 개인적인 일이 아닌 상황에서 이 훈련을 하는 것이 더 쉽습니다.

특히 여러분의 자녀가 큰 걱정에 관해 많은 증거를 떠올릴 수 있도록 격려하세요. 여러분의 자녀가 증거를 많이 찾을수록, 자신이 믿을 만한 차분한 생각을 좀 더 많이 찾아낼 가능성이 커집니다.

아동용 연습 과제 2 탐정처럼 생각하기

탐정처럼 생각하기는 배우기 쉬운 기술이 아닙니다. 핵심은 연습입니다. 탐정처럼 생각하기는 프로그램의 나머지 기간에도 계속될 것입니다. 아동들은 탐정처럼 생각하기 활동 기록지에 매일매일 긴장이나, 수줍음, 걱정, 두려움을 느낄 때마다 기록해야 합니다. 아동들이 수행에 익숙해질수록 이는 더욱 수월해질 것입니다. 그리고 실제로 불안을 느낄 때 탐정처럼 생각하기를 더 많이 사용할 수 있게 될 것입니다. 처음에는 부모님이 아마도 상당히 적극적으로 참여해야 할 것이고, 자녀는 부모님의 많은 도움을 필요로 할 것입니다. 아동이 점차 발전하게 됨에 따라 여러분은 점점 도움을 줄여가야 합니다. 어린 아동들은 여러 주일 동안 도움이 필요하겠지만, 좀 더 나이가 든 아동들은 이런 기술을 며칠 만에 익힐 수도 있습니다. 단, 기억해야 할 점은 이는 시합이 아니라는 것입니다. 각 아동마다 기술을 익히는 데 필요한 시간은 모두 다릅니다.

부모님은 자녀와 함께 오후 혹은 저녁에 하루를 생각해보는 시간을 가져야 하며, 어떤 나쁜 경험이나 걱정에 대해 탐정처럼 생각하기를 복습해야 합니다. 일이 벌어지고 난 다음에 이것을 해보는 것은 좋은 연습입니다. 분명 핵심은 여러분의 자녀가 두려움을 느끼는 상황에서 탐정처럼 생각하기를 사용할 수 있도록 하는 것입니다. 그러므로 부모님이 자녀가 불안해하기 시작함을 알아차렸다면, 아이가 자신에게 이러한 기술을 사용하도록 즉각적으로 시도해야 합니다. 초기에는 여러분의 자녀가 정확한 단계와 질문을 거치도록 여러분이 상세하게 유도할 필요가 있을 것입니다. 이는 이 과정에 부모님이 전심전력해야 하며 또한 증거를 수집하는 질문들에 전념해야 할 필요가 있음을 의미합니다. 여러분 자녀의 기술이 나아지게 되면 여러분은 단지 "이 상황에서 탐정처럼 생각하면 어떻게 될까?"와 같은 질문을 자녀에게 상기시켜주기만 하면 될 것입니다.

3장의 주요 내용

이 장에서 여러분과 자녀는 다음과 같은 것을 배웠습니다.

- 어떠한 상황에서도 무슨 일이 일어나고 있는지에 대해 한 가지 이상의 생각을 할 수 있습니다.

- 생각은 서로 다른 감정을 일으킬 수 있는데, 예컨대 같은 사건에 대한 반응으로서 차분하거나 걱정스러울 수 있습니다.

- 걱정스러운 생각은 종종 잘못된 것이며, 탐정처럼 생각하기를 통해 우리는 보다 정확한 생각을 발견하는 데 도움이 되는 증거를 찾을 수 있습니다.

- 탐정처럼 생각하기 과정은 아래의 행동을 포함합니다.

  - 머릿속에 있는 걱정스러운 생각을 알아냅니다.

  - 걱정스러운 생각이 진실이 아님을 나타내는 증거를 찾기 위해 도움이 되는 질문을 사용합니다.

  - 증거를 사용하면 차분한 생각을 만들어낼 수 있습니다.

- 차분한 생각은 덜 걱정스러운 기분을 갖도록 도울 수 있습니다.

자녀는 다음과 같은 것을 할 필요가 있습니다.

- 부모 혹은 다른 어른들의 도움으로 아동용 활동들을 완성합니다.

- 탐정처럼 생각하기를 가능한 한 자주 연습하세요. 아이가 더 많이 할

수록 더 잘할 수 있으며, 적어도 하루에 한 번은 해야 합니다. 탐정처럼 생각하기 및 활동 기록지 작성하기는 앞으로 2~3주 동안 지속되어야 하며, 보다 더 오래 계속할 수도 있습니다.

불안한 자녀를 양육하기

아이의 불안을 다루는 방법들은 여러 가지입니다. 주로 사용되는 방법들은 자녀를 지나치게 안심시키기(예를 들어 아이에게 "모든 게 다 잘될 거야"라고 반복해서 위로하기), 상황을 어떻게 다뤄야 하는지를 부모가 정확하게 말해주기, 불안하고 걱정스럽게 만드는 것이 무엇인지를 자세히 논의함으로써 아이의 불안에 대해 공감해주기, 아이를 강하게 밀어붙여서 불안 상황을 회피하지 않도록 하기, 두려워하는 상황을 모면하고 그 상황을 회피하도록 허용하기, 아이가 자신의 불안에 효과적으로 대처하는 방법을 스스로 결정하도록 격려하기, 아이가 불안해하는 것을 무시하기, 아이에게 인내심을 잃어버리기 등입니다. 여러분은 이러한 방법들을 각각 다른 상황에서 사용해보면서, 이것들의 효과가 다르다는 것을 발견하셨을 것입니다. 보통의 경우 어떤 방법은 효과적이며, 어떤 방법은 그렇지 않을 것입니다. 이 장에서는 각 방법들을 좀 더 자세히 검토하겠습니다.

현재 내가 사용하고 있는 방법은 무엇인가?

불안해하는 아이를 다루기 위해 여러분이 자주 사용하는 방법들을 아래 표에 제시했습니다. 여러분이 어떻게 자녀를 양육하고 있는지 생각해보고, 각각의 방법들이 자녀에게 얼마나 성공적이고 유용하게 적용되는지 적어보십시오. 이외에도 부모님만의 방법이 있다면 그것들도 함께 적어보십시오.

방법	성공적이거나 유용한가?
지나치게 안심시키기	
무엇을 해야 할지 말해주기	
공감해주기	
강하게 밀어붙이기	
회피를 허용하기	
스스로 하도록 촉진시키기	
무시하기	
인내심을 잃어버리기	

혹시 여러분의 양육 방식에 문제가 있는 게 아닌가 걱정되실 수 있겠는데, 걱정은 잠시 접어두십시오. 언급된 방법들은 과거에 이 프로그램에 참가했던 부모님들의 도움으로 만들어진 것입니다. 이것은 여러분이 얼마나 '좋은' 부모인가를 평가하기 위한 것이 아니라, 다른 부모님들도 여러분과 비슷한 어려움에 직면해 있고, 여러분과 비슷한 방식으로 아이들을 대하고 있음을 보여주기 위한 것입니다.

아이가 불안 문제를 보일 때 부모님들은 정말 힘이 듭니다. 아이가 불안해할 때 어떻게 행동하고 말해줘야 하는지 모르는 경우가 많을 것입니다. 아마 딱히 도움이 될 만한 말이나 행동을 찾을 수 없다고 느끼신 적도 있을 것입니다. 원래 특정한 상황이나 문제에 처했을 때 상황을 객관적으로 보기란 어려운 일입니다.

아이를 다루는 데 옳거나 그른 방법이란 없으며, 모든 아이들과 가족들은 다 다릅니다. 그렇지만 장차 아이가 경험하게 될 불안을 줄이기 위해 부모님들이 할 수 있는 방법이 있는가 하면, 다른 한편으로는 부모님이나 아이 모두가 불안을 줄이는 데 도움이 되지 못하는 방식으로 빠져들 수도 있습니다. 바라건대, 이 장을 통해서 여러분이 불안한 아이를 다루기 위해 현재 사용하고 있는 방법들을 객관적으로 검토해보시길 바랍니다. 각각의 방법과 관련된 장단점을 신중하게 검토해봄으로써, 궁극적으로 어떤 방법이 아이에게 도움이 될지 결정할 수 있을 것입니다.

아이의 불안을 다루는 데 도움이 되지 못하는 방법

아이를 다루는 데 옳거나 그른 방법은 없는 법이지만, 때때로 부모님들은 장기적으로 봤을 때 아이의 불안을 유지시키거나 심지어 증가시키는 방식으로 반응하기도 합니다.

지나치게 안심시키기(위로해주기)

부모님들의 보고에 따르면, 불안한 아이들에게 가장 많이 사용하고 있는 것이 바로 '지나치게 안심시키기(위로해주기)'인 것으로 보입니다. 즉 아이를 안심시키기 위해 같이 있어주거나 안아주기 또는 "다 괜찮을 거야", "무서워할 것 없단다"라고 얘기해주는 것입니다. 일반적으로 이러한 것들은 좋은 방법이며, 적당한 선에서 그렇게 할 필요도 있습니다. 하지만 여러분이 아이를 끊임없이 안심시키고만 있다면 심각하게 재고해볼 필요가 있습니다. 아이를 사랑하고 위로와 확신을 주는 것은 자녀 양육에 있어서 매우 중요한 것입니다만, 당신이 자주 자녀를 안심시켜야 한다면 경고 신호가 울릴 수 있습니다. 물론 자녀를 사랑하고, 상처받았을 때 편안함, 안전함, 그리고 위안을 제공하는 것은 양육의 중요한 부분입니다. 절대로 아이들을 안심시켜주지 말아야 한다는 뜻이 아닙니다. 사실 제대로 안심시켜주지 않으면 너무 많이 안심시켜주는 것과 마찬가지로 안 좋을 수 있습니다. 부모로부터 위안과 따뜻한 배려를 충분히 받지 못한 아동들은 불안정하고 외로움을 느끼게 됩니다. 하지만 바로 그런 불안한 아동의 성격적 특성 때문에 스스로를 믿고 헤쳐나가지 못하고, 다른 아이들보다 훨씬 더 많이 위로받기를 바라게 됩니다. 이때가 바로 악순환의 고리에 빠지는 시점입니다.

안심시키기는 아동의 불안을 완화시키기 위해 부모님들이 취할 수 있는 자연스러운 반응입니다. 하지만 불행하게도, 불안한 아동에게 안심시키기는 오리의 깃털을 적시려고 물을 뿌려봤자 소용없는 것과 같습니다. 즉 이는 거의 효과가 없습니다. 더 중요한 것은 부모가 아이를 안심시켜주는 것이 아이의 불안을 줄이는 데 단기적으로는 도움이 될 수 있습니다만, 장기적으로는 부모가 먼저 일방적으로 안심시켜주려고 하면 할수록 아이는 계속해서 점점 더 많이 안심시켜줄 것을 원하게 된다는 사실입니다.

실제로 중요한 것은 여러분이 자녀에게 많은 관심을 보이고 위로해줄 때가 언제냐 하는 것입니다. 분명하게도 아이가 실제로 다치거나 심각한 상황 때문에 공포에 질렸을 때에는 여러분이 많은 관심과 애정을 주는 것이 당연합니다. 여러분의 자녀가 길을 건너는 상황을 가정해봅시다. 아이가 길을 건너고 있을 때 자동차가 끽 소리를 내며 아이의 바로 코앞에서 멈췄다고 합시다. 이런 상황에서 아이를 여러 번 안아주고 쓰다듬어주는 것은 당연한 일입니다. 그러나 아이가 지나치게 겁에 질리기 시작하는 상황에서 아이를 끌어안고 쓰다듬어주는 것은 걱정할 만한 무서운 일이 실제로 일어나고 있다는 메시지를 아이에게 전해줄 뿐입니다. 여러분이 저녁 외출을 준비하는데 아이를 봐줄 보모가 도착했고 아이가 울기 시작하는 상황을 가정해봅시다. 이때 아이를 여러 번 끌어안고 볼을 부비는 것은 아이에게 '지금은 진짜 무서운 상황이야'라는 메시지를 전할 뿐입니다.

안심시키기는 아이 입장에서 보면 일종의 긍정적 관심입니다. 즉, 자녀가 불안해져서 부모가 아이를 안심시킬 때마다 실제로는 자녀의 불안에 보상을 주는 셈이 됩니다. 이렇게 하는 것은 아이에게 '불안이 나름대로 쓸모가 있구나'라고 생각하도록 만들기도 합니다. 이는 적어도 혼자 힘으로는 불안에 대처할 수 없고, 어려운 상황을 다루기 위해서는 반드시 부모가 필요하다는 것을 아이에게 가르쳐주는 효과가 있는 것입니다. 이러한 이유 때문에 불안한 아동을 대할 때는 그렇지 않은 아동을 대할 때보다 안심시키기를 삼가야 하며, 그럼으로써 불안한 아동 스스로가 무엇인가 할 수 있음을 배우도록 해야 합니다.

대신 어떻게 할 수 있을까요?

그러면 아이들이 도움과 안심시켜주기를 원할 때, 여러분은 어떻게 해야 할까요? 가장 좋은 방법은 아동이 부모가 무엇인가 해주기만을 바라지 말고, 자기 스스로 답을 찾을 수 있도록 가르치는 것입니다. 여기에는 보통 두 가지 방법이 있습니다. 하나는 아이가 건설적으로 대처하도록 촉진시키는 방법으로 이 장의 후반부에 자세히 설명할 것이며('아이의 불안을 다루는 데 도움이 되는 방법'을 보십시오), 다른 방법은 아이로 하여금 탐정처럼 생각하기를 사용하도록 격려하는 것입니다. 달리 말하면, 그냥 단순히 아이를 안심시키기보다는(예: "걱정하지 마" 또는 "괜찮을 거야"), 아이가 걱정하는 것에 대해 탐정처럼 생각하기를 스스로 적용할 수 있도록 도와주는 것이 훨씬 더 좋은 방법입니다.

위로받는 것에 너무 익숙해진 아이를 다룰 때는 도움을 점차 줄여나가는 방법으로 시작할 필요가 있습니다. 자녀가 여러분에게 달려와 위로를 구하기보다 스스로 탐정처럼 생각하기를 사용하도록 만들기 위해서는 이를 잘 실행할 수 있도록 몇 번 이상 충분히 도와주어야 합니다. 그러면 얼마 지나지 않아 아이는 탐정처럼 생각하기를 스스로 더 많이 사용할 수 있게 될 것입니다. 그리하여 만약 아이가 여러분에게 와서 안심시켜주기를 요구하면, 여러분은 단지 문제에 대해 탐정처럼 생각하기를 적용해보라고 말해주기만 하면 되는 것입니다.

이제까지 아이가 원하는 만큼 도와주다가 갑자기 이를 줄이려고 하지 말고, 아이에게 이에 대해 미리 알려주는 것이 중요합니다. 설명 없이 갑작스럽게 바꾸면 아이에게 상처를 주거나, 오히려 아이를 더 불안하게 만들 수도 있습니다. 아이의 나이와 상관없이, 어떤 변화가 생기게 될지 그리고 왜 그렇게 하려고 하는지를 분명히 설명해주어야 합니다. 또한 아이가 혼자 힘으로 문제를 잘 해결했을 때는 보상(물론 칭찬을 포함해서)을 해주는 것이 좋은 방법입니다. 그리고 무엇보다 일관성 있는 태도가 매우 중요합니다. 아무리 힘이 들더라도 안심시켜주기를 원하는 아이의 요구에 굴복하지 않아야 합니다(상식적인 선에서). 아이와의 논쟁에 말려들지도 마십시오. 차분하고도 분명하게 아이가 답을 알고 있다는 확신을 말해주고, 더 이상 이에 관해 왈가불가하지 마십시오. 그리고 안심시켜주기를 원하는 어떠한 요구에도 반응하지 마십시오. 단 아이가 부모님에게 안심시켜주기를 바라지 않고 스스로 어떤 일을 성공적으로 했을 때는 보상을 해주고 칭찬하는 것을 잊지 말아야 합니다.

다음에 나오는 커트와 엄마의 사례에서 알 수 있는 것처럼, 이 과정은 부모가 아이의 질문에도 불구하고 자신들의 결정을 지키는 것이 요구됩니다. 아이들은 때때로 인내심이 좋은 결실을 가져온다는 사실을 배웁니다. 그러므로 부모로서 여러분은 인내심을 유지하고 자신의 계획을 고수하는 모습을 자녀들에게 보여줄 필요가 있습니다.

커트의 사례

커트는 가족과 외출할 때마다 거기 가면 무슨 일이 일어나는지, 누가 있는지, 무엇을 가져가야 하는지, 어떤 옷을 입어야 하는지 등에 대해 부모님에게 계속 질문했습니다. 부모님은 커트를 안심시키고자 애를 많이 썼지만, 대개는 커트의 질문에 잠시 답해주다가 결국 참을성을 잃어버리고 소리를 지르는 것으로 끝나는 경우가 많았습니다. 마침내 커트의 엄마는 조금 다른 방식으로 이 문제를 다루기로 결정했습니다.

맨 먼저 엄마는 이 문제를 이야기하기 위해 조용한 시간을 내서 커트와 마주 앉아, 엄마는 커트의 질문과 호기심을 좋아하지만 커트가 어떤 것에 대해 걱정할 때는 지나치게 많은 질문을 한다고 말해주었습니다. 그리고 커트가 똑똑하며 또한 많은 질문들에 스스로 답할 수 있을 만큼

컸다는 사실을 말해주었습니다. 그래서 커트가 다음에 또다시 걱정되어서 너무 많은 질문들을 하기 시작할 때는 스스로 답을 찾을 수 있게 탐정처럼 생각하기를 하도록 도와주겠다고 말했습니다. 그러고 나서 엄마는 자신과 아빠가 '걱정으로 인한 질문'은 이제부터 무시할 거라고 얘기했습니다. 더불어 커트가 스스로 탐정처럼 생각하기를 할 수 있고 그래서 불필요한 '걱정스러운 질문'을 하지 않게 된다면 아주 기쁠 거라고 말했습니다.

일주일 후, 커트의 가족은 친구 집에 점심 초대를 받았습니다. 시간이 가까워오자 커트는 몇 가지 질문을 하기 시작했습니다. 특히 그곳에 아는 사람이 있을지 없을지, 다른 아이들이 자기를 좋아할지 아닐지에 대해서 많이 염려했습니다. 커트가 질문을 시작하자마자, 엄마는 커트와 함께 앉아서 탐정처럼 생각하기를 실행해보았습니다. 엄마는 커트에게 이전에 친구네 집에 얼마나 자주 초대받았었는지, 그곳에 갔을 때 아는 사람들이 얼마나 많았었는지, 다른 아이들이 커트를 대개 좋아했었는지, 커트는 거기에 모인 다른 아이들을 어떻게 생각했었는지 등에 대해 생각해보라고 했습니다. 커트가 그것들을 검토하자 엄마는 커트를 칭찬해주었고 계속해서 하던 일을 했습니다.

조금 후에 커트가 또 질문을 하자 엄마는 커트에게 "우리는 이미 그것에 대해 얘기했고 탐정처럼 생각하기를 해봤잖니. 네가 스스로 답을 알고 있기 때문에 엄마는 너에게 답을 말해줄 필요가 없다고 생각해. 만약 네가 다시 물어도 엄마는 대답하지 않을 거야. 하지만 네가 얘기하고 싶은 다른 것이 있다면 그것에 대해서는 아주 기꺼이 얘기할게"라고 말했습니다. 커트가 친구네 집에 가는 것에 대해 다시 엄마에게 물었을 때 엄마는 진짜로 그 질문을 무시해버렸습니다. 그리고 10분 동안 커트가 아무 질문도 하지 않았을 때 "커트, 10분 동안 오늘 우리가 초대받아 가는 것에 대해 아무것도 묻지 않았구나. 네가 얼마나 용감한지 엄마는 아주 자랑스럽게 생각한단다. 계속해서 그렇게 잘해주렴"이라고 말했습니다. 커트는 그날의 외출에 대해 더 이상 질문하지 않았습니다. 저녁이 되어 돌아오는 길에 부모님은 커트가 보고 싶어 하던 영화를 조금 더 늦게까지 볼 수 있도록 허락했습니다.

지나친 간섭과 지시

아이가 지나치게 불안해할 때, 어떤 부모님들은 아이를 대신해서 문제를 떠맡으려 하고 사사건건 아이에게 지시하려고 합니다. 즉 아이가 무엇을 해야 하는지, 어떻게 행동해야 하는지, 불안한 상황에서 무슨 말을 해야 하는지 등을 분명하게 얘기해주려고 하며, 또한 아이를 대신해서 무엇인가 해주려고 합니다.

조지의 사례

조지는 다른 아이들과 함께 어울리는 상황에서 매우 불안해했습니다. 조지와 아빠가 사촌동생의 생일파티에 함께 갔을 때의 일입니다. 조지는 아빠 옆에 앉아 대부분의 시간을 보냈으며, 다른 아이들과 어울리지 못했습니다. 한번은 피에로로 변장한 사람이 와서 아이들에게 사탕을 나눠주었는데, 조지는 사탕을 받고 싶었지만 너무 수줍어서 앞으로 나아가 사탕을 달라고 말하지 못했습니다. 이 광경을 본 아빠가 사탕을 대신 받기 위해 피에로에게 다가갔습니다. 조지는 얼굴이 빨개졌으나 사탕을 받고는 매우 좋아했습니다.

이와 같이 아이가 해야 할 일을 부모가 대신 떠맡아 해주는 행동은 우리가 '악순환'이라고 부르는 좋은 예입니다. 대개 부모님들은 아이가 불안으로 인해 무기력해지는 것을 몇 차례 지켜본 후에 이 방법을 채택하곤 합니다. 대부분의 부모는 불안을 유발하는 상황에서 자녀에게 어떻게 해야 하는지 자연스럽게 알려주지 않습니다. 오히려 부모는 자녀가 두려움에 사로잡힌 모습을 볼 때 자녀가 너무 안쓰러워서 이런 식으로 행동합니다. 이 방법은 단기적으로는 아이의 불안을 줄이는 데 도움이 되며, 아이는 원하는 것을 얻을 수 있습니다. 그러나 이런 식으로 부모님에게 의존하는 것은 분명히 일종의 회피입니다. 위에서 언급한 파티의 예에서, 조지는 불안한 상황을 스스로 조절할 수 없다는 것을 배웠으며, 아빠의 도움이 있을 때에만 자기가 원하는 것을 얻을 수 있음을 배웠습니다. 장기적으로 봤을 때 이것은 조지의 자신감을 줄어들게 만듭니다.

아무리 마음이 아프더라도 아이를 위해서 너무 많은 것을 나서서 해주지 않는 것이 중요합니다. 아이들이 실수하는 과정을 통해서 배운다는 것은 잘 알려진 사실입니다. 아울러 아이는 상황이 위험하지 않다는 것과 자기가 그 상황에 대처할 수 있다는 것을 배울 수 있습니다. 이 원칙은 다음 장에서 보다 자세히 다루게 될 텐데, 지금으로서는 여러분이 아이에게 너무 많이 개입하는 것은 아닌지 생각해보는 것이 중요합니다.

그러면 얼마만큼 개입하는 것이 '너무 많은' 것일까요? 불행히도 여기에 대한 확실한 답은 없습니다. 얼마만큼 개입하는가를 따져보는 방법은 없으며, 부모와 아이, 그리고 상황에 따라 모두 다릅니다. 여러분이 스스로 생각해봐야 할 것은 다른 부모들보다 더 많이 아이를 돕고 있는 것은 아닌지, 그리고 여러분의 자녀가 또래의 다른 아이들보다 더 많이 의존하는 것은 아닌지입니다. 또한 자녀가 무기력해 보일 때 여러분이 개입해야 할 것같이 느끼는 구체적인 경우에 대해서도 생각해보십시오. 그런 상황에서 다른 부모들과 다른 아이들은 어떻게 하는지에 대해 물어보고, 다른 부모님들과도 얘기해보십시오. 그리고 무엇보다도 "정말로 내가 개입할 필요가 있는가? 만약 내가 도와주지 않으면 그때 일어날 수 있는 최악의 일이 어떤 것일까?"를 자문해보십시오. 앞에서 말했듯이 여러분은 불안한 자녀들에게 지금까지 해왔던 것보다는 도움을 적게 주어야 할지도 모릅니다.

대신 어떻게 할 수 있을까요?

그러면 아이들이 불안해하는 상황에서 아이들에게 간섭하거나 정확히 무엇을 해야 하는지 말해주고 싶은 충동을 느낄 때, 부모님은 달리 어떻게 할 수 있을까요?

우선, 만약 여러분이 아이들의 불안에 대응하는 방식을 바꿀 계획이라면, 상황이 평온한 시기(즉, 아이들이 극도로 불안한 상황이 아닐 때)에 아이들과 이에 대해 대화를 나누는 것이 중요하다는 사실을 기억하셔야만 합니다. 변할 것이 무엇이며 그 이유가 무엇인지 설명해야 합니다. 스스로 문제를 풀 수 있는 방법을 배울 수 있을 거라는 부모님의 굳은 믿음을 자녀에게 전달하세요. 과도한 안심시키기의 경우와 마찬가지로, 최고의 방법은 부모님이 해주기보다는 아이들이 그들의 문제를 해결하는 방법을 배우도록 돕는 것입니다. 이것은 아이의 불안에 대응하는 유용한 방법 중 하나인 건설적인 대처를 촉진하도록 이끕니다. 여기에는 단계별 문제해결 접근법의 사용이 포함되며, 이는 이 장의 마지막에 소개됩니다.

자녀가 이 접근법을 따르도록 돕는 것은 너무 간섭하거나 지시적으로 대하는 것보다 훌륭한 방법이며, 이는 불안 유발 상황에 대처하는 역량을 증진시킬 것입니다. 물론, 여러분은 또한 자녀가 탐정처럼 생각하기 및 두려워하는 상황에 맞서기(다음 장에서 논의) 같은 방법들을 사용하도록 격려할 수 있습니다. 처음에는 문제해결 단계를 통해 자녀가 작업할 수 있도록 돕는 데 관여할 가능성이 높지만, 자녀가 건설적인 대처에 참여할 수 있도록 지원하려면 점차 역할을 줄이는 것이 중요합니다. 최종적으로, 여러분은 아이들에게 문제해결 방법을 상기시켜주기만 하면 되는 지점에 이르게 되며, 아이들은 이 과정을 스스로 처리할 수 있게 될 것입니다.

회피를 허용하기

불안한 아동들은 많은 활동을 회피합니다. 부모로서 아이에게 모든 것을 시도해보도록 계속 잔소리한다는 것은 어려운 일이며, 그래서 때로는 아이에게 양보를 해 그 상황을 회피하도록 허용합니다. 만약 이런 경우가 가끔 발생한다면 이해할 만합니다. 단기적으로 분명히 아이의 불안과 고통은 줄어들 것이며, 아이가 원치 않는 일들을 하지 않게 해줌으로써 아이에게 여러분은 '인기 좋은' 부모가 될 수도 있습니다. 그러나 이것이 일상적인 습관이 돼버린다면, 아이에게 회피를 허용하고 격려한 장기적인 결과는 매우 심각해집니다. 만약 아이가 계속해서 회피하기를 반복한다면, 그들은 결코 불안을 극복할 수 없을 것입니다.

제시의 사례

제시는 자신이 참여해야 할 것 같은 새롭거나 낯선 활동이 있을 때면 걱정이 훨씬 더 심해집니다. 제시의 부모님은 운동회나 조카들과 함께하는 가족 외출과 같은 일이 있으면 제시가 여러 날 동안 잠을 잘 못 자고 많이 운다는 것을 알고 있으며, 이는 오랫동안 지속되어왔습니다. 다른 선택의 여지가 없을 때에는 할 수 없이 참석해야 했지만, 부모님은 종종 제시가 집에 있도록 허락해주었고, 되도록이면 초대에 응하지 않거나 약속을 잡지 않으려고 했습니다. 지난 2년간 제시는 운동회에 참석하지 않았으며, 이전에 조부모님 댁에서 함께 모였던 것과 달리 작년 크리스마스에는 고모 집으로 장소가 변경되자 제시 때문에 모든 가족이 크리스마스 파티에 참석할 수 없었습니다. 부모님은 이 문제를 해결해보고자 차를 타고 가는 내내 제시에게 어디 가는 것인지 말하지 않는 방법을 써보았습니다. 예를 들어 그들은 치과에 갈 때 이 방법을 사용할 수 있었습니다. 그러나 이 방법은 제시가 공황 상태에 빠지는 등 오히려 역효과를 일으켰기 때문에 소용이 없었고, 그들은 다시 집으로 돌아가야만 했습니다.

제시는 자신을 걱정하게 만드는 활동들을 할 필요가 없다는 것을 알게 되었고, 이제 부모님에게 그냥 이렇게 말할 것입니다. "난 그거 못 할 거 같아요." 결과적으로 제시는 학업과 건강을 위해 필요한 활동들뿐 아니라, 그 밖에 많은 즐거운 활동들도 놓치게 되었습니다.

대신 어떻게 할 수 있을까요?

그렇다면 아이가 매우 불안하고 고통스러워하며 특정 상황을 피하려는 절박한 욕구가 있을 때, 부모님께서는 본능적으로 그들이 그렇게 하도록 허용하는 대신 어떻게 할 수 있을까요? 다음 장에서는 회피하는 것을 허용하지 않는 다른 방안에 중점을 둘 것입니다.

현재로서는 두려운 상황에 점차 직면하는 것이 포함된다는 사실을 아는 것으로 충분합니다. 이 단계에서 중요한 점은 아이들이 무서워하고 회피하는 상황에 직면하도록 그들을 너무 강하게 밀어붙이지 않는 것이며, 그보다는 두려워하는 대상에 점진적으로 직면할 수 있도록 격려하는 것입니다. 불안한 아이들은 자신의 두려움을 피할 수 있도록 상황을 조절하는 데 능숙하기 때문에, 부모님이 점진적으로 직면하기를 시행하기란 쉬운 일이 아닙니다. 부모님께서는 아이가 어려워하는 것을 보고 죄책감이나 고통을 느끼실 수 있는데, 그런 경우 장기적으로 자녀에게 유익한 일을 하고 있다는 사실을 상기하는 것이 도움이 될 수 있습니다(마치 쓴 약을 먹이거나 아픈 백신을 맞게 하듯이). 다음 장에서는 어떻게 하면 아이가 두려움에 직면할 수 있겠는지에 대해 가장 성공적인 결과를 가져올 가능성이 높은 구체적인 조언을 보실 수 있을 것입니다.

인내심을 잃어버리기

불행하게도 많은 부모님이 불안한 자녀에게 쉽게 화를 내고 참을성을 잃게 된다고 말합니다. 어떤 말이나 행동도 전혀 도움이 되지 못하는 것 같다고 말합니다. 때로는 아이들이 불안에 의도적으로 매달리고 있는 것처럼 보이기도 하고, 아이가 조금만 더 노력하면 불안에 빠지지 않을 수 있을 것같이 보이기도 합니다. 때때로 여러분이 인내심을 잃어버리게 된다는 것을 이해할 수 있지만, 아이에게 화를 내는 것은 분명히 아이를 더 불안하고 의존적으로 만들 수 있음을 기억하셔야만 합니다.

라쉬의 사례

이혼한 라쉬의 아빠는 라쉬와 주말 저녁을 보내기 위해 금요일 오후에 라쉬를 데리러 왔습니다. 엄마는 라쉬가 아빠와 지내는 동안 오랜만에 친한 친구와 영화를 관람할 계획을 세워두었습니다. 엄마는 1년 반 동안 영화를 보러 가지 못했기 때문에 그날을 무척 기다렸습니다. 반면에 라쉬는 일주일 내내 아빠의 방문에 대해 걱정하고 있었습니다. 라쉬는 자기가 없는 동안 엄마가 끔찍한 사고를 당할 수도 있고, 도움을 요청할 사람이 아무도 없어서 죽게 될 수도 있다고 생각했습니다. 라쉬는 이 문제에 대해 엄마와 오랫동안 얘기했고, 라쉬의 엄마는 영화를 본 후 라쉬에게 전화로 취침 인사를 하기로 약속했습니다.

금요일 등교 전, 라쉬는 꾸물거리며 그날 저녁에 가져가야 할 짐을 챙기는 일을 도우려 하지 않았습니다. 라쉬의 엄마는 소란을 일으키기 싫었고, 비록 화가 나서 몇 차례 소리를 지르기는 했지만, 딸을 학교에 보낸 뒤 혼자서 짐가방을 챙겼습니다. 그날 오후 라쉬가 집에 돌아오고 아빠가 도착했을 때, 라쉬는 정신 나간 듯 떼를 썼습니다. 라쉬는 마당에서 엄마에게 매달리고 소리치며 울부짖었습니다. 엄마는 부아가 치밀어서 라쉬를 두어 차례 때린 뒤 차에 태웠고, 라쉬의 아빠는 얼른 아이를 태우고 갔습니다. 엄마는 착잡한 기분이 들었습니다. 라쉬가 매우 겁에 질려서 그랬다는 것을 알고 있었지만, 단지 그것만으로는 기분이 나아지지 않았습니다. 엄마는 즐겁게 영화 보기는 이미 틀렸다고 생각했고, 그 후 라쉬와 통화할 때 아이가 매우 안정적인 상태였음에도 불구하고, 태우러 갈 테니 집에 오겠냐고 물어보았습니다. 라쉬는 얼른 기회를 잡아 집으로 돌아왔고, 라쉬의 엄마는 라쉬에게 화냈던 것을 만회하기 위해 아이와 함께 시간을 보냈습니다.

대신 어떻게 할 수 있을까요?

그렇다면 자녀의 불안이 전혀 이해되지 않는다거나 이미 불안을 다루려고 충분히 시도했다고 느낀다면, 대안은 무엇일까요? 라쉬의 예시에서 볼 수 있듯이 이해할 수 있는 상황이기는 하지만, 부모가 아이의 불안에 인내심을 잃고 화를 내면 결과적으로는 도움이 되지 않는 경향이 있음을 기억하셔야 합니다. 라쉬의 엄마는 외출의 즐거움을 라쉬의 불안 때문에 처음부터 망쳐버렸고, 자신이 아이를 야단치고 억지로 보냈다는 사실에 기분이 매우 나빴습니다.

여러분이 아이에게 인내심을 잃고 있다고 느낄 때 도움이 될 수 있는 것은 다른 사람(예: 배우자)에게 도움을 청하거나 잠시 상황을 벗어나서 생각을 정리하는 것입니다. 때로는 아이에게 무엇을 요청하고 있는지 자기 스스로에게 물어보는 것이 도움이 될 수 있습니다. 정말 무서운 상황에 직면해야 하는 상상(예: 폭주족들이 왁자지껄 파티를 하고 있는데 가서 음악 소리를 줄여달라고 부탁해야 하는 상황)을 해본다면, 아이가 직면해야 하는 어려움에 대해 이해하기 쉬울 것입니다.

앞의 예시로 돌아가보면, 엄마가 했던 방식(화를 내고 라쉬를 때리는 것)으로 조급함을 표현하는 대신, 남편에게 라쉬가 차까지 이동하는 것을 도와줄 수 있는지 물어볼 수 있었을 것입니다. 그런 다음 평소처럼 라쉬에게 작별 인사를 하고, 자신의 감정을 통제할 수 없는 상황에서 벗어날 수 있었을 것입니다. 그리고 나서 엄마는 라쉬가 어떤 끔찍한 일이 엄마에게 일어날까봐 무서워했는지를 떠올려볼 수 있었을 것입니다.

부모용 활동 **도움이 되지 못하는 방법을 분석해보기**

현재 여러분이 빠져들고 있는 '함정'을 알아차리기 위해 다음 표를 완성해보십시오. 여러분이 다음과 같은 방법을 사용했던 때가 있었는지 생각해보십시오. 자녀의 걱정 거리 중 보통 어떤 것이 이러한 방법을 사용하도록 만들었는지, 그리고 그 전략적 방법의 문제점이 무엇인지, 즉 해당 방법을 사용할 때 자녀가 무엇을 배우는지 기록하세요.

방법	어떤 걱정이 이 방법을 사용하도록 만들었을까요?	자녀가 배운 것은 무엇일까요?
지나치게 안심시키기		
지나치게 간섭하고 지시하기		
회피를 허용하기 또는 더 하도록 하기		
인내심을 잃어버리기		

아이의 불안을 다루는 데 도움이 되는 방법

아이의 불안을 다루는 데 유일한 방법은 없으며, 누구나 자신만의 방법을 가지고 있을 것입니다. 여기에서 아이가 '나는 불안을 잘 다룰 수 있어', '나쁜 일은 일어나지 않을 거야'라고 생각할 수 있도록 부모님이 도움을 줄 수 있는 방법들을 소개합니다.

용감하고 불안해하지 않는 행동에 대해 보상하기

불안한 아동이건 아니건 간에 모든 아이들은 가끔씩 부모님을 흐뭇하게 하는 용감한 행동을 합니다. 부모로서 여러분은 이런 용감한 행동을 잘 찾아내서, 그것이 매우 작은 행동일지라도 보상을 해줘야 합니다. 이렇게 아동의 행동을 보상해주면 앞으로 다시 그러한 행동을 할 확률이 높아지게 됩니다. 이것은 마치 작은 불씨를 부채질해서 큰 불꽃을 일으키는 것과 같습니다. 처음에는 아주 사소한 행동이라도 야단스럽게 추켜세워주십시오. 나중에 아이가 덜 불안하게 되면 이때부터 매우 분명한 행동에만 보상을 주십시오. 여러분의 기대를 너무 높게 잡지 않기를 바랍니다. 여러분에게는 아주 하찮은 것일지라도 아이에게는 매우 어려운 일이 될 수도 있다는 점을 잊지 마십시오. 다른 사람의 기준에 의해서가 아니라, 바로 자녀의 성격특성에 기초해서 아이에게 용감한 행동이 무엇인가를 찾아볼 필요가 있습니다. 이렇게 자녀의 성취에 주목하고 보상해줌으로써 여러분은 아이가 할 수 있는 것을 깨닫게 해줄 뿐 아니라 아이의 자신감을 높이는 데도 도움을 줄 수 있습니다.

자연스럽게 일어나는 용감한 행동을 찾아보는 것 이외에도 때때로 아이에게 다소 도전이 될 만한 행동을 하도록 격려할 수 있습니다. 그리고 이것 역시 보상해줄 필요가 있습니다. 다음 장에서 이러한 방법들에 대해 보다 더 상세히 논의할 것입니다.

보상은 크게 두 영역-물질적인 것과 사회적인 것-으로 나뉩니다. 물질적인 보상은 우리가 쉽게 생각할 수 있는 것들로, 돈과 음식, 스티커, 장난감 같은 것들이 포함됩니다. 사회적인 보상은 칭찬과 인정, 부모의 관심 등이 포함됩니다. 부모의 관심은 가장 강력한 보상입니다. 대부분의 아이들은, 특히 어린아이일수록 부모의 인정과 칭찬을 받기 위해 어떤 것이든 하려고 합니다. 아이와 함께 특별한 시간을 갖는 것(예: 게임을 하거나 자전거를 함께 타기 등)은 용감하고 불안해하지 않는 아이의 행동에 대한 아주 좋은 보상입니다. 보상을 사용할 때는 가급적 사회적인 보상의 사용을 권장합니다. 왜냐하면 이 방법은 아이에게 안정감과 자신감을 갖게 하는 부수적인 효과가 있기 때문입니다.

보상을 다양하게 해주는 것도 중요합니다. 만약 아이가 계속해서 같은 보상을 받는다면, 그 보상은 효력을 빨리 잃게 됩니다. 보상을 해줄 때는 주의해야 할 몇 가지 사항이 있습니다.

- 보상이 효과가 있으려면 그 보상이 아이에게 의미가 있는 것이어야 합니다. 아이가 좋아하지 않는 것으로는 결코 보상해줄 수 없습니다. 확실히 효과가 있는 보상을 찾기 위한 가장 좋은 방법은 아이와 함께 얘기해보는 것입니다. 그 시점에서 아이가 무엇을 가장 바라는지 찾아내십시오.
- 보상을 받기 위해 정확히 무엇을 해야 하는지 자녀와 명확하게 이야기하세요. 만약에 별다른 이유 없이 자신이 보상을 받았다고 생각한다면 보상이 아이에게 주는 효과는 별로 없게 됩니다. 아이가 왜 보상을 받게 되었는지, 그리고 어떻게 하면 다시 보상을 받을 수 있는지를 정확하게 아는 것이 매우 중요합니다. 따라서 칭찬은 명확하고 구체적

으로 해야 합니다. 여러분이 좋아하는 행동을 했다는 것을 아이가 정확히 알도록 해야 하며, 앞으로도 그런 행동을 계속하기를 바란다고 말해주십시오. 예를 들어 "데이비드, 오늘 아침 엄마랑 학교에 같이 가자고 조르지 않고 할머니랑 같이 가서, 엄마는 정말 너를 대견하게 생각한단다"라고 말하는 것이, 그냥 "오늘 너무 착했다, 우리 아들"이라고 말하는 것보다 훨씬 좋습니다.

- 보상은 아이의 행동과 비교했을 때 적절한 수준이어야 합니다. 즉 아이 행동의 난이도에 따라 적절한 크기의 보상을 해줘야 합니다. 예를 들어 아이가 개를 너무 무서워해서 이전에 한 번도 가까이 가본 적이 없었음에도 이웃집 개와 얼마간 같이 있을 수 있었다면, 그냥 작은 보상이나 약 1~2분 정도 시간을 내주는 것만으로는 부족합니다. 반면 아이가 별로 어렵지도 않은 일을 했는데 보상으로 고가의 게임기를 새로 사주었다면, 이것 역시 적절하지 못한 크기의 보상일 것입니다.

- 가장 중요한 점은 아이가 바람직하고 용감한 행동을 한 직후에 바로 보상을 해주어야 하며, 약속한 대로 지켜야 한다는 점입니다. 일관성은 효과적인 양육에 필수적입니다. 아이들은 약속이 지켜지지 않는다는 것을 알게 되면 부모님의 말을 금세 믿지 않게 됩니다. 만약에 아이에게 보상을 약속했다면 반드시 지켜야 합니다. 또한 보상을 늦게 하는 것 역시 효과를 잃게 합니다. 만약에 아이가 월요일에 바람직한 일을 했는데 토요일이나 되어서 작은 보상을 준다면, 보상의 전체 효과는 많이 줄어들게 됩니다. 보상의 효과를 최대한으로 하기 위해서는 바람직한 행동을 한 '즉시' 주어야만 합니다. 여러분의 시간과 관심이 선물을 사주는 것보다 훨씬 좋기 때문입니다. 물론 현실적으로 즉각 보상을 주지 못할 때도 있습니다. 예를 들어 스키를 타러 가는 것으로

보상을 정했다면, 이것은 즉각적으로 할 수 없으며, 적어도 주말까지는 기다려야 할 것입니다. 이런 경우라면 중간보상을 해주는 것이 유용합니다. 예를 들어 주말 스키여행 때 교환할 수 있는 일종의 증표를 주는 것도 한 방법이 됩니다. 다시 말해 보상이 지연된다면, 즉시 신경을 써서 용감한 행동에 관심을 보여주고, 후에 보상과 용감한 행동이 연관되어 있다는 점을 명확히 해줘야 합니다.

- 불안한 아이만 특별히 관심과 보상을 받는 것에 대해 다른 형제들이 불만을 가질 수 있습니다. 이럴 때 한 가지 방법은 모든 자녀들에게 보상의 원칙과 방법을 사용하는 것입니다. 각각의 아이들에게 보상을 얻을 수 있는 계약달력-물론 아이들마다 각기 다른 행동에 대해 보상을 정합니다-을 소개합니다. 이것은 필요하다면 모든 자녀들에게 자신감을 키워줄 수 있고, 규칙 지키기, 양치질하기, 방 정리하기와 같은 바람직한 습관을 기르는 것에도 사용할 수 있습니다. 만약 불안을 가진 아이가 손위 형제라면, 어린 동생이 불안을 극복하기 위해 어떤 힘든 과제를 하고 있으며 이것은 그들이 보통의 노력으로는 해낼 수 없는 것이기 때문에 보상을 받아 마땅하다는 것을 설명해주십시오. 만약 형이나 누나 역시 보상을 받고 싶다고 한다면, 마찬가지로 어렵거나 흔치 않은 어떤 일을 해낼 때 보상을 받을 수 있다는 것을 알려주십시오(예: 매일 추가적으로 30분 음악 연습하기, 타이핑하는 법 배우기).

보상에 대해 가르치기

부모가 자녀를 양육하는 과정의 중요한 부분으로서 보상을 강조하는 것과 같이, 아동이 보상이란 무엇인지 배우는 것 역시 중요하다고 생각합니다. 대부분의 아이들은 자기가 보상으로 받고 싶은 물건을 말하는 데 어려움이 없지만, 일반적으로 보상을 크고 작은 물질적 아이템으로만 생각하지 실제로 가능한 다양한 아이템으로 생각하지는 않습니다. 보상에 대해 가르치는 것에는 두 가지 목적이 있습니다. 첫 번째는 프로그램을 진행하는 동안 자녀가 받고 싶어 하는 보상(여러분이 아니라 자녀에게 의미 있는 것이어야 함을 명심하십시오)이 무엇인지 알아보는 것입니다. 그리고 두 번째는 노력한 바에 대해 자기 자신에게 보상하는 것을 시작하도록 하는 것입니다. 이번 장의 활동에서는, 보상을 확인하고 스스로 보상하는 법을 배우게 될 것입니다.

바람직하지 못한 행동을 무시하기

이것은 이전 방법들(자녀의 불안 문제를 더 나쁘게 만들었던)을 정말이지 거꾸로 하는 것이라고 볼 수 있습니다. 즉 아이가 불안해하는 행동을 보이면 관심을 철회하고, 불안한 행동을 멈추면 관심이나 칭찬을 해주는 것입니다. 아이가 바람직하지 못한 행동을 하면(예를 들어 학교 가기 전에 아픈 것 같다고 계속 칭얼대면), 그런 행동을 보이는 아이와 상호작용을 멈춥니다. 물론 아이는 부모가 자신에게 왜 관심을 주지 않는지에 대한 이유를 명확히 알고 있어야 하며, 부모의 관심을 다시 얻기 위해서는 무엇을 해야 하는지도 정확하게 알아야 합니다. 바람직하지 못한 행동을 무시하는 방법을 사용하고 난 후에는 반드시 바람직한 행동(예: 칭얼대기를 1분 동안 멈춤)에 대한 구체적인 칭찬이 뒤따라야 합니다. 앞에서도 말했듯이, 무시하기는 자신을 안심시켜주기를 원하는 자녀의 행동을 다루는 데 매우 유용한 방법입니다. 이 방법은 신중하게, 특정한 행동을 할 때에만 사용되어야 합니다. 자신의 전반적인 성격이 문제가 아니라, 부모님에게 받아들여지지 않는 특정 행동이 있다는 것을 아이가 이해하게 만드는 것이 중요합니다. 아울러 앞서 논의했듯이, 안심시켜주기를 원하는 아이들의 행동으로부터 점진적이고 체계적인 방법으로 여러분의 관심을 철회하는 것과, 탐정처럼 생각하기와 같이 스스로 할 수 있는 방법을 사용하도록 아이들을 격려하는 것이 중요합니다.

커트의 사례

매일 학교 가는 내내, 커트는 아빠에게 강아지 밥은 줬는지, 강아지를 집 밖으로 꺼내놓았는지, 물은 줬는지에 대해 질문하곤 했습니다. 아빠는 이런 일을 하는 것을 한 번도 잊은 적이 없었습니다. 아빠는 커트에게 더 이상 이러한 질문에 대답하지 않을 것이고, 대신 자동차 라디오에서 나오는 노래를 따라 부를 것이라고 알려주었으며, 이렇게 행동하는 것에 대해 커트에게 동의를 구했습니다. 아빠는 자신이 그 일을 했는지 하지 않았는지 완벽히 기억할 수 있다는 것과 전에도 이 일을 잊은 적이 없다는 증거를 커트에게 상기시켜주었습니다. 다음 날 커트가 질문했을 때 아빠는 "나는 더 이상 이런 질문에 대답하지 않을 거야. 너 스스로 증거를 생각해보렴"이라고 말한 뒤 라디오를 켜고 노래를 따라 부르기 시작했습니다. 그러자 커트는 짜증 나 보였고, 심지어 어느 날 아침엔 화를 내기도 했습니다. 그러나 한 주가 지나자 커트는 더 이상 질문하지 않게 되었고, 그 일들에 대해 걱정하는 것을 멈추었습니다.

건설적인 대처를 격려하기

아이를 불안하게 만드는 것에 대해 아이와 함께 이야기할 때, 차분하고 편안한 태도로 공감과 이해를 표현하는 것이 매우 중요합니다. 아이의 기분에 대해 잘 들어주고 이해하고 지지해주는 것도 중요하지만, 아이로 하여금 자신의 불안 문제를 건설적으로 해결하도록 격려하는 것도 이에 못지않게 중요합니다. 단계적 문제해결 접근 방안은 불안한 순간을 다루는 방식으로,

이 장의 뒷부분에서 소개할 것입니다.

이 방법은 불안한 상황에서 어떻게 해야 효과적인지에 대해 아이 스스로 생각해보도록 도와주는 것입니다. 이는 불안한 상황에서 정확히 어떻게 해야 할지를 아이에게 일방적으로 일러주는 것과는 전혀 다릅니다.

조지의 사례

조지는 학교에서 토론에 참여할 때 매우 불안해합니다. 그는 매우 당황하며, 생길 수 있는 일 중에서 가장 나쁜 결과를 상상하곤 합니다. 조지는 발표하다가 말이 엉켜서 사람들한테 완전히 바보로 보일 것이라고 생각하기도 하며, 가끔 머리나 배가 아프다고 호소하기도 합니다.

조지의 엄마는 "얘야, 엄마는 네가 토론해야 할 때 걱정하는 그 기분을 이해할 수 있단다. 하지만 애들 앞에서 이야기를 하기는 해야 할 텐데, 그때 너를 힘들게 만드는 것은 바로 너 자신인 거 같구나. 일이 어떻게 될지에 대한 나쁜 생각들을 많이 하니까 그런 생각들 때문에 더 힘들어지는 것 아니겠니. 게다가 몸도 아프다고 생각하잖니. 그런 생각들을 하면 기분이 좋아지지 않을 거야, 그렇지?"라고 조지 곁에 앉아 말했습니다. 조지는 엄마의 말에 동의했습니다. 그러자 엄마는 "그래, 그러면 도움이 되게끔 네가 할 수 있는 일이 뭘까? 어떻게 하면 기분이 나아질 수 있을까?"라고 다시 물었습니다. 조지는 집단토론이 있는 날 학교를 가지 않으면 기분이 나아질 거라고 말했습니다. 엄마는 만약에 학교에 안 가면 선생님이 조지가 올 때까지 집단토론을 연기할 수도 있고, 학년이 올라갈수록 집단토론 시간이 많아질 것이며, 그래서 지금 그 일을 미루면 나중에는 더 힘들어질 것이라고 말해주었습니다. 조지는 엄마의 말을 알아들었고, 엄마와 함께 말하는 것을 연습한다면 집단토론에서 좀 괜찮아질 거라고 했습니다. 엄마는 조지가 이와 같이 자신의 불안을 해결하는 건설적인 방법을 제시한 것에 대해 칭찬해주었고, 함께 연습하기로 했습니다.

이 예에서, 부모님은 아이로 하여금 스스로 해결책을 생각해보도록 격려해주었습니다. 직접적으로 아이의 문제에 개입해서 아이가 엄마에게 의지하도록 허용하지 않고, 건설적인 방식으로 스스로 자기의 불안을 책임지고 다루도록 격려한 것입니다. 동시에 아이가 집단토론을 회피하는 것에 대해서는 단호히 허락하지 않았습니다.

아이가 갖고 있는 부정적이고 걱정스러운 생각들이 과연 사실인지, 그 현실적 가능성을 평가하게끔 탐정처럼 생각하기를 사용하도록 이끄는 것이 바로 이 방법에서 중요한 요소입니다. 아이가 자신의 불안에 어떻게 효과적으로 대처할지 스스로 결정하게끔 도와주는 것은 효과적인 장기적 방법이 됩니다. 왜냐하면 이 과정을 통해서 부모님이 아이의 능력에 대한 믿음을 보여주기 때문입니다. 아마 여러분은 아이들이 부모님의 기대에 얼마나 잘 따르는지를 보면서 놀라게 될 것입니다. 여러분이 자녀 스스로 어려움을 극복하고 또 문제를 해결할 능력을 갖고 있다고 믿는다면, 아이들도 역시 더 그렇게 믿게 될 것입니다.

용감하고 불안해하지 않는 행동을 따라 하게 만들기

아이들은 다른 사람을 관찰하면서 어떻게 행동하는지를 따라 하는데(모방학습; 모델링이라고도 함), 특히 어린 시절에는 부모가 가장 큰 영향력을 미치는 대상입니다. 그래서 부모로서 행동하고 말하는 모든 것들이 중요한데, 그것은 바로 여러분이 아이들의 모델이기 때문입니다. 가족 중 차분하고 편안한 사람과 약간 긴장하고 걱정하는 사람 중에 자녀가 불안과 관련해 가장 밀

접하게 공감할 수 있는 사람은 누구라고 생각하시나요? 당연히 불안한 아이들은 자신과 같은 두려움을 가지고 있는 부모에게 가장 강하게 공감할 것입니다. 따라서 부모 중 한 명이나 양쪽 모두가 자신의 두려움과 걱정을 떠올릴 수 있다면, 부모는 자녀가 불안에 대처하는 데 실제로 강력한 도움을 줄 수 있을 것입니다.

아이들에게 가장 좋은 모델의 유형은 '대처모델'입니다. 이것은 부모가 경험하고 있는 두려움과 걱정을 자녀에게 보여줄 수 있으며, 또한 이러한 어려움에 효과적으로 대응하는 모습을 자녀에게 보여줄 수 있기 때문입니다. 이는 부모가 어떤 어려움도 겪고 있지 않은 경우보다 훨씬 더 효과적입니다. 만약 여러분이 이러한 경우라면, 자녀에게 자신의 불안이나 공포를 감추려고 하거나, 전혀 안 무서운 척하지 않는 것이 중요합니다. 여러분은 자녀와 함께 해나갈 수 있는 활동들을 공유함으로써, 자신의 문제를 잘 관리하고 다루는 모습을 자녀에게 보여주는 것이 필요합니다.

일단 여러분이 자신의 두려움에 대해 자녀와 터놓고 이야기하기 시작하면, 부모는 자녀의 모델이나 실천 사례로 자신을 활용할 수 있습니다. 예를 들면 여러분은 아이에게 탐정처럼 생각하기를 하는 것을 도와달라고 부탁할 수 있으며, 기꺼이 아이가 도우면서 아이 역시 좀 더 현실적으로 사고하는 방법을 깊이 이해할 수 있을 것입니다. 이후 여러분이 '사다리 기법(5장 참조)'을 시도할 때는 여러분과 자녀가 각자 자신의 사다리를 가질 수 있으며, 좀 더 즐겁게 불안을 관리하는 데 이용할 수 있습니다. 예를 들면 자녀는 여러분이 사다리 기법을 통해 여러분의 두려움을 다루는 것을 도울 수 있습니다. 이것은 자녀가 불안을 극복하는 것을 더욱 깊이 이해하는 데 도움이 될 것입니다. 아니면 여러분은 누가 먼저 사다리를 올라가는가 하는 것을 통해 자녀가 도전하도록 만들어줄 수도 있습니다.

물론 몇몇 불안 아동의 부모들은 실제로 심각한 불안 문제를 갖고 있습니다. 만약 여러분이 불안 문제를 가지고 있고 스스로 이를 해결할 수 없다고 느끼신다면, 아이에게 좀 더 효과적인 대처방식을 보여주는 모델이 될 수 있도록 여러분이 먼저 전문가의 도움을 받는 것이 중요합니다.

탈리아의 사례

탈리아는 물에 대한 공포를 직면하기 위한 준비를 시작했습니다. 하루는 할머니가 오셨을 때, 탈리아는 할머니가 한 번도 수영을 배워본 적이 없고 자신처럼 물을 무서워한다는 것을 알게 되었습니다. 두 사람은 한동안 이야기를 나누었는데, 이때 탈리아는 할머니가 수영을 하지 못하기 때문에 물에 대한 공포가 있을 것이라고 생각하게 되었습니다. 그래서 물에 대한 공포에 직면하는 것과 수영 배우는 것을 함께 하자고 할머니와 같이 결정했고, 각자 수영강좌에 등록한 뒤 크리스마스 때 함께 수영할 수 있도록 열심히 하자고 약속했습니다. 탈리아는 할머니와 멀리 떨어져 살고 있었지만, 서로 얼마나 진전이 있었는지 전화를 주고받았습니다. 탈리아는 할머니가 할 수 있는 것이라면 자신도 반드시 할 수 있을 것이라는 자신감을 가질 수 있었습니다.

부모용 활동 도움이 되는 방법을 분석해보기

이번 활동에서 여러분은 도움이 되는 방법을 어떻게 적용할 것인지에 대해 생각해보셔야 합니다. 여러분 자녀의 가장 흔한 걱정이 무엇인지와 지난 활동에서 분석했던 도움이 되지 않는 전략을 어떻게 극복할 것인지에 대해 깊이 생각해보십시오.

방법	어떤 걱정과 행동에 이 방법을 적용할 수 있을까요?	내가 이것을 어떻게 할 수 있을까요? 나는 어떤 식으로 다르게 말하고 행동할 수 있을까요?
용감하고 불안해하지 않는 행동에 대해 보상하기		
바람직하지 않은 행동을 무시하기		
건설적인 대처를 격려하기		
용감하고 불안해하지 않는 행동을 따라 하게 만들기		

아이를 다룰 때 기억해야 할 중요한 원칙

부모가 자녀의 행동을 성공적으로 다루는 데는 몇몇 공통적인 어려움이 있습니다. 이런 원칙들 중 어떤 것들은 누가 봐도 분명해 보이지만 잊어버리기 쉽습니다.

일관성 유지하기

자녀에게 일관성 있게 보상이나 처벌을 하는 것은 중요합니다. 아이들에게 어떤 행동은 바람직한 결과로 이어지고, 또 어떤 행동은 바람직하지 않은 결과를 초래한다는 것을 가르칠 필요가 있습니다. 이런 식으로 여러분은 아이가 적절한 행동을 하도록 자녀를 격려할 수 있습니다. 여러분은 배우자와 함께 일관성을 유지하는 것에 대해 논의하고 공동의 방법을 세워야 합니다. 마찬가지로 조부모나 함께 사는 사람 등 아동의 양육에 관련된 모든 사람이 함께하는 것이 가장 좋습니다. 당연한 일이지만 항상 일관성을 유지하는 것은 불가능하며, 일이 어려울수록 더욱 그렇습니다. 그렇지만 여러분이 일관성 있는 규칙과 자세를 자녀에게 꾸준히 보여준다면, 자녀들은 자신의 행동을 관리하는 법을 더 잘 배우게 될 것입니다.

감정 다스리기

아이들은 때때로 부모를 매우 짜증 나거나 걱정하게 만듭니다. 특히 불안한 아이들은 더욱 그러합니다. 여러분의 자녀가 혼자 다른 방으로 가는 것을 무서워해서 옷을 늦게 입어 외출이 늦어진다면 얼마나 짜증 나겠습니까? 화가 나는 것은 당연할 수 있지만, 여러분이 매우 감정적으로 격앙될 때 (예: 화가 나거나 불안할 때)는 일관성을 유지하는 것이 어렵기 때문에, 아이의 불안을 해결하는 데 도움이 못 되기 쉽다는 것을 명심하십시오. 자녀와 감정적인 마찰이 심해질 때는 스스로 '타임아웃'을 실시할 수 있는 방법들에 대해 미리 계획을 세워놓으십시오. 타임아웃을 하기 위해 잠시 자리를 뜰 때는 지금 여러분이 무엇을 하려는지와 조금 있다가 다시 돌아올 것임을 아이에게 알려주어야 합니다. 이와 유사하게 자녀의 불안관리 프로그램을 진행할 때 안정되고 편안한 시간을 미리 계획해두고 때에 맞춰 진행하는 것이 중요합니다. 외출 중 자녀가 겁에 질려 운다면, 그런 상황에서 아이를 혼내려고 해서는 안 됩니다. 결국 부모가 점점 감정적으로 치닫고 있다는 사실을 느끼게 된다면, 그 자리를 떠나 마음을 가다듬어야 합니다. 배우자나 친구, 손위 형제를 아이와 함께 있게 하고, 여러분은 마음을 차분하게 만들기 위해 잠시 떨어져 있을 필요가 있다는 것을 아이에게 설명해주십시오. 그리고 다른 장소로 가서 생각을 가다듬으려고 해보십시오. 여러분이 침착함을 유지하게 되면, 자녀의 불안을 더욱 효과적으로 다룰 수 있게 될 것입니다.

불안한 행동과 버릇없는 행동을 구분하기

부모가 가지는 가장 흔한 어려움 중 하나는 아이의 불안 행동과 버릇없는 행동을 구분하는 경계선을 긋는 것입니다. 부모들은 종종 다른 사람들의 조언을 받아들이곤 하는데, 어떤 사람들은 아이들의 행동은 그냥 버릇없는 것이기 때문에 혼나야 한다고 생각하기도 합니다. 불안 행동은 혼나야 하는 경우가 아니지만, 불행하게도 두 행동은 매우 유사해 보이기 때문에 부모들이 어떻게 해야 할지 알기 어려울 수 있습니다. 더욱이 불안한 일부 아동들은 두려운 상황에 맞서기보다는 오히려 어려움에 빠지길 원하는 식으로 행동할 수 있는데(이런 경우 아이가 처하게 되는 어려움은 보통 예측 가능하고, 그래서 아이의 입장에서는 꽤 안전한 것입니다), 그렇게 함으로써 상황을 피하려고 의도적으로 문제를 일으킬 수 있습니다.

여기에 불안 행동과 버릇없는 행동을 구분하는 데 도움이 될 수 있는 세 가지 원칙이 있습니다.

- 비록 아이가 불안할 때일지라도 그 어떤 언어적·신체적 공격도 허용해서는 안 됩니다. 욕설을 하는 것, 다른 사람을 험담하는 것, 때리는 것, 그리고 물건을 집어 던지는 것은 모두 즉각적인 어떤 결과가 뒤따른다는 것을 의미합니다. 실제로 이러한 행동들은 다른 사람을 기분 나쁘게 만들기 때문에 변명의 여지가 없습니다. 아울러 행동에 대한 대가 없이 그런 행동을 허용하는 것은 장기적으로 아이에게 불이익을 초래할 것입니다. 따라서 심지어 감정이 실제로 격해졌을 때조차도 아이들은 자신의 감정을 적절하게 다루는 법을 배울 필요가 있습니다.
- 만약 여러분의 자녀가 해야 할 일을 회피할 이유가 있다면, 자세하게 그 상황을 살펴보아야 합니다. 예를 들어 아이에게 가서 양치질을 하라고 시켰는데 아이가 하지 않았다면, 뒤로 물러서서 그 상황을 살펴보십시오. 여러분의 자녀가 어둠을 무서워하며, 욕실은 복도 끝에 있고, 그곳에 불이 꺼져 있다는 것을 여러분이 알았다고 가정해보십시오. 이런 경우는 자녀가 반항하는 것보다는 할 일을 피하는 것일 가능성이 큽니다. 그러나 그런 제약이 없는데도 아이가 텔레비전 앞에 딱 달라붙어 있다면, 이것은 반항일 가능성이 있으므로 즉시 텔레비전을 끄고 10분 동안 아이가 할 일을 하게 만드는 게 적절한 대응일 것입니다.
- 여러분은 자녀가 얼마나 일관되게 상황을 회피하는 것처럼 보이는지 살펴볼 수 있습니다. 예를 들어 여러분의 자녀가 해야 할 숙제가 있을 때마다 너무 무서워서 자기 방에 들어갈 수 없다고 하며 컴퓨터를 한다고 합시다. 그러고는 오랜 시간 동안 그곳에 앉아 즐거워하고 있는

것으로 보인다면, 여러분은 자녀가 자신의 두려움을 과장하고 있다고 생각할 수 있습니다.

두려움을 호소함으로써 활동을 회피하는 아이들은 흔히 과제를 할 필요가 없어졌을 때 상당히 즐거워하는 모습을 보이곤 합니다. 이런 행동은 사람들로 하여금 이것이 단지 다른 사람을 조종하려는 행동일 뿐이라고 오해하게 만들 수 있습니다. 그러나 자녀의 두려움에 대해 알고 있는 게 무엇인지 살펴보는 것이 중요합니다. 그리고 걱정거리가 무엇인지와 그 관점에서 이 행동이 타당한지 살펴보는 것이 중요합니다. 만약 여러분에게 그런 걱정거리가 있다면, 그 일을 기꺼이 할 수 있겠습니까? 만약 대답이 '아니다'라면, 그것은 여러분이 자녀에게 불안관리기술을 적용할 필요가 있음을 뜻합니다. 만약 그 일이 자녀의 두려움과 관련이 없다면, 불안 문제에 신경 쓸 필요 없이 자녀에게 그 일을 완수하라고 시켜도 무방할 것입니다.

버릇없는 행동 다루기

자녀의 의도적인 무례와 반항을 다루는 데 도움을 드리는 것이 이 프로그램이 원래 목표한 바는 아니지만, 우리는 아동의 버릇없는 행동에 대해 부모님들이 체벌 이외의 방법을 사용하시기를 권장합니다. 반복하건대 처벌은 일관성 있게 감정을 다스린 상태에서 사용해야 합니다.

타임아웃(고립법)

타임아웃은 특히 어린아이들에게 매우 유용한 '처벌'의 한 형태입니다. 타임아웃을 사용하기 전에, 이 개념을 주의 깊게 논의할 필요가 있습니다. 논의할 내용에는 타임아웃이 왜 필요한지, 어떤 행동 때문에 하게 되었는지,

어디에서 할 것인지(욕실이나 현관과 같이 자극이 적은 장소를 선택해야 합니다), 시간을 어느 정도로 할 것인지(대개 초등학생은 5분에서 10분 정도로 실시합니다), 타임아웃을 수행하는 동안 어떻게 행동해야 하는지(시작 이후 떠들지 않도록 해야 합니다), 타임 아웃을 통해 어떤 결과를 원하는지(과제 완료, 사과하기 등) 등이 있습니다. 또한 여러분과 자녀는 타임아웃 계약을 자녀가 충실히 이행하지 않았을 때 생길 일에 대해서도 서로 합의해야 합니다(예: 타임아웃을 완수할 때까지 특권을 빼앗는 것).

예를 들면 아이가 큰 소리를 내지르기 시작할 때 타임아웃을 실시하기로 함께 동의했다고 가정해봅시다. 만약 아이가 소리를 질렀다면, 욕실에서 약 5분간 타임아웃을 실시합니다. 아이가 조용한 태도를 보이기 전까지는 시간을 재지 않습니다. 조용해져서 5분이 경과한 후 타임아웃이 끝나면 아이는 다시 대화를 시작하고 화가 난 이유에 대해서 설명할 수 있습니다(적절한 말투로). 타임아웃을 사용한 이후, 부모는 아이가 잘하는 행동에 대해서 칭찬해줄 기회를 찾아야 합니다. 이 사례에서 타임아웃 이후에 아이가 차분하게 이야기할 때 부모는 아이를 칭찬해줄 수 있을 것입니다.

제시의 사례

제시는 최근 불안이 높아질 때 공격적인 모습을 보였습니다. 제시는 미워하는 사람에게 소리를 질렀고, 해야 할 일들을 하라고 말하는 부모님을 몇 차례 때리기도 했습니다. 제시의 부모님은 아이가 이와 같이 행동할 때 어찌할 바를 몰랐지만, 아이를 진정시키려고 애쓰는 경향이 있었으며, 문제행동의 원인이 된 일을 하게끔 만드는 경우는 결코 없었습니다. 부모님이 더 이상 견딜 수 없게 된 것은 제시의 남동생이 엄마를 때리는 행동을 했을 때였습니다. 남동생은 방에 갇혔는데, 누나인 제시는 부모님을 때린 뒤에도 자기처럼 방에 보내진 적이 없다는 것에 화를 냈습니다. 제시의 부모님은 집안 규칙을 만들기로 결정했습니다. 그것은 누구든 공격적인 행동을 하면 즉시 타임아웃을 시킨다는 것이었습니다. 부모님은 두 아이를 앉혀놓고 공격적인 행동 목록을 만들었습니다. 거기에는 '때리기, 물건 던지기, 사람에게 소리 지르기' 등이 포함되었으며, 더 이상 이런 행동들을 집에서 허용하지 않을 생각이었습니다. 부모님은 아이들에게 규칙의 내용을 설명해주었습니다. 그 내용은 공격적인 행동을 할 경우 5분간 조용하게 욕실에 앉아 있어야 하고, 5분의 시간은 아이가 조용해질 때까지 재지 않으며, 시간이 끝나면(부모가 알려줌) 아이는 다음부터는 다르게 행동하겠다고 말해야 한다는 것이었습니다.

첫 번째 타임아웃은 3일 후 제시가 야채를 먹지 않겠다고 떼를 쓰면서 아빠를 때리는 행동을 했을 때 실시하게 되었습니다. 아빠는 즉시 제시를 욕실로 보내면서 조용하게 5분간 있도록 말해주었습니다. 제시는 문을 마구 두드리고 소리를 치기 시작했고 밖으로 뛰쳐나왔지만, 그때마다 부모님은 즉시 제시를 욕실 안으로 돌려보냈습니다. 20여 분이 지난 후에야 제시는 조용해졌고, 아빠는 그때부터 5분을 재기 시작했습니다. 시간을 다 채운 후 아빠가 욕실 문을 열고 그렇게 행동하지 않을 것이냐고 물었을 때 제시는 "다시는 성질 부리지 않을게요"라고 대답했고, 다시 식탁에 돌아와 야채를 먹기 시작했습니다.

그다음 타임아웃 때는 첫 5분 만에 조용히 앉아 있게 되었습니다. 제시가 타임아웃을 실시하게 되는 횟수는 첫 주에 다섯 번이었다가 둘째 주에는 한 번으로 줄어들었습니다. 부모님은 마침내 제시가 다른 사람을 다치게 하는 일 없이 자신의 두려움과 맞서게 하는 방법을 찾아냈다고 생각했습니다.

특권 없애기 (반응 대가)

타임아웃을 넘어선 처벌이 필요하다면, 가장 좋은 방법은 특권을 없애는 것입니다. 특권이 없어질 때 아이에게 그 의미가 커야 하며, 또 매우 즉각적인 영향이 있어야 합니다. 예를 들어 10월 무렵에 아이에게 크리스마스에 선물을 받지 못할 것이라고 말하는 건, 오늘 당장 30분 동안 좋아하는 텔레비전 프로그램을 못 보게 하겠다고 말하는 것에 비해 거의 효과가 없을 것입니다. 특권을 없애는 것은 며칠 이상을 넘겨서는 안 되는데, 그 이유는 특권의 영향력이 점점 사라지게 될 것이고, 또 그것을 부모님이 굴복하지 않고 끝내는 것이 힘들기 때문입니다. 다른 모든 방법에서처럼 시행하는 동안 대화는 필수적이며, 아이들은 특권을 빼앗긴 이유와 특권을 되찾을 수 있을 때를 분명히 알아야 합니다.

자연스러운 (당연한) 결과를 체험하게 하기

때때로 불안한 아동이 자신의 불안을 표현하기 위해 한 행동들은 그에 따르는 당연한 결과를 가져옵니다. 예를 들면 파티에 불참하기로 결정한 아이에게는 전화해서 참석하지 못한다고 말해야 할 책임이 따릅니다. 만약 바람직하지 못한 불안한 행동에 따르는 당연한 결과가 있다면, 여러분의 자녀가 그 결과를 경험하도록 내버려두어야만 합니다. 그 결과로부터 자녀를 보호하지 마십시오. 앞선 제시의 예에서도, 제시가 차가워진 남은 야채를 먹어야 하는 것은 행동의 자연스럽고도 당연한 결과입니다.

아이가 겁에 질렸을 때 해야 할 일

아마 이쯤에서 여러분은 아이가 갑자기 매우 무서워하면서 어떤 행동을 하지 않으려 할 때, 아이가 불안해하는 것을 어떻게 멈출 수 있을까에 대해 궁금해할 수 있을 것입니다. 대답은 간단한데, '부모님은 그렇게 해줄 수 없다!'는 것입니다. 즉 아이로부터 모든 불안을 제거하는 것은 불가능합니다. 우리 모두는 가끔씩 불안해지며, 불안을 어떻게 다뤄야 하는지 배워야만 합니다. 부모로서 아이가 가진 어려움을 지켜본다는 것은 매우 어렵지만, 아이가 때로 불안해할 수도 있다는 것을 받아들여야 합니다. 아이들이 어떤 이유 때문에 굉장히 무서워할 때, 보통은 아이들과 많이 접촉하거나, 편안함이나 안전감을 느끼도록 해주는 것이 중요합니다. 또한 이미 논의했듯이, 이러한 것들은 여러분이 침착함과 평정심을 유지하는 데 중요한 역할을 하고, 문제를 더 늘리지 않게 만들어줍니다. 마지막으로 자녀들의 불안을 통제하는 데 도움을 주고 자녀들을 차분하게 만들 수 있는 구조화된 방법을 여기에 기술하겠습니다.

문제해결 접근

문제해결 접근을 사용하는 것은 자녀의 불안을 다루는 데 있어 두 가지 이점을 가집니다. 첫째, 여러분과 자녀 모두가 결과에 영향을 줄 수 있는 문제에 대해서 협력해 해결하도록 만듭니다. 둘째, 자녀에게 책임감을 부여함으로써 자신의 불안을 스스로 관리하도록 만듭니다. 다음은 문제해결 접근의 6단계입니다.

1. **아이가 말한 것을 요약하십시오.** 문제에 대한 여러분의 이해가 정확한지 점검하십시오. 즉 여러분의 자녀가 이야기한 내용의 진정한 의미를 여러분이 이해해야 합니다. 논쟁을 벌이지 말고, 동정심과 차분한 태도로 여러분의 자녀에게 감정이입을 해주십시오.
2. **변화시킬 수 있는 것이 무엇인지 확인하십시오.** 여러분의 자녀에게

변화시킬 수 있는 것이 무엇인지 물어보십시오(특정 상황, 자녀의 반응, 또는 둘 모두).

3. **불안을 줄일 수 있는 가능한 모든 방법들을 자유롭게 떠올려보도록 생각 짜내기(브레인스토밍)를 하십시오.** 아이를 위해 부모님이 과제를 전적으로 떠맡지 마십시오. 오히려 불안을 감소시키고 좋은 감정을 느낄 수 있을 만한 방법에 대하여 자녀 스스로가 제안할 수 있도록 도와주는 것이 필요합니다. 당연히 어린 자녀라면 여러분이 좀 더 많은 몫을 맡게 될 것이고, 좀 더 나이가 있다면 여러분의 몫은 줄어들 것입니다. 또한 여러분의 자녀가 생각해낸 방법에 대해서 칭찬해주십시오. 자녀가 생각해낸 방법이 실제로는 유용한 방법이 아니더라도 아이의 노력에 대해서 칭찬해주십시오. 아이가 불안을 감소시키기 위해 여러분과 함께 건설적인 과정에 참여하고 노력하는 것 자체만으로도 굉장히 긍정적이고 중요한 단계이기 때문입니다. 한 가지 선택방안으로 여러분의 자녀가 탐정 캐릭터를 떠올려서 탐정처럼 생각하기를 하도록 격려하십시오.

4. **아이가 떠올린 방법이나 생각들에 대해 하나씩 살펴보십시오.** 각각의 생각에 대해서 아이에게 "이것을 하면 어떻게 될까?"를 물어보십시오. 만약 아이가 결과에 대해서 명확히 생각해내지 못할 때는 다음과 같은 식으로 간접적으로 제시해줄 수 있을 것입니다. 예를 들어 "만약 네가 기분이 좋아지게 하기 위해서 _____을 한다면 어떤 일이 생기게 될지 궁금하구나. 너는 어떻게 생각하니?"라고 말입니다. 무엇보다도 여러분의 자녀가 문제를 피하기보다는 그 상황에 다가섬으로써 해결책을 찾도록 격려하는 것이 최우선의 목표라는 것을 명심하십시오. 또한 아이가 각 방법에 대한 결과들을 생각해내려 노력하

는 것을 칭찬해주어야 합니다.

5. **가장 좋은 결과를 얻을 만한 방법을 자녀가 선택하게 하십시오.**
여러분의 자녀에게 탐정처럼 생각하기로부터 얻은 증거를 떠올리게 하십시오. 자녀가 각각의 방법들에 대하여 1점(전혀 유용하지 않음)부터 10점(매우 유용함)까지 점수를 매기게 하십시오. 이것은 자녀가 가장 효과적인 방법을 선택하는 데 도움이 될 수 있을 것입니다.

6. **가장 좋은 방법을 시도하고 난 후 성공 여부를 평가하십시오.** 잘 된 부분은 무엇이고 어려웠던 부분은 무엇인지, 다음번에 사용할 수 있는 어떤 것을 배웠는지에 대해서 자녀와 함께 이야기를 나누고 숙고해보십시오.

제시의 사례

제시의 부모님인 매기와 댄은 결혼기념일을 기념하여 저녁에 외식을 하려고 했습니다. 하지만 제시는 부모님이 외출했을 때 어떤 사고가 일어날지도 모른다는 것에 대해 매우 심하게 걱정했습니다. 제시는 울고 매달리며 부모님에게 나가지 말라고 애원했습니다.

1단계: 매기와 댄은 제시와 함께 앉아 무엇이 문제인지 찾아보기로 했습니다.

매기 제시, 우리가 외출하는 것을 네가 매우 불안해하는 거 알아. 네가 걱정하고 있는 게 정확히 뭔지 이야기해줄 수 있겠니?

제시 잘 모르겠어요. 그냥 나가지 말았으면 좋겠어요.

댄 그래, 우리가 외출하지 않았으면 좋겠다는 말이구나. 그런데 왜 그런지 이유를 말하는 것이 중요해. 우리가 외출했을 때 무슨 일이 생길 것 같아서 걱정하는 거니?

제시 　엄마 아빠가 사고가 나거나 다칠 것 같아요.

매기 　[제시가 말한 것을 요약하고 정확히 이해했는지 확인한다.] 네 생
　　　각에 우리가 사고를 당하거나 다칠까봐 외출하지 않았으면 좋겠다
　　　는 거지? 그래서 그렇게 불안해하는 거야?

제시 　예.

2단계: 매기와 댄은 제시가 선택할 수 있는 것들을 제시했습니다.

댄 　그래, 제시. 엄마와 아빠는 오늘 밤에 외출하려고 해. 네가 어떻게 할
　　　것인가는 전적으로 너에게 달려 있어. 지금처럼 계속 그렇게 해서 기
　　　분이 안 좋을 수도 있고, 아니면 안 좋은 기분을 없애기 위해 다른 무
　　　언가를 해볼 수도 있지. 엄마와 아빠는 좋지 못한 기분을 다룰 수 있
　　　게끔 너를 도와주고 싶어. 한번 해보지 않을래?

제시 　엄마 아빠가 나와 함께 집에 있으면 좋겠어요. 그러면 기분이 괜찮
　　　아질 거예요.

매기 　제시, 아빠 말 들었지? 오늘 저녁에 엄마와 아빠 너와 함께 집에 있
　　　지 않을 거야. 너는 지금 기분이 나아지게 하기 위해 어떻게 해야
　　　할지를 결정해야 해. 네 기분이 좋아지게끔 우리가 도와줄 테니 함
　　　께 좋은 방법을 생각해보는 게 어떻겠니?

제시 　예… 알겠어요….

3단계: 매기와 댄은 제시가 어떻게 불안을 다룰 수 있을지에 대해(즉 기분이 좋아지게
하기 위해) 여러 방법을 생각해보도록 격려했습니다. 제시는 이러한 노력에 대해 칭

찬을 받았습니다.

매기   그래, 제시. 기분을 좋아지게 하기 위해 할 수 있는 방법들을 가능한 많이 생각해보자꾸나. 네가 무엇을 할 수 있다고 생각하니?

제시   무슨 말인지 잘 모르겠어요.

댄   자, 우리가 외출하면 혹시 사고를 당할지도 모르니까 걱정된다고 했지? 그 대신에 영화를 보면서 걱정에 대해 잊을 수 있지 않을까? 무슨 뜻인지 알겠지?

제시   저는 아빠 차 열쇠를 가져다 숨길 수도 있어요. 그러면 아빠와 엄마는 나가지 못할 테니까요. 아니면 한바탕 성질을 부려서 나가는 걸 막을 수도 있겠어요.

매기   그래, 그것도 하나의 방법이겠지. 이 단계에서는 그런 방법들을 모두 적어보기만 하면 된단다. 그런 다음 나중에 하나를 선택하면 되는 거란다.

제시   신경 쓰지 않기 위해서 영화를 보면서 시간을 보낼 수 있을 것 같아요.

댄   좋아, 제시. 다른 건 또 뭘 할 수 있을까?

제시   아빠와 엄마가 운전을 잘한다는 것을 적을 수가 있어요. 그리고 그거를 나중에 떠올릴 수 있을 거예요.

매기   제시, 탐정처럼 생각하기를 정말 잘하는구나. 색다른 생각을 찾아 내려고 열심히 노력하고 있어. 다른 것도 또 있니?

4단계: 매기와 댄은 제시가 생각해낸 방법들에 대해 각각 뒤따라올 수 있는 결과를 생각해보도록 격려했습니다.

댄 자, 이제 우리가 외출하는 것에 대해서 너 스스로 기분이 좋아지게
할 수 있는 몇 가지 방법들을 적은 게 있지. 한 번에 하나씩 검토하면
서 만약에 이 방법들을 실제로 했을 때 어떤 일이 생길지 생각해보
자. 먼저 네가 자동차 열쇠를 숨긴다고 했지? 네가 그렇게 하면 어떻
게 될까?

제시 엄마 아빠가 집에 계시지 않을까요?

댄 네가 그렇게 하면 아마 우리는 너를 네 방으로 보내고, 택시를 불러서
라도 저녁을 먹으러 나갈 것 같아.

제시 제가 생각해도 그럴 것 같아요.

댄 영화를 본다는 생각은 어떠니? 그걸 하면 어떻게 될 것 같아?

제시 재미있을 것 같고, 엄마 아빠에 대해서 별로 신경 쓰지 않을 것 같
아요.

댄 그럼 엄마 아빠가 운전을 잘한다고 적은 건 어때? 그렇게 하면 어떻게
될 것 같니?

제시 엄마 아빠한테 사고가 일어나지 않을 것이란 생각이 나면서, 기분
이 나아질 것 같아요.

매기 그래, 그것이 목록의 마지막이구나. 잘했어, 제시. 네 걱정거리들을
스스로 이겨낼 수 있을 것 같구나.

5단계: 매기와 댄은 제시가 최선의 해결책을 선택하도록 도와줬습니다.

댄 그래, 이제 끝으로 우리가 할 일은 이 생각들 중에서 하나를 고르는
거야. 여기 적은 것들을 보고 만약 네가 어떤 것을 고른다면 무슨 일
이 일어날지 생각해보자. 어떤 것이 너한테 가장 좋은 결과를 가져올

거라고 생각하니?

제시 그건 쉬워요. 영화를 보는 거예요. 그리고 엄마와 아빠가 운전을
      잘한다는 것을 적을 수도 있을 거구요. 걱정하지 않도록 말이에요.

매기 그거 정말 좋은 생각이구나. 아주 잘했다. 아빠와 엄마는 네가 불
      안에 대처할 좋은 방법을 찾아내서 정말 자랑스럽단다.

6단계: 만약 제시가 불안을 잘 다룰 수 있게 되어 엄마 아빠가 어려움 없이 외출할
수 있도록 했다면, 다음 날 아침에 제시를 칭찬해주고, 유용했던 방법에 대해 평가
하는 시간을 가져야 합니다. 제시의 용감함을 보상해주기 위해 부모와 함께 좋아
하는 게임을 하는 등 특별한 보상을 주어야 합니다.

매기 어젯밤 너 스스로 잘 해낸 것이 엄마는 너무 자랑스럽구나, 제시. 네
      걱정거리들을 잘 다루었을 뿐만 아니라 우리가 이야기 나누었던 방
      법들을 잘 수행하고, 심지어 밤 동안 전화조차 안 하지 않았니?

제시 예, 보모와 저는 영화를 보기 위해 함께 팝콘을 만들었어요. 그리
      고 그 영화가 조금 무서워서 우리는 베개 밑에 숨었어요!

매기 굉장히 재미있었겠구나. 제시, 우리가 했던 활동을 통해 어떤 것을
      배웠니?

제시 '좋은 방법을 찾는다면, 결국엔 걱정거리들이 나를 괴롭히지 않을
      것이다!'라는 것이요.

매기 탐정처럼 생각하기는 어땠니?

제시 그건 잠자리에 누워 아빠에 대해 생각할 때 도움이 되었어요. 또다
      시 걱정스러움이 느껴졌지만 스스로에게 말했어요. "아빠는 운전
      을 아주 잘해. 그리고 단지 10분 거리일 뿐이야."

매기 정말 잘했어. 스스로 증거까지 찾아냈구나. 다음번에는 다르게 해 봐야겠다고 생각해본 것들이 있니?

제시 예, 저는 초콜릿을 먹으며 영화를 볼 생각이에요!

그날 저녁 아빠는 지난밤 제시의 노력에 대한 보상으로 제시와 함께 자 전거를 타러 갔습니다.

위와 같은 상황에 대한 활동 기록지는 다음과 같습니다.

1단계: 무엇이 문제인가?

엄마와 아빠는 나가려고 하고, 나는 부모님이 가는 것을 원하지 않아.

2단계: 무엇을 변화시킬 수 있을까?

비록 내가 원하지 않더라도 부모님은 나가실 거야. 나는 나의 반응을 바꿀 수 있어.

3단계: 문제해결을 위한 방법들 생각해보기	4단계: 각각의 방법에 대해 어떤 결과가 일어날 것 같은가?
차 열쇠를 가져다 숨겨놓기.	난 곤경에 빠지고 엄마 아빠는 택시를 부를 거야.
마음을 달래기 위해 영화 보기.	재미있어서 생각을 많이 안 하게 될 거야.
걱정에 대한 몇 가지 근거를 적어보기.	사고에 대해 생각하지 않을 거고 기분이 나아질 수 있어.
한바탕 성질을 부리기.	타임아웃을 해야 하고 아마 더 속상해질 거야.

5단계: 어떤 방법이 최고의 방법일까? 차선책은?

나는 2번과 3번을 사용할 거야. 먼저 탐정적으로 생각해보고 영화를 보겠어.

6단계: 실행해보았던 방법들을 평가하기-다음에 사용해볼 방법은?

영화를 즐기기 시작하자 걱정은 멈추었고, 보상으로 아빠와 자전거를 타러 가게 되었어. 나의 해결책은 잘 작동했어. 다음에 엄마 아빠가 외출할 때 보고 싶은 영화를 생각해볼 거야.

자녀가 가장 자주 불안해하는 상황에 대해 각 단계별로 몇 가지 아이디어를 메모해보세요. 각 단계에서 겪을 수 있는 어려움을 미리 조치할 수 있도록 시도하세요.

1단계: 무엇이 문제인가?	
2단계: 무엇을 변화시킬 수 있을까?	
3단계: 문제해결을 위한 방법들 생각해보기	**4단계: 각각의 방법에 대해 어떤 결과가 일어날 것 같은가?**
5단계: 어떤 방법이 최고의 방법일까? 차선책은?	
6단계: 실행해보았던 방법들을 평가하기-다음에 사용해볼 방법은?	

자녀가 문제를 해결하는 데 책임감을 갖도록 도와주기

아이의 불안을 관리하기 위해 부모님이 지나치게 지시적인 행동(즉, 아이의 문제와 해결에 대한 책임을 너무 많이 가져감)을 하는 것이 도움이 되지 않는 방법이었던 것을 기억하시나요? 문제해결에 관해서 아이들은 분명히 부모님의 도움이 필요할 것입니다. 하지만 우리는 궁극적으로 아이들이 부모님의 최소한의 개입으로도 스스로 문제해결 과정에 참여할 수 있는 지점에 도달하길 원합니다. 이렇게 함으로써, 아이들은 부모님과 함께 있지 않을 때에도 이 방법을 사용할 수 있을 것입니다(이것은 아이들에게 왜 스스로 할 수 있어야 하는지 설명하는 좋은 방법입니다).

따라서, 우리는 아이들이 문제해결에 대해 부모에게 너무 의존적이 되지 않도록 주의할 필요가 있습니다. 해결 방법을 몇 번 함께 사용한 후에는, 아이에게 그것을 스스로 사용하도록 권장해보세요. 아이가 차분한 상태일 때 이 방법을 스스로 연습하는 것이 좋은 아이디어일 수 있습니다. 또한 아이들이 처음으로 스스로 문제해결을 할 때 가상의 상황이나 꾸며낸 상황을 사용하는 것도 좋은 생각입니다. 예를 들어, 수업 시간에 선생님으로부터 부당하게 비난을 받는 상황에 대해 문제해결 활동 기록지를 작성하도록 요청할 수 있습니다.

문제해결에 유용한 또 다른 방안은 아이에게 다른 아이들이 어떻게 문제를 해결하거나 어려운 상황을 다루는지 관찰하도록 하는 것입니다. 예를 들어, 조별 활동에 성공적으로 참여하는 친구들이 사용하는 방법을 아이에게 찾아보도록 할 수 있습니다. 이러한 '조사하기' 접근법은 여러 다양한 도전적인 사회 상황에 대한 해결책을 찾을 때 사용할 수 있습니다. 아이가 스스로 이 방법을 점차적으로 더 잘 사용하게 되면 노력에 대해 많은 칭찬을 제공해주세요.

부모용 활동   자녀의 불안한 행동에 대해 반응하기

자녀의 불안관리에 대한 모든 내용들을 읽은 후에는 우리 가족과 아이에게 가장 적합하다고 생각되는 아이디어를 실행해보아야 합니다. 두 가지 다른 접근 방식이 제공됩니다.

첫 번째 기록양식은 아이가 불안해할 때마다 규칙적으로 부모님이 빠지게 되는 '함정'(즉, 현재 사용하고 있는 도움이 되지 않는 방법들)을 알게 되었을 때 유용합니다. 부모님이 빠져 있는 함정은 무엇인지, 부모님이 다르게 행동해야 할 것은 무엇인지, 그래서 아이와 상호작용을 바꾸려고 했을 때의 성공 여부를 매일 기록하세요. 부모님이 반응을 변화시켜서 편안해졌는지 그리고 자녀의 반응은 어땠는지 모두 적어보세요. 한 번에 많은 것을 바꾸려고 하지 마세요. 한 번에 한 가지 또는 두 가지 정도에만 초점을 맞추어 시도하십시오.

두 번째 기록양식은 예상치 못하게 발생하는 자녀의 불안 행동에 대응해 시도할 수 있는 점검 양식입니다. 향후 몇 주 동안 아동의 행동에 반응해 부모님이 어떤 도움이 되는 방법과 도움이 되지 않는 방법을 사용했는지 기록하세요. 이렇게 함으로써 아이와의 상호작용에서 어느 지점을 바꿔야 하는지 파악할 수 있습니다.

이 두 가지 작업은 자녀의 불안에 대한 부모의 반응을 어떻게 바꿀 수 있는지, 그리고 그러한 변화를 통해 자녀의 행동이 어떻게 바뀌는지에 대한 인식을 높이는 데 도움이 될 것입니다.

나의 접근 방식 변화시키기

내 아이가 불안해하는 상황	
현재 내가 빠져 있는 양육 함정은 무엇일까?	

대신 내가 다르게 행동해야 할 것은 무엇일까?	다음번에는 어떻게 할 것인가?

얼마나 성공적이었나?
월요일:
화요일:
수요일:
목요일:
금요일:
토요일:
일요일:

불안 행동에 대한 반응

내 아이가 한 일은 무엇인가?	내가 취한 조치(제시된 방법, 칭찬, 또는 후속 결과)는 무엇인가?	이렇게 했을 때 어떤 일이 일어났나(내 아이의 반응은 어땠나)?

자녀와 함께 하는 활동

아동용 활동 13 보상

자녀에게 보상이 무엇인지 말하게 하는 것부터 시작하세요. 자녀에게 보상은 성공뿐만 아니라 노력에 대해서도 주어진다는 것을 상기시켜주세요. 그다음, 자녀와 함께 가능한 많은 보상을 생각해보세요.

긴 목록을 만드는 데 도움이 되도록 몇 가지 제안을 드리겠습니다.

- 점심 외식하기
- 피자 주문배달
- 잠옷 파티
- 토요일 밤에 늦게 자기
- 잡지나 만화책
- 특별한 활동(예: 영화 보기, 미니 골프)
- 저녁 식사 계획과 준비
- 가족 피크닉 가기
- 조부모님 방문하기
- 공예 활동
- 친구 초대하기
- 미스터리 여행
- 지역 커뮤니티 행사 참여
- 새로운 옷 사기
- 서점 방문하기
- 밤에 영화 보기

- 집안일 면제권
- 레고 같은 장난감 사기
- 학교에서 노력상 받기
- 부모님과 자전거 타기
- 큰 보상을 위해 저축할 수 있는 토큰(예: 스티커, 쿠폰 등)
- 밤에 침실에서 TV 보기
- 가족 영상 만들기
- 자신의 정원 가꾸기
- 야영하기
- 거품 목욕
- 수영
- 스티커
- 부모님과 보드게임이나 카드놀이 하기
- 연날리기

- "자랑스러워요" 카드
- 조각 그림 맞추기
- 방에 포스터 걸기

여러분이 목록을 만들었다면, 자녀에게 어떤 보상을 원하는지 물어보세요. 가족과 함께 할 수 있는 즐거운 일, (아빠로부터의 칭찬과 같이) 듣고 싶은 이야기, 집에서 할 수 있는 활동, 받고 싶은 물건 등을 물어볼 수 있습니다. 또한 자녀에게 좋아하는 것을 더 추가할 수 있다고 격려할 수 있습니다. 이 단계에서는 자녀가 현실적인 보상과 비현실적인 보상을 구별하도록 도와주세요. 다음 장에서 사다리를 만들 때 어떤 보상을 사용할지 협상할 수 있습니다. 자녀에게 보상은 성공 또는 큰 노력을 축하하기 위한 것임을 상기시켜주세요.

아동용 활동 14 문제해결을 배우기

이 활동은 구조화된 활동 기록지를 사용해 문제해결하는 방법을 배우는 것입니다. 이 활동은 나이가 아주 어린 아이들에게는 적합하지 않을 수 있습니다. 이 장에서 제시한 예시를 기반으로 자신만의 활동 기록지를 만들 수도 있습니다.

자녀에게 문제해결은 어떤 상황에서 어떻게 하는 게 가장 좋은 건지 확신이 서지 않을 때 사용할 수 있는 것임을 설명해주세요. 이전에 설명한 제시의 예를 사용해, 문제에 대한 해결책을 고민하고 각 가능한 해결책이 실제로 시도될 경우 어떤 결과가 발생할 수 있는지 평가해 가장 좋은 해결책을 선택하는 방법을 자녀에게 보여주세요. 자녀에게 제시가 고려할 수 있는 다른 해결책을 생각해보게 하세요. 그리고 그 해결책이 어떤 결과를 초래할지 생각해보세요.

다음은 문제해결의 6단계를 설명한 것입니다.

1. 문제를 기록하세요.

2. 나의 반응 또는 상황, 혹은 두 가지 모두를 바꿀 수 있는지 확인하세요.

3. 가급적 많은 해결책을 생각해내세요(생각 짜내기).

4. 각 아이디어가 좋은 결과를 가져올지 나쁜 결과를 가져올지 생각해보세요.

5. 가장 효과적인 아이디어(또는 아이디어의 조합)를 선택하세요.

6. 계획을 실행한 후에 그 계획이 얼마나 효과적이었는지 평가하세요. 효과적이지 않은 경우 차선으로 가장 좋은 가능한 해결책을 시도해보세요. 최적의 계획을 찾으면 다음에 무엇을 할지 합의하세요.

빈 종이를 활동 기록지 삼아 최근 자녀가 직면한 문제를 선택하거나 가상의 문제를 만들어보세요(예: 두 명의 친구로부터 같은 날에 초대를 받아, 어떻게 둘 다 상처받지 않으면서 처리할지 결정해야 하는 상황). 그리고 자녀로 하여금 문제해결 단계를 거치도록 안내하세요. 먼저, 자녀의 현재 불안과 너무 관련이 깊지 않은 간단한 문제를 선택하세요. 자녀의 제안된 해결책이나 과거 행동에 대해 비판적이 되지 않도록 주의하세요. "어제 그렇게 울음을 터뜨리는 것보다 그런 방법이 더 좋았을 텐데?"와 같은 말은 사용하면 안 됩니다. 자녀의 아이디어에 대한 유일한 반응은 노력에 대한 칭찬과 격려여야만 합니다.

자녀가 아이디어를 이해했다면, 이제 부모님은 아이가 불안해하는 상황에서 이를 관리하는 데 도움이 되는 기술인 문제해결을 시도해볼 수 있습니다.

아동용 연습 과제 3 문제해결

이 연습 과제의 초점은 아동이 불안한 상황에서 구조화된 문제해결 접근법을 연습하도록 돕는 것입니다. 예를 들어, 학교에 책을 두고 와서 숙제를 하지 못해 문제가 될 것 같아 걱정될 때, 함께 문제해결 방법을 사용해 최선의 해결책을 찾는 데 도움을 줄 수 있습니다(예를 들어, 숙제를 하지 않는 것, 부모님이 쪽지를 써주시는 것, 친구에게 전화를 거는 것, 학교에 일찍 가는 것 등의 아이디어를 고려해볼 수 있습니다).

부모님의 지지와 격려로 아이가 이 과정을 이끌도록 독려하세요. 먼저 불안의 정도가 낮은 상황부터 연습해보세요. 문제해결을 몇 번 성공적으로 사용한 후에는 더 높은 걱정 수준의 상황에도 이 접근법을 사용할 수 있습니다. 상황이 발생할 때마다 아이는 탐정처럼 생각하기를 계속 연습해야 하며, 부모님은 이러한 노력에 대해 보상해 주어야 합니다.

4장의 주요 내용

이 장에서 여러분과 자녀는 다음과 같은 것을 배웠습니다.

- 불안을 다루는 데 유용하지 않은 양육 방식들

  - 지나치게 안심시키기

  - 지나치게 간섭하고 지시하기

  - 회피를 허용하기

  - 인내심을 잃어버리기

- 불안을 다루는 데 도움이 되는 양육 방식들

  - 용감하고 불안해하지 않는 행동에 대해 보상하기

  - 불안 행동을 무시하기

  - 자녀가 건설적으로 대처하도록 격려하기

  - 용감하고 불안해하지 않는 행동을 따라 하게 만들기

- 불안 행동과 버릇없는 행동을 구분하는 데 도움이 될 만한 방법과 버릇없는 행동에 대응하기 위해 사용할 수 있는 방법들

이 장에서 자녀는 다음과 같은 것을 배웠습니다.

- 분명하고 일관된 보상은 용감한 행동을 증가시키고 지지하는 데 도움이 됩니다.

- 노력은 두려움에 맞서 성취한 것만큼이나 중요합니다.

- 어려운 상황을 다룰 수 있는 방법으로 구조화된 문제해결식 접근법을 여러분과 자녀가 협력해 사용할 수 있습니다.

자녀는 다음과 같은 것을 할 필요가 있습니다.

- 불안한 상황에서 구조화된 문제해결 방법을 연습합니다(낮은 수준의 불안 상황부터 시작해 점점 더 어려운 상황으로 진행합니다).

- 탐정처럼 생각하기 연습을 계속합니다. 자녀를 조금이라도 불안하게 만드는 모든 상황에 대해 이 방법을 사용해야 하며, 불안이 증가하는 것을 느낄 때마다 하루 종일 가능한 한 많이 탐정처럼 생각하기를 사용하도록 권장해야 합니다.

5

두려움과 싸우기 위해
두려움에 맞서기

이제 여러분의 자녀는 탐정처럼 생각하기를 이용하여 걱정거리를 어느 정도 다른 방식으로 생각하는 방법을 배웠을 것입니다. 이는 불안관리기법을 배우는 전체 과정에서 중요한 첫걸음이 됩니다. 하지만 상황에 대한 새로운 생각하기 방식만으로는 걱정과 두려움을 극복하는 데 충분하지 않습니다. 과거의 행동 방식이 함께 변화하지 않는다면 탐정처럼 생각하기는 크게 도움이 되지 않을 것입니다. 이제 여러분의 자녀가 실제 상황에서 두려움과 걱정을 다루는 새로운 능력을 시험해보도록 할 차례입니다. 나이가 아주 어린 자녀들에게는 이 방법이 여러분께서 쓸 수 있는 유일한 기법이 될 수도 있습니다.

사다리 기법을 이해하기

'사다리' 기법은 자녀가 두려워하는 바로 그 상황에 정면으로 맞서게 함으로써 두려움을 극복하도록 돕는 방법입니다. 이것은 매우 상식적인 절차로, 여러분도 아마 이와 비슷한 방법을 사용해본 적이 있을 것입니다. 이 책은 전반적으로 불안관리기법의 하나로 사다리 기법을 포함하고 있으며, 이 전략을 어떻게 하면 보다 체계적으로 사용할 수 있을지에 대해 여러분께 보여드릴 것입니다. 사다리 기법은 단계적으로 이루어지기 때문에 아이에게 부담을 주지 않습니다. 아이는 점진적으로 힘든 상황을 경험하고, 또한 이에 대처하는 방법을 배우게 될 것입니다. 두려움을 느끼던 일에 직접 부딪쳐보고 또 그것을 다루는 법을 배워가면서 아이는 자신감을 갖게 될 것이며, 그러면서 차츰 두려움과 걱정을 줄여나가게 될 것입니다.

두려움을 회피하는 것은 도움이 안 됩니다

다음과 같은 옛이야기가 있습니다. 두 남자가 함께 길을 걷고 있는데, 그 중 한 사람이 몇 걸음마다 멈춰 서서 길바닥에 머리를 부딪치는 것이었습니다. 옆의 친구가 참다못해 "이봐, 그만할 수 없겠나?"라고 말하자 그 남자는 "안 돼. 이렇게 해야 악어가 안 나타나거든"이라고 대답했습니다. 그 말을 들은 친구가 "하지만 여긴 악어가 없는걸!"이라고 말하자, 그 남자는 씨익 미소를 지으며 이렇게 말했습니다. "거봐, 내가 맞잖아!"

불안한 아이들은 합리적으로 볼 때 별로 위험하지 않은 것인데도 그런 것들을 회피하려 합니다. 그런데 계속 피하기만 하기 때문에 자신의 행동이 실제 결과와 아무런 관계가 없다는 것을 결코 깨닫지 못합니다. 예를 들어 자다가 죽을까봐 무서워서 매일 밤 부모님과 함께 자고 싶어 하는 아이가 있다고 가정해봅시다. 실제로 자는 동안에 아이가 죽을 확률은 거의 0%에 가깝다는 것을 우리는 잘 알고 있습니다. 그러나 아이는 매일 밤 부모님과 함께 자기 때문에, 자기가 걱정하는 일이 실제로 생기지 않는다는 사실을 깨닫지 못합니다. 이런 경우에는 탐정처럼 생각하기를 통해서 그런 일이 일어나지 않는다는 사실을 논리적으로 확신시키는 것이 첫 번째 단계이지만, 그것만으로는 충분하지 않습니다. 자다가 죽는 일이 일어나지 않을 것이라는 사실을 진정으로 깨달아 믿게 하려면, 실제로 그 두려움에 직면해봐야 하기 때문입니다.

걱정을 자꾸 회피하다 보면 오히려 불안을 일으키는 생각들이 점점 더 커지고, 그럼으로써 불안 상황에 직면하는 것은 더욱 어려워지게 됩니다. 불안한 아이들은 대부분 불안한 상황을 회피하는 방법들을 나름대로 갖고 있습니다. 때로는 이러한 방법들이 너무나 교묘하고 습관적이어서 부모님조차 알지 못할 수 있습니다. 사다리 기법은 여러분의 자녀에게 이제까지와는 다른 방식으로 행동해볼 수 있는 기회를 제공하고, 자신이 정말로 그 두려움을 다루어나갈 수 있다는 사실을 깨닫게 해줄 것입니다.

부모님과 떨어져 있는 것에 대한 두려움이나 높은 곳 혹은 거미와 같이 특정한 대상에 대한 공포, 사회적인 상황이나 시험 등에 대한 과도한 걱정 등 그것이 어떠한 두려움이든 종류와 상관없이 동일한 원리가 적용됩니다. 아이들이 직면해야 하는 특정 대상은 다를지 몰라도 기본적인 원칙은 같다는 뜻입니다.

이제 사다리 기법을 적용하여 불안을 극복하는 과정이 어떻게 이루어지는지 배워봅시다. 일례로 여러분이 사람들 앞에서 발표하는 것을 두려워하는데, 승진하려면 여러 사람 앞에서 발표를 해야만 하기 때문에 그런 상황에서 보다 편안해지기를 바란다고 가정해봅시다. 여러분은 당연히 자신이 두려워하는 것은 무엇인지, 그런 일이 일어날 만한 증거는 어디 있는지 등의 탐정처럼 생각하기부터 시작할 것입니다. 그러나 이러한 방법만으로는 충분하지 않습니다. 여러분은 여러분이 걱정하는 것에 직면할 필요가 있습니다.

먼저 여러분은 가족들 앞에서 짧은 연설을 하는 것부터 시작할 수 있습니다. 이것은 다소 우습게 느껴질 수 있기 때문에 아마 그다지 긴장되지 않을 테지만, 처음부터 너무 어렵게 해서는 안 됩니다. 일단 이 단계를 마치고 나면, 이제 친구들 앞에서 짧은 발표를 할 준비가 된 것입니다. 그 후에는 작은 소모임에서 책을 읽거나 발표자를 소개하는 등의 비교적 간단한 시도를 할 수 있습니다. 이러한 단계들을 거치는 동안 여러분은 탐정처럼 생각하기를 자신에게 적용할 수 있습니다. 몇 주 동안 이렇게 비교적 쉬운 단계들을 거치고 나면, 여러분은 아마 자신감이 싹트기 시작하는 것을 발견할 수 있을 겁니다. 그러면 다음 단계에서는 실제로 직장 동료들에게 몇 번 발표를 해보고, 동시에 좀 더 공식적인 자리에서 발표를 해볼 수 있을 것입니다. 이런 과정을 거침으로써 여러분은 승진하게 되고, 또다시 새로운 기회에 사람들 앞에 나서서 발표나 연설을 할 수 있게 될 것입니다. 이때에도 처음에는 비공식적인 자리에서 소수의 사람들 앞에서 발표하고, 나중에는 보다 공식적인 자리에서 중요한 연설을 하는 식으로 계획을 잡고 실행함으로써 상황을 통제할 수 있을 것입니다. 이런 식으로 최종 목표를 향하여 점진적으로 그리고 체계적으로 다가감으로써 대중 연설에 익숙해지게 되고 적절하게 대처할 수 있음을 알게 될 것이며, 이전에 상상했던 그런 끔찍한 일들이 일어날 가능성은 거의 없다는 사실을 깨닫게 될 것입니다. 이렇게 몇 주 혹은 몇 달이 지나면 대중 앞에서 발표나 연설을 하는 것에 대한 걱정이 점점 줄어들 것입니다.

자녀와 함께 사다리 기법을 시작할 때도 같은 원리가 적용됩니다. 예를 들어 어두운 곳에서 잠드는 것을 두려워해서 매일 밤 온 집 안에 불을 켜놓은 채 자려고 하는 아이가 있다고 해봅시다. 사다리 기법을 적용해보면, 처음에는 거실이나 복도를 꽤 밝게 해둔 채 아이를 재울 수 있습니다. 이것이 아이에게 너무 어려운 단계가 아니라면, 아이는 대체로 순순히 응할 것입니다. 여러 날 밤이 지난 후에는 자기 방 앞에 있는 불을 켜놓은 채 자게 하고, 그런 다음에는 거실에 작고 희미한 램프만 켜놓은 채 자도록 해도 아이는 괜찮다고 할 것입니다. 서서히 멀리 있는 방에 아주 희미한 불빛만 있어도 아이는 잠을 청할 수 있게 되고, 마침내 불빛이 전혀 없어도 잠을 잘 수 있게 될 것입니다. 매 단계마다 아이는 분명히 조금씩 불안해할 것이지만, 이런 식으로 점차 불빛을 줄여나가고 여러 작은 단계들을 거침으로써, 극단적인 공포에 노출되지 않으면서도 최종 목표에 도달할 수 있게 될 것입니다.

사다리 기법은 어떻게 하는 것인가?

사다리 기법은 아이들이 두려워하는 위험이 실제로는 거의 일어나지 않는다는 것을 배우기 위한 단계적 방법입니다. 혹여 그 일이 일어난다 해도 그것은 생각하는 것만큼 그렇게 나쁜 일이 아니며, 아이들은 그것에 대처할 수 있을 것입니다. 이러한 설명을 들음으로써 사다리 기법을 사용하는 것이 탐정처럼 생각하기의 "실생활" 확장판이라는 것을 부모님이 아시게 되길 바랍니다. 탐정처럼 생각하기에서는 여러분의 자녀가 지닌 불안한 예측이 실제로는 거의 일어나지 않는다는 증거를 논리적으로 찾을 수 있도록 도와주었을 것입니다. 또는 그 일이 일어난다손 치더라도 자녀가 생각하는 것만큼 나쁘지는 않을 것입니다. 사다리 기법에서는 자녀가 그러한 상황에 직접적으로 부딪쳐봄으로써 이와 동일한 깨달음을 얻게 하기 위해 자녀로 하여금 두려움에 직면해보도록 요청하게 됩니다. 부모님의 도움으로 아이들은 자신이 예상하는 각각의 두려움이나 위험에 직면하기 위한 단계별 계획을 세우고, 가장 덜 어려운 것부터 시작하여 가장 걱정스러운 상황에 이르기까지 각 단계를 차례대로 시도할 것입니다.

사다리 기법의 모든 단계들은 아이들이 예측한 나쁜 결과가 일어나지 않으며, 혹여 발생하더라도 대처할 수 있다는 증거가 되어줄 것입니다. 아이들은 각 단계를 해낼 때마다 성공했다는 자신감을 느끼게 될 텐데, 이를 계속 유지하고 증진시키기 위해서는 부모님의 격려가 필요합니다. 여러분의 자녀가 포기하지 않고 계속하도록 하기 위해서는 별도의 유인책이 필요하며, 아이와 이에 대해 이야기하여 보상체계를 결정할 수 있습니다. 보상을 이용하는 방법에 대하여 다시 한번 복습하고 싶다면, 4장의 '용감하고 불안해하지 않는 행동에 대해 보상하기'를 참고하십시오.

아이들은 비록 두려움을 느낄지라도 사다리를 통해 불안에 대처할 수 있다는 것을 배우게 됩니다. 사다리의 단계들을 밟아가는 동안, 아이들은 자신을 두렵게 하는 몇몇 상황들에 마주치게 될 것입니다. 비록 이러한 상황들이 불편하고 불안하게 느껴지기도 하겠지만, 실제로 아이들이 걱정했던 나쁜 일들이 일어나지 않는다는 사실을 깨닫게 되기 때문에 이것은 매우 중요합니다. 이 과정을 통하여 아이들은 두려움이라는 감정을 견딜 수 있게 되고, 두려움 때문에 뭔가를 할 수 없는 것은 아니라는 사실을 배우게 됩니다. 어쨌거나 우리 중 그 누구도 불안을 느끼지 않고 인생을 살아갈 수는 없습니다.

연습이 성공의 관건입니다. 한 단계를 한 번 연습하는 것만으로는 충분하지 않습니다. 어떤 상황에서 더 이상 과도하게 불안을 느끼지 않을 때까지 각 단계를 반복해야 할 것입니다.

사다리 기법은 이 책의 전체 프로그램 중에서 가장 중요한 기술이라는 점에 주목하셔야만 합니다. 설사 자녀가 다른 기법들에 어려움을 겪더라도, 사다리 기법은 가장 집중해야 할 기술입니다. 사다리를 통해 두려움에 직면하는 것은 기본적으로 자녀의 나이와 상관없이 모두 동일합니다.

어떻게 자녀를 도와줄 수 있을까?

불안한 아이들은 상황을 통제하는 자신의 능력에 대해 자신 없어 하며, 자기는 다른 아이들보다 약하거나 능력이 부족하다고 생각할 수 있습니다. 그리고 이런 아이들은 여러 다양한 상황에서 위험을 발견하는 것이 일반적입니다. 우리는 이것을 '불안한 예측(anxious prediction)'이라고 부릅니다. 아이는 과거 경험으로 인해 새로운 일이나 예전에 '실패했던' 어떤 일을 하기 싫어할 수 있습니다. 부모님은 자녀를 격려하여 아이가 '쉽지 않은' 그 일을 하도록 도와줘야 합니다. 여러분은 동정심과 이해심을 보여주면서 동시에 단호해야 하는데, 쉽지만은 않을 것입니다. 그렇지만 그것이 결국에는 아이를 위하는 길임을 잊지 마십시오. 4장을 반복해서 읽는 것이 불안한 자녀를 키울 때 도움이 될 것입니다.

여러분의 자녀가 할 수 있다고 믿으십시오

부모님은 불안과 불편함을 견디는 아이의 능력에 대해 걱정하실 수 있습니다. 예를 들어 우리 아이가 다른 아이들보다 더 예민하다고 느낄 수 있습니다. 한편, 아이들도 자신의 능력에 대하여 부모님이 어떻게 생각하고 있는지 잘 알고 있으며, 어떤 일을 하는 것이 얼마나 어려울지에 관해 부모님이 생각하고 있는 미묘한 메시지를 잘 읽어낼 수 있습니다. 그렇기 때문에 여러분이 가진 의심을 겉으로 드러내지 않는 것이 중요합니다. 아이의 변화 시도 노력에 대해 긍정적으로 생각하십시오.

부모님 역시 걱정하고 있습니까?

부모로서 아이를 따뜻하게 감싸며 도와줘야 할 때와 조금 힘들더라도 한번 부딪쳐보도록 밀어붙여야 할 때를 구분하는 것은 쉽지 않습니다. 이것은 특히 자녀와 비슷한 어려움을 가진 부모님에게 더욱 어려울 수 있습니다. 여러분은 아이가 두려워하는 것을 실제로 해보는 게 좋다는 것을 알지만, 또 한편으로는 아이가 가진 두려움에 공감하면서 아이를 보호하려고 할 것입니다. 충분히 그럴 수 있습니다. 그러나 여러분은 자신의 걱정과 아이의 걱정을 구분하려고 노력해야 합니다. 이 문제에 대해 여러분 자신이 탐정처럼 생각하기를 적용해보는 것이 도움이 될 수 있습니다. 이전 장들에서 언급하였듯이, 여러분 스스로가 불안에 어떻게 대처하는가는 자녀에게 좋은 모델이 되곤 합니다. 그러기에 여러분 스스로 불안 문제의 사다리를 설정하여 시도해봄으로써 이를 할 수 있고, 그럼으로써 여러분과 자녀는 불안을 극복하는 작업을 함께 해나갈 수 있게 됩니다.

아이가 사다리 기법을 시작할 때 그것을 지켜보는 일은 꽤 어려울 것입니다. 부모님은 아이가 어려워하는 상황을 어느 정도 직면하도록 해야 하고, 그래서 아이가 겁에 질리게 되는 일도 여러 차례 일어날 수 있습니다. 많은 부모님들이 이런 경우 죄책감과 가슴이 찢어지는 아픔을 경험합니다. 만약 이런 위험이 여러분에게도 있다면, 프로그램의 이 부분을 통과하는 데 도움이 되는 몇 가지 안전장치를 마련해야 합니다. 우선, 일단 자녀를 두려움에 직면시키는 것이 도움이 되며, 그것만이 두려움을 극복할 수 있는 유일한 길이라는 점을 명심하십시오. 다음으로, 기분이 좋지 않을 때 도움이 될 만한 방법들을 생각하십시오. 예를 들어 자신의 믿음과 걱정에 대하여 탐정처럼 생각하기 기록 용지를 작성하고, 그것을 반복하여 읽으면서 보다 정확한 생각을 떠올리십시오. 또는 죄책감에서 벗어나기 위해 할 수 있는 일들을 만들어보거나, 친구나 가족에게 도움을 요청할 수도 있습니다. 친구나 가족은 여러분이 옳은 일을 하고 있다는 것, 그리고 여러분의 자녀가 지금 겪고 있는 어려움 때문에 '상처받거나', 여러분을 '미워하지' 않을 것이라는 점을 다시 한번 깨닫게 해줄 것입니다. 여러분의 이런 감정들은 충분히 이해할 만하지만, 자녀를 위해서는 결국 극복할 필요가 있습니다.

원하는 것이 분명해야 합니다

여러분의 마음속에 자녀 또래의 아이들에게, 그리고 특히 여러분의 자녀에게 기대하는 것이 무엇인지 분명히 해두는 것이 중요합니다. 자녀가 할 수 있다고 생각하는 것과 부모로서 어떤 도움을 줄 것인지를 분명히 구분할 수 있을 때 자녀는 최상의 도움을 받을 수 있습니다. 예를 들어 엄마와 떨어져 있는 것을 무서워하는 6살짜리 아이에게 저녁에 혼자 집에 있으라고 하는 것은 비현실적인 기대입니다. 하지만 아이가 15살이라면 그것은 매우 합리적인 기대입니다. 마찬가지로 정도와 상황에 따라 아이에게 기대하는 내용도 달라질 수 있습니다. 집 근처 버스 정류장에서 집까지 혼자 걸어오라는 요구는 정당하지만, 거리가 멀거나 익숙하지 않은 곳이라면 얘기가 달라집니다. 만약 자녀에 대한 합리적인 기대가 어떤 것인지 잘 모르겠다면, 다른 부모나 선생님, 혹은 전문가에게 도움을 구하십시오. 다시 말해, 자녀가 처한 환경과 나이를 고려하면서 자녀에게 실제로 가능한 위험이 무엇인지에 대한 객관적이고 현실적인 관점을 갖는 것이 필요합니다. 또한 배우자나 아이를 보살펴주는 다른 분과 함께 이러한 기대들을 확인해서 자녀가 해야 하는 일에 대해 서로 합의하시기 바랍니다. 아이들이 어른들로부터 서로 다른 메시지를 받게 되면 어떤 것이 위험하지 않다는 것을 배우는 게 매우 어렵습니다.

아이에게 사다리 기법을 가르치는 단계

아이와 함께 사다리를 만드는 것은 대개는 복잡하지 않습니다. 그러나 때때로 까다로울 수는 있습니다. 따라서 어떤 기술을 사용하면 보다 쉽게 할 수 있는지 그 체계적인 단계들을 소개하겠습니다.

1단계: 아이에게 사다리를 설명하기

자녀와 함께 불안에 직면하는 첫 번째 단계는 명확하고 간단하게 이 연습의 목적을 아이에게 설명하는 것입니다. 자녀로 하여금 자발적이고 적극적인 참여자가 되게 하는 것이 중요한데, 그렇지 않으면 이 과정 중에 아이와 싸우느라고 애를 먹게 될 것입니다. 자녀에게 사다리를 설명하는 방법과 자녀가 그 과정에 '참여'해야 하는 정도는 아이의 연령에 따라 당연히 달라집니다.

사다리를 설명하는 유용한 방법은, 매우 간단한 것(개나 높은 곳 등)을 무서워하는 아이의 이야기를 들려주고, 그 아이가 두려움을 극복하기 위해 도울 수 있는 방법들을 자녀로 하여금 말해보도록 하는 것입니다.

깊은 물에서 수영하는 것을 무서워하는 아이(수영할 줄은 압니다)의 예를 들어봅시다. 그 아이가 물에 들어가는 것에 익숙해지기 위해서 어떤 방법을 사용할 수 있을지 자녀에게 이야기해보도록 합니다. 대부분의 아이들은 상식적인 제안을 잘 내놓습니다. 아마 아이들은 낮은 불안 단계(예를 들면 무릎 정도 깊이의 물에 들어가는 것)부터 시작하면 좋겠다는 제안을 내놓을 겁니다. 만약 아이들이 합리적인 접근을 하지 못하는 경우에는 생각이 떠오를 때까지 부모님께서 자연스럽게 이끌어주셔야 합니다. 다음번 제안은, 아이로 하여금 점점 더 깊은 물에 들어가도록 해야 한다는 것입니다. 이 과정들은 아이가 마음을 편안히 먹고 매 단계에 익숙해질 수 있도록 여유를 가지고서 점진적으로 이루어져야 합니다. 아이들은 겁에 질린 그 아이가 두려움을 조금 겪게 되겠지만, 점점 한 단계씩 익숙해져서 결국은 크게 힘들이지 않고 최종 목표에 도달하게 된다는 사실을 이해하게 될 것입니다.

2단계: 불안/걱정 목록표 만들기

일단 여러분의 자녀가 사다리의 기본 개념을 이해하고 나면, 다음 단계는 이런 개념들을 자신의 구체적인 어려움에 적용하는 것입니다. 먼저 아이와 함께 앉아서 아이가 두려워하는 것들을 가급적 많이 떠올려보십시오. 이때 시작하기 좋은 질문은 다음과 같습니다. "네가 무서워서 하기 싫은 일이 있다면 어떤 것이 있을까?" 이때 여러분은 아이가 보통 두려워하거나 회피하는 여러 상황과 활동들을 기록하는 불안/걱정 목록표를 만들면 됩니다. 예를 들면 커다란 개에게 다가가거나 새로운 사람을 만나기, 엄마와 떨어져 있기 등이 포함될 것입니다. 어떤 아이들은 항목이 하나뿐일 수도 있지만, 다른 아이들은 많을 수도 있습니다. 물론 부모님이 이런 것들을 알아서 해줄 수도 있지만, 중요한 것은 아이가 직접 이 과정에 참여해야 한다는 점입니다. 그러므로 아이가 잘 따라 하면 가능한 많이 칭찬과 격려를 해주십시오. 그리고 얼마나 많이 생각해낼 수 있는지 보면서 게임처럼 즐겁게 하십시오. 아이가 분리불안 같은 일반적인 개념을 떠올리는 것보다 불안을 경험했던 구체적인 상황들을 기억해내도록 하는 것이 더 도움이 됩니다. 또한 아이가 이것을 실패하는 행동 목록이 아니라, 할 수 있길 원하는 행동 목록으로 받아들이는 것이 중요합니다.

이 단계의 핵심은 자녀를 직접 참여시켜 함께 생각하게 하는 것입니다. 설사 항목들이 현실적이지 못하거나 심지어 말이 안 되는 것들이더라도 나중에 고칠 수 있으니까 걱정하지 마십시오. 또한 모든 것들이 포함되지 않아도 괜찮습니다. 후에 더 첨가하면 됩니다. 이 단계는 아이가 바꾸고 싶어 하는 것들을 다시금 일깨우는 과정입니다. 항목들이 떠오르면 이것들을 정말 힘든 것과 중간 정도로 힘든 것, 그다지 힘들지 않은 것 등으로 분류하게 됩니다. 비록 이 단계에서 필수적인 것은 아니지만, 자녀로 하여금 각 항목들에 걱정 점수를 매기게 하는 것도 좋은 방법이 되곤 합니다. 어쨌든 이 활동의 가장 중요한 점은 자녀가 불안 때문에 하지 못하는 것들을 가능한 많이 떠올려본다는 점입니다. 각각의 항목에 대한 걱정 점수 매기기는 불안의 정도를 가늠하는 데 도움이 될 것입니다.

아이가 불안을 이겨낼 수 없다고 생각하거나, 혹은 갑자기 자기는 아무 문제가 없다고 주장할 수도 있습니다. 불안한 아이들이 어려움을 부인하는 것은 드문 일이 아니며, 이는 일반적으로 자녀가 부모와 자신 모두에게 '완벽'하게 보이기를 원하기 때문에 그렇습니다. 만약 아이가 자신의 두려움을 인정하려고 하지 않더라도 야단치지 마십시오. 최근에 겪었던 한두 가지 어려웠던 상황을 먼저 제안하면서 시작하면 됩니다. 처음에는 낮은 수준의 두려움에 초점을 맞추고, 아이가 그것을 다룰 수 있게 되면 점점 더 어려운 상황을 다룰 것이라고 알려주십시오. 어떤 아이들은 특정 영역의 어려움(예를 들어 사회불안)은 피하고 다른 것들에만 초점을 맞추기도 합니다. 먼저 쉬운 영역으로부터 시작해서 나중에 보다 어려운 문제들을 다루게 될 것이라고 알려주십시오. 보다 쉬운 문제에서 성공함으로써 아이는 다른 문제에 도전할 자신감을 얻게 될 것입니다. 만약 아이가 여전히 자신의 어려움을 부인한다면, 다음과 같이 아이에게 부딪쳐볼 수 있습니다. "내 생각에는 네가 ○○를 조금 무서워하는 것 같은데, 그걸 여기다 적어볼까? 만약 아니라면 내 생각이 틀렸다는 것을 네가 보여주면 된단다." 마지막으로, 아주 어린 아이의 경우에는 항목을 생각해내는 것이 어려울 수 있습니다. 이 경우에는 부모님이 아이를 위해 목록의 대부분을 짜주셔도 좋습니다.

라쉬의 사례

라쉬는 걱정거리가 많았고 점점 더 심해졌으며, 이로 인해 온 가족이 곤란에 빠지게 되었습니다. 이에 라쉬와 엄마는 함께 걱정거리에 대한 목록표를 만들었습니다. 엄마는 조용한 시간을 골라 아이와 함께 걱정거리에 대해 이야기를 나누었습니다. 처음에 라쉬는 모든 것들이 고만고만하게 걱정된다고 생각했었는데, 엄마와 이야기를 나누면서 차차 걱정거리들을 몇 개의 그룹으로 분류할 수 있었습니다. 이처럼 정리하고 기록하다 보면 생각했던 것보다 불안을 다루기 쉽다는 것도 알 수 있습니다.

불안/걱정 목록표

정말로 하기 어려운 것들	밤에 보모와 함께 있기	9
	주사 맞기	10
	엄마가 집에 늦게 오거나, 늦게 데리러 오기	9
	도둑이 올까봐 걱정하기	10
	방에서 혼자 자기	8
하기 어려운 것들	학교 가기	6
	엄마와 병원 가기	5
	밤에 이상한 소리 듣기	7
	어두운 데 있기	6
	아빠 집에 머무르기	5
별로 걱정되지 않는 것들	집에서 혼자 다른 방에 있기	2
	방과 후에 친구네 집에 가기	4
	엄마와 함께 할아버지 댁에 가기	1
	오후에 아빠 집에 가기	2

이 목록표를 사용하면서 라쉬와 부모님은 어느 것부터 시작해야 할지 선택할 수 있었습니다. 라쉬의 불안은 다음과 같은 세 그룹으로 분류되었습니다. 1) 엄마와 떨어져 있기('엄마가 납치돼서 다시는 엄마를 볼 수 없을지도 몰라'), 2) 어둠 속에 있기('강도가 나를 죽일지도 몰라'), 3) 병원에 가기, 특히 주사 맞으러 가기('참기 어려울 정도로 많이 아플지도 몰라'). 라쉬와 엄마는 각 불안 유형에 하나씩 모두 세 개의 사다리를 만들었습니다.

부모용 활동 **자녀의 불안/걱정 목록 탐색하기**

이번 주에는 불안관리훈련의 일부로서, 여러분의 자녀가 불안/걱정 목록표를 만들게 됩니다. 따라서 이것을 하기 전에 여러분이 먼저 이 목록표에 적을 것을 생각해보는 것이 도움이 될 것입니다.

정말로 하기 어려운 것들	
하기 어려운 것들	

별로 걱정되지 않는 것들	

이러한 두려움들을 어떻게 분류할 수 있을까요? 즉 자녀가 두려워하는 상황들 간에 공통 주제가 있나요? 혹은 어떤 상황들에서 동일한 나쁜 결과를 예측하나요?

_____

_____

_____

_____

3단계: 단계적인 계획 세우기

불안/걱정 목록표에 가능한 한 많은 항목들을 기록했다면, 다음 단계는 그 항목들을 실제적인 계획으로 조직하는 것입니다. 이 단계의 목표는 하나 이상의 사다리, 즉 가장 쉬운 것부터 가장 어려운 것까지 여러 단계를 포함하도록 실용적이고 조직화된 두려움 목록을 만드는 것입니다. 이것을 완벽하게 하기 위해 지나치게 매달릴 필요는 없습니다. 일반적으로 쉬운 것을 먼저 시도하고 어려운 것을 나중에 시도한다면 잘 작동하게 될 것입니다.

어떤 불안/걱정 항목들은 그 자체만으로도 하나의 작은 단계를 구성할 수 있습니다. 예를 들어 라쉬의 목록표에서 '엄마와 함께 할아버지 댁에 가기' 항목은 가장 낮은 수준의 불안에 해당되며, 거의 어려움 없이 수행 가능한 것입니다. 한편 어떤 항목들은 보다 넓고 큰 개념을 포함합니다. 예를 들어 목록표에서 '어두운 데 있기' 항목은 매우 애매하고 넓은 개념인데, 그 것은 라쉬가 느끼는 공포의 수준이 집에 있는지 아니면 밖에 있는지, 어느 방에 있는지, 몇 시인지, 얼마나 어두운지 등에 따라 달라지기 때문입니다. 실제적이고 수행 가능한 항목들은 그대로 사용하면 되지만, 애매한 항목들은 훨씬 더 구체적으로 다시 써봐야 합니다. 즉 애매한 항목은 여러 단계로 나누어놓아야 합니다. 예를 들면 '어두운 곳에 있기' 항목은 다음과 같은 구체적인 항목들로 나눌 수 있을 것입니다. '불을 희미하게 켠 채 자기 방에 있기', '이른 아침에 불 끄고 자기 방에 있기', '밤늦게 불 끄고 자기 방에 있기', '불을 끈 채로 부모님과 멀리 떨어진 방에 있기', '불을 끄고 집 현관문 앞에 서 있기', '불을 끄고 정원에 서 있기'.

이처럼 구체적이고 실제적인 과제들로 목록을 작성하고 나면, 여러분의 자녀는 이것들을 가장 쉬운 것부터 가장 어려운 것까지 난이도에 따라 배열할 수 있을 것입니다. 앞에서 언급했듯이, 완벽할 필요는 없습니다. 대략 방향만 잡으면 됩니다. 일단 이렇게 정리되면 여러분과 여러분의 자녀는 사다리의 첫 번째 단계를 정하게 될 것입니다.

만약 아이가 여러 종류의 두려움을 가지고 있다면 여러 개의 사다리가 만들어질 것입니다. 각 사다리에는 서로 논리적으로 연결되거나 비슷한 불안 예측을 지닌 항목들이 포함될 것입니다. 예를 들어 부모님과 떨어져 있기 위한 사다리와 사람들과 어울리기 위한 사다리, 그리고 어두운 곳에서 잠자기 위한 사다리 등 여러 개의 사다리를 만들 수 있습니다.

사다리를 만들면서 각각의 단계들이 그리 멀리 떨어져 있지 않다는 확신을 가질 수 있어야 합니다. 궁극적인 목표는 아이가 사다리의 첫 단계에서부터 시작해서 각 단계마다 비교적 편안해지도록 연습한 후, 다음 단계로 나아가는 것입니다. 만약 각 단계의 간격이 너무 커서, 즉 다음 단계로 가기 위해서 점프하듯이 도약해야 한다면 아이는 자신감을 잃고 실패할 수도 있습니다.

목표에 도달하기 위해 보다 작은 단계들을 만들어내는 가장 좋은 방법은 아이가 어떤 상황에서 겪을 수 있는 다양한 가능성에 대해 생각해보게 하는 것입니다. 예를 들어 낯선 사람이 길을 물어보는 상황은 여러 수준의 불안을 야기할 수 있습니다. 길을 물어보는 사람이 남자 또는 여자일 수도 있고, 나이 든 사람이거나 젊은 사람일 수 있으며, 또한 혼자 물어볼 수도 있고 여러 명이 함께 물어볼 수도 있습니다. 이런 변수 각각은 부끄러움을 타는 아이에게 매우 다양한 수준의 불안을 일으킬 것이며, 또한 아이들마다 다를 것입니다. 이렇듯 가능한 변형에 대해 브레인스토밍을 하다 보면 사다리에 배치할 만한 많은 단계들을 생성할 수 있습니다.

사다리를 만드는 데 고려해야 할 또 하나 중요한 점은 실행 가능한 항목들을 선택해야 한다는 점입니다. 결국 아이는 목록표에 있는 모든 항목들을 해야 할 것입니다. 그러므로 목록표를 보고 잘못됐거나 쉽게 할 수 없는 항목들은 빼십시오. 고소공포증을 없애기 위해서는 에베레스트산 정상에 올라가는 것이 도움은 되겠지만, 그런 일은 실제로 불가능합니다.

다음에 제시할 아이의 활동에 나타난 사다리에는 10단계 정도가 제시되어 있지만, 단계들은 이보다 더 많거나 적을 수 있습니다. 단계의 수가 정해져 있는 것은 아니며, 각 단계마다 연습할 기회를 충분히 갖는 것이 중요합니다. 서너 개의 큰 단계보다는 여러 개의 작은 단계가 학습을 강화하는 데보다 효과적입니다. 단계 간의 간격이 너무 벌어져 있거나 항목 간 어려움의 정도 차이가 심한 것은 피해야 합니다. 각 단계에 필요한 시간과 장소, 성취되어야 할 것 등을 분명하게 볼 수 있어야 합니다. 자녀에게 연습의 기회를 많이 주기 위해서 일상생활의 활동이나 경험을 활용하십시오. 부모님의 특별한 노력을 요하는 지나치게 복잡하거나 어려운 과제는 비록 좋은 의도가 있더라도 사실상 실행하기 어려울 것입니다.

라쉬의 사례

라쉬와 엄마는 두려워하는 상황 몇 개를 나열할 수 있었는데, 거기에는 다른 사람 집에서 잠자기, 어두운 곳에서 혼자 자기, 엄마가 외출할 때 보모와 함께 있기, 학교에 가기 등이 포함되어 있습니다. 라쉬와 엄마는 아이의 걱정을 보다 쉽게 조직화하기 위해서 여러 영역들 각각에 대해 사다리를 만들기로 했습니다. 이제 엄마가 외출할 때 집에 있는 것을 배우기 위한 라쉬의 사다리를 일부 보여드리겠습니다.

라쉬의 목표: 밤에 보모와 함께 집에 있기

라쉬의 불안한 예측: "엄마가 나하고 떨어져 있으면 다치거나 죽을 수도 있고, 다시는 엄마를 못 보게 될지도 몰라."

1. 엄마가 안 계시는 10분 동안 아빠와 함께 집에 있기
2. 엄마가 안 계시는 30분 동안 할머니와 함께 집에 있기
3. 엄마가 안 계시는 오후 동안 아빠와 함께 집에 있기
4. 거의 하루 종일 엄마 없이 할머니와 집에 있기
5. 엄마가 안 계시는 오후 동안 보모와 함께 집에 있기
6. 거의 하루 종일 엄마 없이 보모와 집에 있기
7. 저녁 몇 시간 동안 엄마 없이 아빠와 집에 있기
8. 밤늦게까지 엄마 없이 할머니와 함께 집에 있기

9. 저녁 몇 시간 동안 엄마 없이 보모와 함께 집에 있기

10. 밤늦게까지 엄마 없이 보모와 함께 집에 있기

조지의 사례

조지는 부끄러움 때문에 완벽주의 성향까지 갖게 되었으며, 남들이 어떻게 생각할까 걱정하여 실수를 하지 않으려고 애쓰게 되었습니다. 그 결과 자신이 한 말이나 행동이 잘못되었는지 항상 걱정하면서, 말이나 행동을 올바로 하기 위해 언제나 여러 차례 반복하곤 했습니다. 다음은 조지의 이 문제를 극복하려고 만든 사다리의 일부입니다.

조지의 목표: 학교에서 실수하는 것에 대해 신경 쓰지 않기

조지의 불안한 예측: "실수하면 사람들이 나를 바보로 생각하거나 나한테 화낼 거야."

1. 친한 친구인 마크의 이름을 의도적으로 잘못 부르기

2. 학교 가기 전에 머리를 빗지 않기

3. 공책에 지저분한 선을 긋고 그대로 두기

4. 작문을 내기 전에 검토하지 않기

5. 과학 프로젝트에서 일부러 실수하기

6. 일부러 맞춤법을 틀리게 써서 작문을 제출하기

7. 100% 확신하지 못해도 질문에 대답하기

8. 고의로 책을 사흘 늦게 반납하기

9. 학급에서 일부러 틀리게 대답하기

10. 제대로 숙제하지 않기

조지는 매우 수줍어합니다. 그래서 그의 가장 심각한 두려움 중 하나는 사람들 앞에서 말하는 것입니다. 다음에 나오는 사다리는 이 문제를 공략하기 위해서 만들어진 것입니다. 조지는 다른 사다리를 마친 후에야 이 사다리에 도전했는데, 그것은 이 문제가 그리 중요한 목표가 아니었기 때문일 수도 있고, 또는 다른 목표에 비해서 이 문제가 더 어려운 주제였기 때문일 수도 있습니다.

조지의 목표: 학급에서 발표하기

조지의 불안한 예측: "말을 잘 못하면 사람들이 나를 비웃고 나를 어리석다고 생각할 거야."

1. 짧은 발표를 준비하고 혼자 연습하면서 녹음하기
2. 부모님에게 짧은 이야기 하기
3. 같은 이야기를 다시 한번 부모님 앞에서 하면서 일부러 약간 잊어버리는 실수 하기
4. 같은 이야기를 할아버지나 할머니 앞에서 하면서 단어를 잘못 발음하기
5. 이모 앞에서 이야기하면서 고의로 공책을 떨어뜨리기
6. 친구들이나 가족 앞에서 이야기하기
7. 친구들이나 가족 앞에서 좀 더 길게 이야기하기
8. 학급에서 선생님께 질문하기
9. 수업 시간에 큰 소리로 읽으면서 단어를 잘못 발음하기
10. 학급 전체를 대상으로 2분짜리 보고서를 발표하기

11. 학교 전체를 대상으로 발표하기

탈리아의 사례

탈리아는 물에 대한 두려움 때문에 수영장 파티나 여름 휴가와 같이 재미있는 것들을 즐길 수 없습니다.

탈리아의 목표: 친구들과 바다에서 수영하기

탈리아의 불안한 예측: "물에 빠질지도 몰라."

1. 동네 수영장에 가서 할 수 있는 지점까지 수영해서 건너가기
2. 동네 수영장에 가서 아빠가 옆에 있는 상태에서 조금 깊은 곳에서 수영하기
3. 동네 수영장에서 혼자 깊은 데서 수영하기
4. 보호를 받을 수 있는 바닷가에 가서 수영하기
5. 잔잔한 날 바닷가에 가서 아빠와 함께 수영하기
6. 잔잔한 날 바닷가에 가서 어깨높이의 물속에서 혼자 수영하기
7. 날씨가 약간 안 좋은 날 바닷가에 가서 아빠와 함께 수영하기
8. 날씨가 약간 안 좋은 날 바닷가에 가서 어깨높이의 물속에서 혼자 수영하기
9. 잔잔한 날 바닷가에 가서 어느 정도 수영해 나간 다음 튜브를 타고 돌아오기
10. 날씨가 약간 안 좋은 날 바닷가에 가서 어느 정도 수영해 나간 다음 튜브를 타고 돌아오기

제시의 사례

제시는 학교에 친한 친구 두 명이 있지만, 그 아이들이 없을 때 다른 친구들과 어울리는 것을 두려워합니다. 제시는 이것을 늘 걱정하기 때문에 다른 아이들과 어울리는 활동에 참여하지 못하곤 합니다.

제시의 목표: 친한 친구인 샐리와 애니 말고, 다른 친구들과도 어울리기

제시의 불안한 예측: "다른 아이들은 나를 좋아하지 않고 나와 함께 있고 싶어 하지 않을 거야."

1. 질을 불러서 숙제에 대해 물어보기
2. 학교 시작하기 전에 운동장에서 매들린에게 물어보기
3. 질과 매들린에게 샐리와 애니와 함께 농구 게임 하자고 얘기하기
4. 샐리와 질에게 좋아하는 활동이나 방학 계획에 대해 이야기하기
5. 매들린을 금요일 저녁 식사에 초대하기
6. 점심 먹을 때 질과 함께 앉아서 질에게 샐리와 애니와 함께 놀자고 얘기하기
7. 학교 끝나고 매들린 집에 가서 매들린이 집에 있는지 확인해보기
8. 쇼핑몰에서 질과 샐리와 함께 점심 먹기 위해 약속 정하기
9. 매들린, 질, 샐리, 그리고 애니를 초대해서 영화 보러 가기
10. 샐리와 애니가 없는 파티에 가기
11. 다른 사람의 집에 초대받는 것에 응하기
12. 매들린과 질에게 집에서 함께 자자고 초대하기

톰의 사례

톰은 아직 나이가 어리기 때문에 엄마가 대부분의 사다리를 만들어주었고, 단계들 역시 매우 작게 나누어 천천히 진행하였습니다. 다음은 톰이 다른 사람에게 말 걸기 시작하는 사다리의 첫 부분입니다.

톰의 목표: 다른 아이들이나 가족 이외의 어른들과 대화하기

참고: 톰은 아직 나이가 어려서 다른 사람들에게 이야기할 때 자신이 걱정하는 것을 엄마에게 제대로 말할 수 없었습니다. 하지만 톰의 말과 행동으로부터 엄마는 톰의 불안한 예측을 충분히 추측할 수 있었습니다. "다른 사람에게 말할 때 내 목소리가 이상하게 들려서 사람들이 나를 비웃을지도 몰라."

1. 집에서 자스민 아줌마의 질문에 예/아니오로 답하기
2. 집에서 썬 아저씨의 질문에 예/아니오로 답하기
3. 어린이집 선생님에게 아침 인사 하기
4. 어린이집에서 다른 아이의 질문에 답하기(교사가 모니터하기)
5. 어린이집에서 일어난 일 한 가지를 자스민 이모에게 말하기
6. 어린이집에서 선생님에게 화장실에 가고 싶다고 말하기
7. 어린이집에서 일어난 일 한 가지를 썬 아저씨에게 말하기
8. 아래층 이웃에게 아침 인사 하기
9. 익살스러운 목소리로 사람들에게 아침 인사 하기

다음 장에서는 몇몇 다른 종류의 사다리에 대해 다룰 것입니다. 이것들은 만들기가 약간 더 까다로운데, 예를 들어 늘 같은 옷만 입으려 한다든

지 손을 너무 자주 씻는다든지 등과 같이, 걱정을 줄이기 위해 특정한 행동을 하는 경우에 도움을 주려는 것입니다. 만약 여러분의 자녀가 가지고 있는 두려움이 이런 종류일 뿐이라면, 여러분은 지금 바로 다음 장으로 가서 읽어보고 싶을 수 있습니다. 하지만 여러분이 만들려는 첫 번째 사다리는 자녀가 직접적으로 활동을 회피하고 있는 구체적인 두려움에 관한 것이 더 좋습니다. 왜냐하면 이러한 구체적인 두려움에 대한 사다리는 만들기도 쉽고 자녀가 이해하기도 쉽기 때문입니다.

부모용 활동 자녀의 사다리 만들기

여러분은 자녀와 함께 사다리를 만들겠지만, 가능한 사다리와 단계들에 어떤 것들이 있을지 미리 생각해보는 게 도움이 됩니다. 불안/걱정 목록표에 기초하여, 얼마나 많은 사다리가 여러분의 자녀에게 필요할 거라고 생각하시나요? 자녀와 함께 사다리를 만들기 전에 먼저 생각해보시기 바랍니다. 사다리 각각에 대하여 가능한 단계들을 나열해보세요. 단 궁극적으로는 여러분의 자녀가 사다리에 들어갈 단계들과 그 순서에 대해 결정권을 가지고 있어야 한다는 점을 잊지 마십시오.

여러분의 자녀에게 필요한 사다리는 몇 개입니까? _____

사다리에는 모두 동일한 걱정과 관련된 다양한 상황이 포함되어 있음을 기억하십시오.

사다리 1 가능한 목표 _____

사다리 1 걱정스러운 생각 _____

가능한 단계를 브레인스토밍 하기

사다리 2 가능한 목표 _____

사다리 2 걱정스러운 생각 _____

가능한 단계를 브레인스토밍 하기

더 많은 단계를 만드는 방법:

- 동일한 두려움을 수반하거나 동일한 불안한 예측에 의해 유발되는 각기 다른 상황이나 과제들을 찾기(예: 저녁 식사 때 친척과 이야기하는 것과 학급에서 발표를 하는 것은 둘 다 동일한 불안한 예측-*"어리석은 말을 하면 사람들이 나를 비웃을 거야"*-에 의해 유발될 수 있습니다. 그래서 이들은 같은 사다리에 들어갈 수 있습니다.)

- 한 단계를 수행하는 동안 그곳에 있게 되는 사람들의 수와 연령, 성별 또는 친숙함에 변화를 줘보기(예: 6학년 어린이와 놀이터에서 시간을 보내는 것과 4학년 급우와 놀이터에서 시간을 보내는 것, 반에서 아는 친구에게 인사하는 것과 학교에서 모르는 아이에게 인사하는 것)

- 과제를 수행하는 위치나 장소에 따라 변경하기(예: 편의점에서 도움을 요청하기와 쇼핑몰에 있는 고객 서비스 센터에서 도움을 요청하기)

- 어떤 상황에서 보내는 시간의 양을 변경하기(예: 방과 후 교실에서 30분 동안 머무는 것과 방과 후 교실에서 오후 내내 머무는 것)

- 어떤 행사에 가기 전에 준비할 시간을 변경하기(예: 주말에 일어날 일을 수요일에 듣는 것과 주말에 일어날 일을 토요일 아침에 듣는 것)

4단계: 보상과 동기부여

아이들에게 사다리 기법의 수행을 강요하는 것은 마취 없이 이를 뽑으라는 것과 같습니다. 이처럼 사다리 과제의 수행은 아이들에게 어려운 작업이며, 어떤 단계들은 매우 위협적일 수 있습니다. 각각의 작은 단계들로 구성된 좋은 사다리를 만든다면 두려움을 감소시킬 수 있지만, 그렇다고 완전히 없앨 수는 없습니다. 여러분의 자녀는 두려움을 극복하기 위해 두려움에 맞서야만 할 것입니다.

사람들은 어렵거나 불쾌한 일을 해야 할 때면 누구나 격려를 필요로 합니다. 여러분은 성인이기 때문에 불쾌한 일들의 가치를 알 수 있습니다. 만약 고통스러운 수술을 참아내야 한다면, 그 수술이 결국 여러분에게 도움이 된다고 생각하기 때문에 응당 수술을 받을 것입니다. 그러나 아이들은 자신에게 무엇이 이로운지 잘 알지 못합니다. 아이와 성인의 가장 큰 차이점 중 하나는, 아이들은 미래와 시간의 개념에 대해 잘 알지 못한다는 사실입니다. 아이들에게 "나중에 너에게 도움이 되니까 지금 이 고통을 참아야 한다"라고 말하는 것은 어른한테 말할 때와 같은 의미로 이해될 수 없습니다.

이런 이유로 사다리 기법에서 정말로 중요한 부분은 아이가 성공적으로 하나의 단계를 완수할 때마다 보상해주는 것입니다(그리고 성공하지 못하더라도 아이가 단계들을 계속 시도할 때 그 노력에 대해 보상해주는 것입니다). 매 단계를 마친 뒤에 주어지는 보상은 두려움에 직면할 때의 불쾌함을 긍정적 경험으로 상쇄시켜주기 때문에 아이의 동기를 높일 것입니다.

때로 아이에게 보상을 주어야 할 필요를 느끼지 못하는 부모님들도 있습니다. 다른 아이들은 아무 문제 없이 할 수 있는 일인데, 왜 굳이 보상이 필요하냐는 말입니다. 하지만 모든 아이들이 같지는 않습니다. 어떤 이유에서건 여러분의 불안한 자녀는 이런 일들을 쉽게 생각하지 않습니다. 비록 다른 아이들은 쉽게 생각하더라도 말입니다. 부모님께서도 만약 전국으로 방송되는 TV프로그램에 나가서 노래를 부른다거나, 또는 독사들이 우글거리는 동굴 속에 들어갈 수밖에 없도록 강요받는다고 상상해보십시오. 부모님이 그러한 상황에서 느끼는 공포는 여러분이 자녀에게 맞서야 한다고 요구하는 공포보다 크다고 단정할 수 없습니다. 여러분의 자녀가 두려움을 극복하기 위해 필요한 일을 하는 것이기는 하지만, 이는 결코 쉬운 일이 아닙니다. 보상을 제공하는 것은 아이를 동기화시킬 수 있는 유일한 방법이며, 또한 아이가 하고 있는 일에 대해서 여러분이 느끼는 자랑스러움을 표현하는 방법도 됩니다. 보상은 뇌물이 아닙니다. 뇌물은 다른 사람이 나에게 이익이 되는 일을 하도록 하기 위해 그에게 무엇인가를 주는 것입니다. 이와 달리 보상은 궁극적으로 아이가 자신에게 도움이 되는 일을 하도록 격려하기 위한 순수한 하나의 동기 유발 요인인 것입니다. 또한 보상은 아이의 행동에 대한 부모의 기쁨과 인정을 나타내는 표시가 됩니다.

불안한 자녀를 양육할 때 어떻게 보상해주어야 하는지에 대해 4장에서 중요한 점들을 모두 다루었기 때문에 여기서 다시 언급하지 않겠지만, 여러분이 그 부분을 다시 읽어보기를 바랍니다. 기억해야 할 몇 가지 중요한 사항들을 여기에 제시하겠습니다.

- 보상은 금전적일 필요는 없으나, 재미있는 활동을 포함하고 있어야 한다.
- 보상은 클 필요는 없지만, 아이와 관련된 것일 필요가 있다.
- 보상은 그 단계의 어려움에 적합한 정도여야 한다.
- 보상은 가능한 한 아이가 동의한 것을 완수한 직후에 주어져야 한다.
- 부모는 일관성이 있어야 한다-아이가 일을 해냈으면 보상을 준다. 하지만 그 단계를 시도하지 않았다면 보상을 주지 않는다.
- 아이가 겁을 먹었건 아니건 간에, 그 단계를 실행했다는 점에 대해서 보상을 준다.

5단계: 사다리 기법을 실행하기

지금까지 아이가 무서워하는 상황들을 살펴보고, 이런 상황들을 하나 혹은 여러 개의 사다리로 구성했으며, 사다리의 처음 몇 단계를 위한 보상들을 결정했습니다. 이제 여러분의 자녀는 두려움에 맞설 준비가 된 것입니다.

사다리를 시작하기 위해서 아이는 하나 혹은 두 개의 사다리에서 첫 번째 단계를 선택할 것입니다. 여러분과 자녀는 첫 번째 단계를 시도할 날짜와 시간을 정할 것입니다. 이것을 얼마나 자녀의 통제에 맡기느냐는 자녀의 나이, 단계의 유형 및 프로그램에서 여러분이 어디까지 진도를 나갔는지에 따라 다릅니다. 좀 더 나이 든 자녀라면, 그저 '이번 주 언젠가' 단계를 수행해야 한다고 간단히 결정할 수 있습니다. 그러나 어린 자녀의 경우에는 정확한 날짜와 시간을 정해야 할 수도 있고, 부모님이 함께 있어야 할 수도 있습니다. 프로그램의 초반일수록 보다 구체적이고 분명하게 날짜와 시간을 정하는 것이 좋으며, 자녀의 자신감이 늘어감에 따라 나중에는 자녀에게 좀 더 많은 통제권을 줄 수 있습니다. 그러나 통제와 시기는 대부분 단계의 종류에 따라 달라집니다. 일부 단계는 특정 시간에 설정해야 하는 반면(예: 여러분이 외출하고 아이를 보모에게 맡기는 단계인 경우), 다른 단계는 보다 유연하게 수행할 수 있습니다(예: 전화로 정보를 물어볼 때 아이로 하여금 결정하도록 하기). 또한 일부 과제는 '예기치 않게' 상황이 발생하도록 설정해야 합니다(예: 이웃에게 예고 없이 집에 들러달라고 요청하고, 누군가 노크하면 문을 열어 나가기). 어쨌든 아이들이 할 일을 다 마쳤을 때는 보상을 주는 것을 잊지 마십시오.

아이들이 사다리로부터 보다 많은 것을 얻을 수 있도록 하기 위해서는 아이들이 계속해서 주별 계획과 자신이 한 모든 수행을 기록해야 합니다('아동용 연습 과제 4: 두려움과 맞섬으로써 두려움과 싸우기' 참조). 이 기록표는 과제를 꼭 하도록 해줄 것이며, 아이가 언제 게을러졌는지 알 수 있게 해줍니다. 또한 아이의 동기가 떨어졌을 때 그간의 성취를 되돌아볼 수 있는 기록을 제공해줄 것이며, 불안을 다루기 위해 어떤 전략을 사용할지에 대해 생각하도록 격려해줄 것입니다. 그리하여 여러분 자녀의 진행 과정을 쭉 점검하게 함으로써 성공했던 것과 어려운 점을 검토해볼 수 있게 도와줄 것입니다.

기억해야 할 것들

사다리 프로그램을 효과적으로 수행하려면 '불안한 예측'에 도전하고, 현실적인 목표를 세우고, 프로그램 중에 일어나는 모든 진행사항과 변화에 대해 민감해야 하며, 단계들을 계속해서 반복해줘야 합니다. 또한 이 과정에서 아이가 실제로 시도하거나 성공할 때 보상을 해줘야 합니다.

불안한 예측에 도전하기

- 자녀의 불안한 예측, 즉 아이가 예상하는 위험의 유형이나 '나쁜 결과'들을 부모님이 알아맞혀보십시오.
- 그런 다음 자녀가 그러한 예측에 도전하거나 시험해볼 수 있는 다양한 방법을 브레인스토밍 합니다.

현실적인 목표 선택하기

- 자녀의 발달수준과 능력에 적합하고 성취 가능한 목표들을 선택하십시오. 수줍음을 타는 아이가 단번에 그 학급에서 가장 무난하고 인기 있는 사람이 될 수는 없겠지만, 수업 시간에 발표하고 친구들과 잘 지내며 선생님과 이야기할 수 있게 되는 것을 목표로 삼을 수는 있습니다.
- 여러분의 자녀가 불안으로부터 완전히 자유롭게 될 필요는 없습니다. 어느 정도의 불안은 정상적이며, 어떤 상황에서는 지극히 현실적인 반

응입니다. 심지어 적당한 불안은 작업을 더 잘 수행하도록 도와주기도 합니다. 이 프로그램의 목적은 과도한 불안을 감소시키는 데 있습니다. 실제로 어느 정도의 불안은 견딜 수 있고, 또 다소 불안하더라도 계속해서 그냥 하면 된다는 것을 아이들이 배울 필요가 있습니다.

- 마지막으로, 불안은 실제 위험으로부터 사람들을 보호하기 위한 자연스럽고 정상적인 감정임을 기억하십시오. 이 프로그램은 과도하고 비현실적인 불안을 줄이는 데 중점을 둡니다. 이 말은 매우 현실적일 수 있는 두려움 때문에 사다리를 개발하려고 시도할 필요는 없다는 뜻입니다. 예를 들어, 아이로 하여금 위험한 것을 가지고 놀게 하거나 혹은 자신의 능력을 넘어서는 깊은 물에서 수영하도록 일부러 격려할 필요는 없습니다.

어려움이 생길 때 사다리를 조정해서 대응하기

- 부모님은 자녀의 진행 상황을 점검해서 이에 맞게 단계를 조정해야 합니다. 만약 자녀가 다음 단계로 나아가기를 꺼린다면, 해당 단계들 사이에 새로운 항목을 끼워 넣어야 할 필요도 있습니다. 때로는 다른 사람을 추가하거나 작업을 시행하는 위계를 바꾸는 식으로 변경할 수도 있습니다. 추가적인 아이디어는 '사다리 기법을 하면서 부딪치는 문제들을 해결하기'에 관한 7장에서 논의됩니다.

- 단계가 너무 빠르게 진행된다면 이는 각 단계들이 그다지 어렵지 않다는 것을 의미합니다. 어떤 아이들은 상황 자체가 그렇게 나쁘지 않다는 것을 배우지 못하고 그저 '웃고 견딜' 만한 상황이라고 여기는데 이는 일종의 회피일 수 있습니다. 각 단계가 끝날 때마다 자녀와 대화하고 상황에 대한 자녀의 태도를 알아내야 합니다. 사다리 기법은 결

국 "그냥 버티면 이겨낼 수 있을 거야" 대신 "내가 그토록 걱정했던 '나쁜 결과'는 일어나지 않아" 또는 "나는 감당해낼 수 있어"와 같은 자세를 갖게 해줍니다. 다시 말해, 자녀로 하여금 이들이 지니고 있는 불안을 예측하는 근본적인 태도를 바꾸도록 돕는 것이 핵심입니다.

- 처음 시도할 때 어려움이 생기거나 생각대로 잘 안 된다면, 자녀로 하여금 꾸준히 지속하게 하거나 실패가 재앙이 아니라는 것을 배우게 할 가치 있는 기회가 될 것입니다. 또한 다음에는 어떻게 달리 행동해야 할지에 대해 생각해보게 할 좋은 기회이기도 합니다. 자녀가 시도했는데 성공하지 못했다 하더라도, 여러분은 자녀의 노력에 대해 보상을 제공해야 합니다. 항상 모든 것이 완벽할 필요는 없다는 점을 자녀에게 상기시키십시오.

반복은 성공으로 이끄는 열쇠입니다

- 프로그램에서 최선의 성과를 얻고 그 효과를 오래 지속하려면, 자녀가 자신감을 가질 때까지 단계들을 반복해서 연습해야 한다는 것을 기억하십시오. 만약 여러분의 자녀가 어떤 단계를 충분히 연습했다면, "이 단계는 이제 지겨워"와 같이 말할 것이며, 언제라도 그 단계를 할 수 있다고 느낄 것이므로 여러분은 이를 알아차릴 수 있습니다.

- 단계들을 반복하는 것은 자녀로 하여금 더 많이 성공하게 하고, 두려움을 다루는 자신감을 보다 많이 느낄 수 있게 해줍니다. 여러분의 자녀는 아마도 이전에 실패와 같은 경험을 많이 했을 겁니다. 단계들을 여러 차례 시도하다 보면 그것을 할 수 있다는 마음을 갖게 되고, 이것은 이전에 가졌던 기대들을 극복하는 데 필수적이 될 것입니다.

- 동시에 단계의 '순서'에 너무 경직되어서는 안 됩니다. 아이에게 너무

어려운 단계를 억지로 시키지 않는 한, 사다리 단계들 중에서 어느 정도 뛰어넘는 것은 그리 나쁜 일이 아닙니다. 요점은 여러분의 자녀가 "예상했던 나쁜 결과가 나에게 일어나지 않을 것이 거의 확실하거나, 혹은 일어나더라도 나는 대처할 수 있다"를 배우는 것입니다. 따라서 장소, 시간, 사람 등을 변경하여 이들이 지니고 있는 불안한 예측을 시험해볼 수 있는 기회들을 자녀에게 제공하면 실제로 교훈을 얻는 데 도움이 될 것입니다.

노력과 성공에 대해 보상하기

- 사다리를 하는 동안 보상 프로그램을 일관성 있게 유지하십시오.
- 지속적으로 칭찬과 보상을 해주세요. 좌절에도 불구하고 불안해하는 아이들을 앞으로 계속해서 나아가도록 격려하기 위해서는 아이들의 노력을 강화해줄 필요가 있습니다.
- 진전에 대해 보상하려는 좋은 뜻을 가지고 있음에도 이는 쉽게 간과될 수 있습니다. 보상 프로그램과 칭찬은 사다리의 모든 단계에서 계속되어야 합니다. 나이도 영향을 미칩니다. 어린아이들은 보다 오랫동안 더 많은 칭찬과 보상을 필요로 하며, 상대적으로 나이가 많은 아이들과 십대들은 보상과 칭찬이 적더라도 보다 독립적이고 자신감 있게 이 단계와 과정을 즐길 수 있을 것입니다.

여러분의 자녀가 첫 번째 사다리에 순응하기 시작하면, 또 다른 사다리를 시작하셔도 됩니다. 아이들은 보통 한 번에 두세 가지 사다리를 동시에 하곤 합니다.

자녀와 함께 하는 활동

아동용 활동 15 두려움에 맞섬으로써 두려움과 싸우기

불안은 종종 우리가 선택한 일들을 바꾸거나 무언가를 시도하는 것을 훨씬 더 어렵게 만든다는 사실을 자녀에게 상기시켜주세요. 그런 다음 두려움은 직접 맞서기 전까지는 쉽게 사라지지 않는다는 사실을 자녀에게 말해주세요.

이사 간 친한 친구가 몰리를 초대해서 높은 빌딩 꼭대기에 있는 식당에 가게 된 이야기를 들려주세요. 문제는 몰리가 높은 곳을 무서워한다는 점입니다. 먼저, 자녀에게 몰리가 무엇을 두려워할지 물어보세요. 몰리는 어떤 나쁜 일이 일어날 거라고 생각할까요?(예: 건물이 무너질지 몰라, 넘어질 거 같아, 현기증이 나고 기절할지 몰라.) 다음으로는 몰리가 자신의 잘못된 기대가 정말 사실인지 확인하는 방법에 대한 아이디어를 생각해내도록 자녀에게 요청하세요. 몰리가 점점 더 높은 곳으로 천천히 가도록 하여 결국에는 자기가 예상했던 나쁜 일(예: 건물이 무너질 것)이 일어나지 않는다는 것을 스스로에게 증명함으로써 두려움을 이겨내는 아이디어를 자녀가 생각해내도록 격려하십시오. 자녀가 두려움에 맞서기 위해 적은 양의 두려움에 직면함으로써 자신의 불안한 예측을 확인해보는 기본 개념을 잘 이해할 때까지 다른 사람의 문제를 해결하는 활동을 반복하십시오. 다음과 같은 문제를 사용할 수 있습니다.

- 제프는 공원이나 마당에 있는 거미가 자신을 물지 모르기 때문에 그곳에서 놀지 않습니다.
- 아드리아나는 어둠을 무서워하고 귀신이 있을지도 모른다고 생각하기 때문에 여전히 불을 켜놓고 잠을 잡니다.

자녀에게 부모의 도움으로 두려움에 직면하기 시작할 것이라고 설명해주세요. 어떤 아이들은 무엇을 시도해야 하는지, 그리고 얼마나 어려울지를 걱정할 것입니다. 여러분의 자녀와 얘기할 때 다음과 같은 점을 강조하십시오.

- 여러분은 자신의 사다리를 스스로 만들 수 있습니다. 모든 단계는 대화를 통해 조정이 가능하고, 여러분이 이미 거의 다 할 수 있을 때 시작하므로 그렇게 힘들지 않습니다. 보다 어려운 단계는 일단 여러분에게 자신감이 생기기 시작하면 그렇게 어렵게 느껴지지 않을 겁니다.
- 각각의 단계는 여러분이 그것을 하는 데 자신감이 들 때까지 몇 차례 반복하게 됩니다.
- 여러분이 단계에 오래 머무를수록, 그리고 단계를 더 많이 해볼수록 여러분의 불안은 줄어들 것입니다.
- 여러분은 사다리를 올라갈 때마다 보상받게 될 것입니다.

아동용 활동 16 불안/걱정 목록표 만들기

이전에 했던 것과 유사하게, 여러분의 자녀가 스스로 불안/걱정 목록표를 작성할 수 있게 도와주십시오. 시작하기 전에 이 장의 앞에서 언급되었던 라쉬의 사례를 읽어보는 것이, 어떤 두려움은 별로 무섭지 않을 수도 있고, 어떤 두려움은 매우 힘들 수도 있다는 것을 여러분의 자녀가 이해하는 데 도움이 될 것입니다.

아동용 활동 17 사다리 만들기

라쉬의 예에 이어서, 엄마와 떨어져 있는 것에 대한 라쉬의 두려움을 어떻게 사다리로 바꾸었는지를 자녀에게 보여주세요. 라쉬가 이 단계를 같이 계획하였고, 각 단계를 수행하면 보상을 주었으며, 한 상황에 대해 더 이상 걱정하지 않을 때까지 각 단계를 반복했고, 그 후에야 다음 단계로 넘어갈 수 있었다는 점을 강조하세요.

다음 단계에 따라 자녀가 첫 번째 사다리를 만들 수 있도록 도와주세요.

- 실용적인 목표를 설정하고 자녀가 예상하는 나쁜 결과(불안한 예측)가 무엇인지 생각해내기
- 걱정을 없애기 위해 생각할 수 있는 가능한 모든 단계들을 나열하기. 하루 중 시간이나 기간 또는 관련된 사람을 변경하거나, 동일하게 나쁜 결과를 걱정하는 다양한 상황들을 생각함으로써 많은 조치들을 취할 수 있음을 기억하십시오.
- 각 단계에 걱정 점수를 부여하기(꼭 필요한 것은 아니지만)
- 각 단계들의 걱정 점수가 너무 크게 차이 나지 않게 목록에서 단계들을 충분히 선택합니다.
- 가장 쉬운 단계부터 가장 어려운 단계까지 대략적인 순서에 따라 사다리를 만듭니다. 원하는 경우 세분된 사다리 단계가 아닌 쉬운 단계, 중간 단계, 어려운 단계 등 그룹으로 묶을 수도 있습니다.
- 각 단계마다 어떤 보상이 주어질지 이야기를 나눠보세요(작은 단계에는 작은 보상이, 더 어려운 단계에는 더 큰 보상이 주어집니다). 자녀가 이 부분에 참여하도록 하십시오. 그렇게 하면 자녀가 더 의욕을 갖게 될 것입니다.

자녀가 사다리를 마치면, 두려움에 직면하기 위해 첫 단계를 수행한 것에 대해 칭찬해주십시오.

아동용 연습 과제 4 두려움과 맞섬으로써 두려움과 싸우기

첫 번째 사다리(그리고 앞으로 만들 수 있는 모든 사다리)를 하려면, 매번 첫 번째 단계부터 시작하도록 노력해야 합니다. 사다리의 첫 번째 단계를 언제, 어디서, 어떻게 시도할지 이야기합니다. 두 번째 단계와 앞으로의 단계에 대한 잠정적인 계획도 세울 수 있

습니다. 일반적으로 자녀가 더 어려운 단계로 이동하기 전에 쉬운 단계에서 두려움이 어느 정도 줄어들어야 합니다.

하지만 앞서 말했듯이 너무 엄격할 필요는 없습니다. 아이와 함께 이러한 초기 계획을 세우고 일주일 동안 실천해보세요. 첫 단계는 아주 쉽게 하는 것이 좋습니다. 이렇게 하면 자녀가 성공하게 되어 보상을 받을 수 있으며, 이는 자신감을 키우고 동기부여를 하는 데 도움이 될 것입니다.

다음과 같은 제목이 있는 표-"어떤 단계를 수행할 것인가?", "언제 할 것인가?", "어떤 전략을 사용할 것인가?", "무엇을 배웠는가?", "어떤 보상을 받았는가?"-는 사다리의 진행 상황을 추적하는 데 매우 유용합니다. 이러한 제목 아래에는 각 단계가 완료되기 전과 후에 걱정 점수를 기록할 공간을 만들 수 있습니다. 이는 사다리를 수행하는 동안 자녀가 탐정처럼 생각하기와 같은 다른 불안관리기술을 사용하도록 상기시키기 위해 고안되었습니다. 계획을 적어놓은 후에는 계획된 시간에 단계별 연습을 시도해야 합니다. 자녀가 매일 한두 단계씩 시도하는 것이 이상적입니다(단, 자녀가 다음 단계로 넘어가기 전에 며칠 연속으로 같은 단계를 시도해야 할 수도 있습니다).

여러분의 자녀가 각 단계에서 계획을 세우고 기록하는 것에 덧붙여, 부모님들도 여러분이 경험하는 성공과 도전, 그리고 어려움을 기록하는 것이 도움이 됩니다. 이를 돕기 위해서 다음에 나오는 부모용 활동에 여러분이 사용할 표를 제시했습니다. 여러분의 자녀가 가지고 있는 어려움의 패턴을 알아내기 위해 이러한 양식을 사용할 수 있습니다. 이러한 패턴은 해결책을 찾는 데 도움이 됩니다. 또한 시간이 지남에 따라 자녀의 성공을 상기시키는 데 사용할 수도 있습니다.

부모용 활동 진행 상황 점검하기

합의된 단계를 시행하는 데 있어서 여러분의 진전과 자녀의 진전을 점검하는 것은 중요합니다. 성공과 도전, 그리고 어려움을 기록하기 위해 다음 표를 사용하십시오.

사다리 실행하기

어떤 단계를 시도했나?	어떤 문제를 만났나?	어떤 성공을 했나?

5장의 주요 내용

이 장에서 여러분과 자녀는 다음과 같은 것을 배웠습니다.

- 불안을 극복하기 위해서는 불안에 직면해야 합니다.

- 불안에 직면하는 가장 좋은 방법은 불안을 작은 단계로 나누는 것입니다. 이때 각 단계들은 점점 어렵게 만들면 됩니다.

- 사다리를 만들기 위해서 여러분은 다음과 같은 것들을 할 필요가 있습니다.

  - 실용적인 목표를 설정하고 자녀의 불안한 예측을 확인하십시오.

  - 걱정을 작은 단계로 나눌 수 있는 가능한 모든 방법을 열거하십시오(각 단계는 동일한 불안한 예측을 검증하도록 해야 합니다).

  - 각각의 단계에 걱정 점수를 매기십시오(이것은 종종 유용하기는 하지만, 그렇다고 필수는 아닙니다).

  - 실용적이고, 낮은 걱정 점수부터 높은 걱정 점수까지 포함하는 단계를 선택하십시오.

  - 쉬운 것부터 어려운 것까지 순서대로 단계를 적으십시오.

  - 각 단계마다 보상을 정하십시오.

  - 단계들은 과제의 종류, 등장하는 사람, 장소, 필요한 시간, 또는 단계를 마치기 전에 허락된 준비의 정도에 따라 달라질 수 있습니다.

  - 여러분이 언제 단계를 수행할 것인지 계획을 세우고, 성공과 여러

분이 직면한 어려움을 기록하는 것이 중요합니다.

자녀는 다음과 같은 것을 할 필요가 있습니다.

- 부모님이나 다른 어른의 도움을 받아 첫 번째 사다리를 만들기. 이는 나이에 따라 달라질 수 있습니다.

- 사다리의 첫 번째 단계 또는 처음 몇 단계를 여러 번 시도하기

- 단계를 시도할 때 불안을 줄이기 위한 전략으로 탐정처럼 생각하기를 사용하기(나이가 충분히 들었다면)

6

단축형 탐정처럼 생각하기와 사다리 기법의 창의적 적용

프로그램의 이 단계에서 여러분의 아이는 두려움에 맞서 직면함으로써 자신에게 도전해야 하고, 사다리의 위쪽으로 점점 더 올라가야 하며, 이러한 것들을 탐정처럼 생각하기와 결합시킬 수 있어야 합니다. 이 장에서 우리는 탐정처럼 생각하기를 보다 간단하게 하는 방법을 제시할 것입니다. 또한 사다리 기법을 사용할 때 불안을 통제하기 위해서 아이들이 시도하고 있지만 필요하지 않은 부분들은 어떻게 다루면 되는지 소개하려고 합니다. 일반적으로 나이가 아주 어린 자녀들에게는 탐정처럼 생각하기를 흔히 적용하지 않는 경우가 많지만 이에 비해 사다리 기법은 가장 확실히 사용할 수 있으므로, 이 장에서 여러분 자녀의 나이에 맞는 내용들을 잘 찾아보시기 바랍니다.

탐정처럼 생각하기를 쉽고 빠르게 하는 법

아이들이 탐정처럼 생각하기에 익숙해지면 자신이 걱정하는 것에 대해 탐정처럼 생각하기 활동지를 매번 전부 다 작성할 필요 없이 간단하게 하는 것이 도움이 될 수 있습니다. 새로운 걱정거리라든지 특별히 아주 고통스러운 걱정이라면 전체 과정(원래 양식대로 전부 완성하는 것)을 하는 것이 매우 중요합니다. 그러나 많은 경우 아이들이 걱정하는 것들은 대개 비슷한 것이 반복되어 나타날 겁니다. 일단 여러분의 자녀가 이전에 탐정처럼 생각하기를 성공적으로 했다면 이 경우에는 단순히 증거들을 떠올릴 수 있게끔 간단한 촉구신호(prompts)를 사용하는 단축형으로 바꿀 수 있습니다.

탐정처럼 생각하기를 할 때 사람들이 사용하는 많은 유형의 증거들(과거의 경험이나 대안적인 생각 등)이 있지만, 대부분 자신에게 잘 맞는 한두 가지 유형의 증거가 있음을 아시게 될 것입니다. 아이들은 또한 많은 상황에 사용될 수 있는 한두 가지 정도의 차분한 생각들도 가지고 있습니다.

어떤 생각과 질문이 자녀에게 가장 적절한지를 알아내는 것이 자녀로 하여금 탐정처럼 생각하기를 보다 신속히 사용할 수 있게 만드는 좋은 방법입니다. 일단 여러분의 자녀가 하나 혹은 두 개 정도의 질문과 좋은 생각을 발견했다면(즉, 단축형 탐정처럼 생각하기를 사용할 수 있다면), 불안해지기 시작할 때 어떻게 생각해야 하는지 그리고 스스로에게 어떤 질문을 해야 하는지를 쉽게 기억할 수 있도록 도움이 되는 질문이나 생각들을 작은 메모 카드(단서 카드)에 써서 참고하도록 하는 것이 필요합니다. 이러한 방법은 아이들이 불안한 감정을 혼자서도 쉽게 다룰 수 있도록 도와줄 것입니다.

탐정처럼 생각하기를 신속하게 이끌어낼 수 있는 질문과 생각의 몇 가지 예는 다음과 같습니다. 어떤 아이에게는 "지난번에는 무슨 일이 있었지?"라는 질문이 걱정스러운 생각을 차분한 생각으로 바꾸는 가장 좋은 방법이 될 수 있을 것입니다. 반면, 또 다른 아이에게는 과거 경험에 대한 질문은 일반적으로 잘 통하지 않는 대신, "또 다른 설명은 무엇이 있을까?"라는 질문이 좀 더 적합할 수 있습니다.

사람들 앞에서 얘기해야 할 때 "제니스(여기서 제니스는 특별히 자신감이 있는 친구입니다)는 어떤 생각을 할까?"라는 질문이 꽤 유용할 수 있습니다. 이러한 질문을 적은 작은 카드를 필통 속에 넣어두면, 아이가 교실에서 질문에 대답하기 직전에 참고할 수 있는 기억 회상 단서가 될 것입니다. 어떤 아이들은 자신의 슈퍼히어로가 그 상황에서 어떻게 생각할지 스스로에게 물어보는 것이 도움이 된다고 생각합니다. 카드의 반대쪽에는 "많은 아이들이 틀린 답을 하지만 그건 그다지 문제시되지 않아"와 같이 탐정처럼 생각한 것들을 적어놓을 수도 있습니다. 이처럼 단서 카드를 만듦으로써 불안한 느낌이 들 때 도움이 될 수 있는 두 종류의 촉구신호(단축형 탐정처럼 생각하기와 단서 카드)를 갖추게 됩니다. 여러분의 아이들이 여러분이나 다른 어른들의 도움 없이 이러한 촉구신호들을 사용할 수 있게 되는 것이 중요하며, 이러한 촉구신호들은 차분한 생각을 보다 빠르고 쉽게 떠올릴 수 있도록 하는 지름길이 될 수 있을 것입니다.

단서 카드는 걱정되는 생각에 일정한 패턴이 있고 동일한(또는 매우 유사한) 생각이나 증거가 거듭 발견되는 아이들에게 가장 적합합니다. 지름길 방법으로서 단서 카드의 사용은 자녀가 이미 여러 차례 탐정처럼 생각하기의 전체 과정을 해봄으로써 자신의 차분한 생각을 진정으로 믿게 되고 그러한 생각을 갖는 데 도움이 되는 증거들을 이해한 다음에야 잘 작동할 것입니다.

탐정처럼 생각하기 전체 과정을 하지는 않았지만, 걱정스러운 생각을 대체할 차분하거나 도움이 되는 생각을 만들거나 선택할 수 있었던 아이들도 차분한 생각을 갖기 위해 앞에 제시된 방법을 적용할 수 있습니다. 자녀에게 가장 도움이 되는 특히 중요하고 차분한 생각들이 몇 가지 있을 수 있습니다. 중요한 생각을 떠올리는 데 도움이 되도록 이러한 것들을 단서 카드에 기록해놓아야 합니다.

사다리를 창의적으로 만들어보기

사다리 기법의 사용은 두려움을 극복하고 걱정과 맞서는 데 있어서 필수적인 도구입니다. 어떤 두려움들은 매우 구체적이어서 일련의 단계들로 쉽게 나눌 수 있습니다. 예를 들어 개에 대한 두려움은 개의 크기나 개와의 거리, 그리고 개의 움직임 등을 변화시킴으로써 다룰 수 있습니다. 이와 유사하게 부모와 떨어지는 것에 대한 두려움은 떨어져 있는 시간, 하루 중 시간대, 돌봐주는 사람이 누구인지 등과 같은 구체적인 요인들을 변화시킴으로써 다룰 수 있습니다. 그러나 어떤 두려움들은 구체적인 것이 아니어서 여러 단계로 나누는 것이 매우 까다로우며, 그래서 단계들을 어떻게 다룰지를 파악하는 것이 어려울 수 있습니다. 이 절에서는 보다 복잡하고 명확하지 않은 두려움을 다루는 방식에 대해 살펴보겠습니다.

사다리를 성공적으로 만들기 위해 알아야 할 것들

명확하지 않은 두려움을 다루기 위한 사다리를 개발하는 첫 단계로 두려움의 근원을 보다 구체적으로 만들기 위해 스스로에게 물어볼 수 있는 두 가지 질문이 있습니다. 그것은 "아이가 실제로 두려워하는 것이 무엇인가?"와 "아이가 회피하고자 하는 것이 무엇인가?"입니다.

아이가 실제로 두려워하는 것이 무엇인가?

이 질문은 다소 어리석은 질문처럼 들릴 수 있지만, 다음 상황을 고려해보십시오. 비행기 타는 것을 두려워하는 친구가 있다고 가정해봅시다. '비행기 타는 것에 대한 두려움'이라는 말은 이 친구의 표현일 뿐입니다. 여러분이 만약 이 친구를 위해서 (불안의) 사다리를 만든다면, 비행기에 대한 책을 읽는 것부터 시작할 수 있을 것입니다. 그런 다음에 공항에 가보고, 서 있는 비행기에 타보고, 지상에서 움직이는 비행기에 타보고, 마지막으로 비행기를 타고 날아볼 수 있을 것입니다. 이러한 방식이 '비행기 타는 것에 대한 두려움'에 효과가 있을 수 있지만, 만약 효과가 없다면 여러분은 비행기 타는 것에 대한 두려움 외에 실제로는 다른 두려움이 포함되어 있을 수 있음을 고려해야만 합니다(실제 두려워하는 것이 무엇인지, 즉 앞에서 "불안한 예측"이라 칭한 것입니다). 비행하는 것을 두려워하는 어떤 사람들은 실제 비행하는 것 자체에 대해 두려움을 갖습니다. 즉 비행기가 충돌할 것에 대해 두려워합니다(예측). 그러나 또 다른 사람들은 좁은 좌석에 앉아 있는 것을 두려워할 수도 있으며, 이런 사람들은 실제 좁은 공간에 대해 두려움을 갖고 있습니다(그들은 질식하거나 혹은 공기가 부족할 것이라고 예측할 수 있습니다). 또 다른 사람들은 실제로 비행기가 매우 높게 난다는 사실에 두려움을 느끼기도 합니다(쓰러지거나 기절할 것이라고 예측할 수 있습니다).

따라서 여러분의 친구가 실제로 비행기가 높은 곳에 있다는 것에 두려움을 느낀다면, 비행기에 대한 책을 읽거나 땅 위에 있는 비행기를 타보는 것은 그다지 도움이 되지 않을 것입니다. 그 친구는 처음으로 비행기에 타서 이륙하게 되면 여전히 공포에 사로잡히게 될 것입니다. 왜냐하면 그 친구는 높이에 대한 자신의 실제 공포를 다룰 수 있는 점진적인 단계를 겪어보지 않았기 때문입니다. 따라서 사다리를 효과적으로 만들기 위해서는 당사자가 실제로 두려워하는 것이 무엇인지 알아야 합니다. 즉 그들이 예측하는 위험의 유형이나 '나쁜 결과'를 알아야만 합니다. 그렇지 않으면 많은 단계들을 실행하고도 별다른 효과를 얻지 못할 수도 있습니다.

아이들이 어떤 상황에서 무엇을 두려워하는지(예측하는지) 파악하는 것은 매우 중요하지만, 아이들이 자신의 예측이 무엇인지를 스스로 얘기할 수 없다면 이것 역시 어렵습니다. 어린아이들이나 말수가 적은 아이들에게는 특히 까다로울 수 있습니다. 때때로 아이들의 불안 수준을 높이는 원인을 발견할 때까지, 두려움의 원인이 될 수 있는 것들을 포함하는 각기 다른 단계들을 가지고 아이들에게 실험해볼 필요가 있습니다. 이 과정은 시행착오를 거치면서 알아보는 것으로, 이와 관련된 '요령'은 아이들에게 일련의 가설적인 질문들을 던져보는 것입니다. 즉 아이들에게 눈을 감도록 한 후 여러분이 묘사하려고 하는 상황에 실제 있다고 상상해보라고 요청하고, 아이들이 그 상황에서 얼마나 두려워할 것 같은지 얘기해보게 합니다. 그런 다음 어떠한 것들이 공포 수준에 차이를 가져오는지 알아보기 위해 여러 가지 방식으로 상황을 변화시켜봅니다. 위에서 예를 들었던 비행에 대한 두려움을 갖고 있는 친구의 상황에서, 여러분은 친구에게 비행기의 창가에 앉아 있거나 복도에 앉아 있는 것을 각각 상상해보라고 할 수 있습니다. 만약 친구가 충돌사고에 대한 두려움이 있다면 이러한 상상은 별 효과가 없겠지만, 좁은 장소에 대한 두려움이 있다면 창가에 끼어 앉아 있는 것을 상상하는 것을 복도 쪽에 앉아 있는 것을 상상하는 것보다 더 불안해할 것입니다. 이와 유사하게 창을 통해 밖을 보는 것이 앞 좌석을 보는 것보다 더 불안하다고 얘기한다면 이는 창을 통해 밖을 볼 때 비행기가 얼마나 높은 곳에 있는지 알게 되기 때문이며, 이는 곧 높은 장소에 대한 두려움이 있음을 의미하는 것입니다.

여러분의 아이들에게 어떤 질문을 할 것인가를 고려할 때 반드시 아이들의 눈높이에서 상황을 봐야 합니다. 아이들이 어떤 상황에 대해 이해하는 것은 여러분이 이해하는 것과 다를 수 있습니다. 예를 들어 아이에게 겨울 산의 하얀 눈을 처음으로 보여주기 위해 여행을 떠난다고 상상해보십시오. 아이들은 눈을 본 적이 없지만 여행을 좋아하기 때문에 매우 들떠 있을 겁니다. 그러나 산속으로 차를 몰고 올라갈 때 창밖을 바라보면서 불안해하기 시작합니다. 아이들은 급기야 울기 시작하며, 결국 차를 돌려 되돌아오게 됩니다. 여러분은 이전에 산악 지역에서 운전해본 경험이 있기 때문에 이런 지역에서 운전하는 것에 대한 두려움이 거의 없을 수 있겠지만, 아이들에게는 한 번도 경험해보지 못한 낯선 것들-높은 바위와 절벽, 바위가 떨어질 수 있다는 경고 표지판, 이상하게 보이는 옷과 장비들, 자동차 바퀴의 체인에서 들려오는 이상한 소음들, 여행 책자에서 보던 것같이 보이지 않는 눈-일 수 있습니다. 어른의 눈으로 보면 많은 것들이 예상할 수 있는 것이지만, 아이들에게는 위협이 될 수 있는 것들이 많이 있습니다. 아이들의 눈으로 세상을 보기 위해서 잠깐 짬을 내어보십시오. 이는 여러분의 아이가 직면해야 할 것이 무엇인지를 알아차리는 데 도움이 될 것입니다.

아이가 회피하고자 하는 것이 무엇인가?

자녀가 두려워하는 것이 무엇인지 파악했다면, 한 걸음 더 나아가 그 두려움 때문에 자녀가 피하고자 하는 것이 무엇인지 파악해야 합니다. 아이가 주로 다음과 같은 것을 걱정하는 경우 특히 어려울 수 있습니다. 걱정이 많은 아이는 자기가 모르는 상황에 처하는 것을 회피하기 위해 가능한 많은 질문을 함으로써 그 상황이 더 이상 미지의 상황이 되지 않도록 할 수 있습니다. 이런 아이를 부모님은 그저 걱정이 많은 아이로만 생각할 수도 있지만, 아이의 발달을 돕기 위해서는 회피의 관점에서 생각하고, 자녀가 자신이 모르거나 계획할 수 없는 상황을 회피하고 있다는 것을 인식해야 합니다. 아이가 하는 불안한 예측을 해결하거나 추측하는 것도 도움이 될 것입니다. 예를 들어, 방금 말한 아이는 자신이 무슨 일이 일어나고 있는지 모르면 다칠지도 모른다는 매우 일반적인 예측을 할 수 있으며, 그 결과 무슨 일이 일어나고 있는지 모르는 것을 '회피'합니다.

유사한 방식으로 여러분의 아이는 완벽주의적일 수 있으며, 일을 아주 천천히 하며 몇 번씩 확인할 수 있습니다. 여기서 여러분은 아이가 회피하려고 하는 것-아마 실수할 가능성-을 생각할 필요가 있습니다. 아이들의 불안한 예측은 "실수하면 내가 멍청하다는 것을 보여줄 거야"일 것입니다. 또는 규칙에 얽매이거나 항상 '올바른 것'을 하려는 아동들은 곤란한 상황에 빠지는 것을 회피하려 할 수 있습니다. 이처럼 각각의 두려움에는 아주 많은 가능성들이 있습니다. 핵심적인 것은 각기 다른 행위들의 동기를 바라보는 것입니다. 어떤 회피가 일어나고 있는지 확신이 서지 않는다면 자녀의 행동 하나하나에 대해 스스로에게 물어보십시오. "우리 아이는 어떤 나쁜 결과를 방지하려고 하는 걸까?"

아이가 예측하는 '나쁜 결과'가 무엇인지, 그리고 그 '나쁜 결과'가 발생하지 않도록(이를 피하기 위해) 아이가 무엇을 했는지 알면 보다 정확한 사다리를 만들 수 있을 것입니다.

반응 방지

우리는 회피가 어떤 일을 하지 않는 것이라고 이해하고 있습니다. 예를 들어 엄마와 떨어지는 것을 두려워하기 때문에 학교에 가지 않으려는 아이들은 이해하기 매우 쉽습니다. 그러나 어떤 경우에는 회피가 다른 행동을 피하기 위해 실제로 어떤 행동을 하는 것을 포함하며, 이러한 경우에는 이해하거나 식별하기가 매우 어렵습니다.

밤에 도둑이 집에 들어올 것(불안한 예측)을 두려워하는 아이의 경우는 좋은 예가 될 수 있습니다. 아이는 매일 밤 자러 가기 전에 방문과 창문의 모든 잠금장치들을 확인하고 또 확인할 것입니다. 이 예에서 아이는 집 안을 돌아다니면서 확인하는 어떤 행동을 합니다. 그러나 이러한 행동이 여전히 일종의 회피 행동임을 알아차려야 합니다. 즉 아이는 도둑이 침입할 가능성을 회피하려고 합니다.

병균을 두려워하는 아이는 보다 복잡한 예입니다. 이 아이는 "더러운 것을 만지면 세균에 감염되어 병에 걸릴 것"이라고 예상하여 특정 더러운 물건을 만지는 것을 피할 수 있습니다. 이러한 행동은 명백한 회피이며, 아이는 접촉을 '하지 않으려' 합니다. 그러나 이 아이는 더러운 것을 만진 경우에 반복적으로 씻고 또 씻는 행동을 합니다. 이 경우 이 아이는 손을 씻는 특정 행동을 '합니다'. 따라서 어떤 행동을 하지 않는 것(더러운 물건에 손을 대지 않는 것)과 어떤 행동을 하는 것(반복적으로 손을 씻는 행동)은 모두 회피의 유형입니다. 그들은 모두 예상되는 '나쁜 결과(병에 걸리는 것)'의 발생을 막는 것을 목표로 합니다.

여러분의 아이가 두려움으로 인해 어떤 행동, 예를 들어 문이나 창문이 모두 잠겼는지를 확인하는 것과 같은 행동을 한다면, 아이가 이러한 행동을 점진적으로 그만두도록 할 필요가 있을 것입니다. 그리고 아이가 사다리를 만들 때 그 특정 행동들이 사다리의 단계들 중에 포함되어야 합니다. 이것을 반응 방지(response prevention)라고 하는데, 이는 불안한 예측으로부터 자신을 보호한다고 생각하는 행동을 하지 못하도록 막는 것입니다. 이러한 유형의 사다리는 일반적으로 강박장애를 가진 아동들에게 필요합니다. 또는 완벽주의적이거나 반복적으로 확인하는 아이, 또는 심지어 질병이나 죽음에 대한 두려움과 같은 흔치 않은 종류의 두려움을 가진 아이에게도 매우 유용합니다. 이러한 주제와 관련하여 사다리를 만들려고 한다면 작업 수행 방식을 변경하거나 횟수를 줄여야 합니다.

커트의 사례

커트는 세균이 묻으면 병에 걸리게 될 거라고 예상하기 때문에 손에 더러운 것이 묻을까봐 늘 걱정합니다. 이러한 두려움 때문에 커트는 매일 손을 씻는 데 많은 시간을 보내곤 합니다. 손을 씻을 때 커트는 특정 방식으로 씻곤 하는데, 이것이 자신을 세균으로부터 보호할 수 있는 유일한 방법이라고 생각하기 때문입니다. 처음에는 손을 전체적으로 한 번 씻은 다음 팔의 아랫부분을 씻고, 그다음 손을 다시 씻습니다. 이렇게 손을 씻고 난 다음에는 수도꼭지를 잠글 때 병균이 손에 묻지 않도록 수도꼭지부터 씻고 나서 다시 손을 씻고, 마지막으로 수도꼭지를 잠근 후 바닥에 있는 수건함을 발로 열고 수건을 꺼내어 손을 깨끗이 닦습니다. 이 과정은 약 3분에서 8분까지 걸리며, 이렇게 손 씻는 과정을 매일 여러 차례 반복합니다. 다음에 제시된 사다리에서, 각 단계는 이전 단계 위에 만들어지기 때문에 만약 2단계로 옮겨 간다고 하더라도 1단계를 동시에 계속해야 합니다.

커트의 목표: 하루 종일 손을 (너무 많이) 씻지 않기*

커트의 불안한 예측: "무언가를 만진 다음 손을 철저히 씻지 않으면 세균이 생겨 매우 아프게 될 거야."

---

* 씻는 것의 의학적 이유: COVID-19 팬데믹은 전 세계에 정기적인 세척과 건강한 위생의 중요성을 보여주었고, 대부분의 사람들은 그 기간 동안 이전보다 손을 더 많이 씻기 시작했습니다. 분명히, 미래의 팬데믹이나 혹은 감염률이 높은 지역에 들어가는 경우와 같이 보다 세심하고 광범위하게 잘 씻는 것이 필요한 특정 경우들이 있을 것입니다. 그러나 일반적으로 건강한 손 씻기(예: 20초 동안 체계적으로 문지르기 또는 감염 가능성이 있는 지역을 방문한 후 소독제 사용하기)와 강박적 두려움을 가진 청소년의 과도한 씻기(대개 두려움과 괴로움을 동반함)를 구별하는 것은 매우 중요합니다. 이 예에서, 커트의 가족은 커트가 순전히 건강상의 이유로 씻는 것이 확실할 때에만 (간단히) 씻도록 허용했지만, 그 이상의 씻기는 모두 중지시켰습니다.

1. 수건걸이에 걸려 있는 수건으로 손 닦기

2. 손 씻을 때 팔을 씻지 말고 손목에서 멈추기

3. 수도꼭지를 씻은 후에 손만 다시 헹구기: 이때 비누를 사용하지 말 것

4. 수도꼭지를 씻지 말고 손만 씻기

참고: 처음 몇 단계는 커트가 세균을 제거하기 위해 의례적인 방식으로 씻을 필요가 없음을 보여줍니다.

5. (집에서) 과자를 먹기 전에 손 씻지 않기

6. 집 안의 모든 문을 열었다 닫은 다음 샌드위치 먹기

참고: 이 단계는 커트가 물건을 만져도 이로 인해 병에 걸릴 만큼 세균이 충분하지 않다는 것을 보여줍니다.

7. 농구하고 신발을 벗은 후 엄마와 함께 점심 만들어 먹기

8. 화장실에 가서 타코를 먹은 다음 손에 묻은 소스 빨아 먹기

참고: 이 단계는 (화장실에 다녀온 후) 손에 (약간의) 세균이 묻어 있을 때 음식을 먹어도 여전히 아프지 않다는 것을 커트에게 보여주고 있습니다.

9. 매일 샤워할 때만 손 씻기(팬데믹과 같은 상황에서는 20초로 제한됨)

10. 전혀 씻지 않고 48시간 동안 지내기(팬데믹이나 병에 걸렸을 때와 같이 부모가 결정한 경우에만 씻는 것을 허용)

강박적인 문제를 갖고 있는 아이들의 경우에는 우리들이 일상에서 하는 것보다 많은 것들을 사다리에 포함시켜야 합니다. 왜냐하면 그 아이들이 지닌 불안한 예측이 종종 매우 복잡하고 그것이 잘못되었음을 입증하기 어려

운 것들이 많기 때문입니다. 예를 들어 병균에 대한 두려움을 갖고 있는 커트에게는 소변 몇 방울이 손에 묻었을 때 그것을 씻지 않는 단계를 포함시킬 수 있습니다. 대부분의 사람들은 절대로 이것을 하고 싶지 않을 것입니다. 하지만 설사 이렇게 한다 해도 실제로는 그다지 위험하지 않으며, 자신의 생각이 틀렸다는 것을 진정으로 깨닫게 하기 위해서는 강박적 유형의 두려움을 가진 아이들이 더 이상 겁먹지 않을 때까지 이러한 유형의 테스트를 연습해야 합니다.

자러 가기 전에 모든 문과 창문이 닫혀 있는지를 세 번씩 확인해야 하는 아이를 위한 또 다른 사다리의 예시가 다음에 제시되어 있습니다.

목표: 문 잠그는 것을 확인하지 않고 자러 가기

불안한 예측: "문이 열려 있으면 누군가 들어와서 나를 해칠지도 몰라."

1. 모든 잠금장치를 확인하지만, 두 번씩만 하기
2. 모든 잠금장치를 확인하지만, 한 번씩만 하기
3. 해왔던 순서와는 다르게 잠금장치 확인하기
4. 문의 잠금장치만 확인하기
5. 다른 사람에게 잠금장치를 확인하도록 한 후, 문이 잘 잠겼는지에 대해 물어보기만 하기
6. 다른 사람에게 잠금장치를 확인하도록 한 후, 문이 잘 잠겼는지에 대해 물어보지 않기
7. 문을 전혀 확인하지 않은 채 자러 가기
8. 의도적으로 문을 잠그지 않은 채 자러 가기

이 사다리 모두에서 세 가지 작업이 수행됩니다. 첫째, 일을 항상 특정 방식으로 경직되게 수행하지 않아도 나쁜 일이 일어나지 않는다는 것을 증명하기 위해 일상적으로 반복하던 순서를 변경합니다. 둘째, 항상 확인하지 않더라도 나쁜 일이 일어나지 않는다는 것을 증명하기 위해 익숙한 일과를 자주 수행하지 못하게 합니다. 세 번째이자 무엇보다도 가장 중요한 것은, 무언가 '잘못'(예: 문이 열려 있거나 손에 세균이 묻은 경우)되더라도 예상했던 나쁜 일이 일어나지 않는다는 것을 증명하기 위해 아이가 피하려고 했던 일들을 의도적으로 하게 합니다. 이러한 유형의 접근 방식은 지나치게 안심을 추구하거나 완벽주의 성향을 지닌 경우에도 사용할 수 있습니다.

제시의 사례

다음은 제시가 숙제에 대해 묻는 질문의 수를 줄이기 위한 사다리의 예입니다.

제시의 목표: 20분 안에 숙제 끝내기

제시의 불안한 예측: "확인하고 또 확인하지 않으면 실수하거나 어려움에 빠지게 될 거야."

1. 엄마와 함께 숙제하면서, 엄마에게 묻기 전에 스스로 질문에 대해 답해보기
2. 엄마와 함께 숙제하면서, 다섯 문제를 다 푼 후에 엄마에게 답을 확인해달라고 하기
3. 문제를 모두 다 풀기 전에는 질문하지 않기

4. 문제지의 모든 문제를 다 풀기: 엄마는 틀린 철자만 수정해주기

5. 문제지의 문제들을 대충 풀기

6. 워크시트에다 직접 숙제를 다 하기

7. 45분 안에 숙제를 완료하고 답을 확인하지 않기

8. 답을 확인하지 않고 20분 안에 숙제를 완료하기

9. 10분 동안 숙제를 한 후 제출하기

10. 숙제할 때 의도적으로 세 번 실수하고 제출하기

사다리에 반응을 방지할 단계를 포함시키는 경우가 많이 있습니다. 이러한 단계의 예에는 부모님 침대에서 자지 않도록 하기, 물건들을 특정한 방식으로 정리하지 않도록 하기, 밖에 나갈 때 얼굴을 보지 못하도록 거울을 가리기, 침실에서 자신의 걱정에 대해 얘기하지 않기 등이 있습니다.

결과에 노출하기

5장을 시작하면서 우리는 사다리 연습이 탐정처럼 생각하기의 연장이라고 설명했습니다. 아이들은 연습을 통해 자기가 가지고 있는 걱정스러운 생각이 거의 대부분 틀렸고, 이러한 '나쁜 결과'의 대부분은 실제로 일어나지 않는다는 것을 배워야 합니다. 그러나 불안해하는 아이들이 걱정하는 두 번째 부분이 있습니다. 그것은 아이들이 나쁜 결과가 얼마나 발생할지 과대 예측할 뿐만 아니라, 걱정하는 일의 결과가 얼마나 끔찍할지에 대해서도 과대 예측한다는 점입니다. 이러한 과대 예측된 두려움은 원래 하려던 일을 완전히 피하거나 가능한 모든 위험을 줄이기 위해 할 수 있는 모든 일을 함으로써 재앙이 발생할 위험을 피하도록 유도합니다. 예를 들어 어떤 아이는 친구들과 외출할 때 남과 다르게 보이지 않게 하기 위해서 친구들이 어떤

옷을 입었는지에 신경을 많이 쓸 수 있습니다. 지금까지 여러분은 자녀로 하여금 나쁜 결과가 일어나지 않을 것이라고 예측하는 것을 배우도록 도와왔을 것입니다. 이제 다음 단계는 아이로 하여금 일부 단계가 실제로 그렇게 나쁘지 않을 뿐 아니라, 자녀가 대처할 수 있다는 것을 배우게 하기 위해 불안한 예측에 직면하도록 하는 것입니다(이 단계 중 일부는 이전에 언급한 사례에서 이미 다루었습니다). 자녀가 아주 어리거나 특히 구체적인 사고 경향을 지닌 아이에게는 이 부분을 너무 강하게 밀어붙이지 말고 부드럽게 진행해야 할 수도 있습니다.

사다리의 이러한 추가 단계는 사회적인 두려움이나 일반화된 걱정 또는 강박적 두려움이 있는 어린이에게 특히 중요합니다. 이러한 유형의 불안장애는 나이가 좀 더 많은 아이들에게 더 흔하므로, 이 장의 대부분은 어린 자녀를 둔 부모와는 약간 거리가 있을 수도 있습니다. 그러나 어린아이들도 점진적인 방식으로 두려워하는 결과에 노출되어야 하는 경우가 있을 수 있습니다. 이러한 두려움을 극복하기 위해서는 잠재적으로 나쁜 결과에 직접 노출되어 그러한 일들이 일어나더라도 실제로 그렇게 나쁘지 않고 삶은 계속된다는 점을 배울 필요가 있습니다. 예를 들어, 사회불안이 있는 아이는 사람들 앞에서 설사 어리석은 행동을 하더라도 자신을 미워하지 않으며, 사람들이 그 일을 곧 잊어버린다는 사실을 배울 필요가 있습니다. 일반적인 걱정과 완벽주의를 가진 아이는 시험에서 약간의 실수를 하더라도 그것이 세상의 끝이 아니라는 것을 배워야 할 필요가 있습니다. 그리고 강박적인 씻기와 세균에 대한 두려움을 가진 아이는 손에 세균이 묻더라도 반드시 병에 걸리는 것은 아니며, 설사 아프더라도 곧 몸이 회복된다는 사실을 배워야 할 것입니다.

다음은 남들과 다르게 보이면 아이들이 자기를 무시하고 좋아하지 않을 것이라는 생각 때문에 외모를 지나치게 의식하는 아이를 위한 사다리의 예시입니다.

목표: 외출할 때 자신이 어떻게 보일지에 대해 신경 쓰지 않기

불안한 예측: "다른 아이들과 다르게 보이면 나를 이상하게 생각할 거야."

1. 양말이 아래쪽으로 접혀 있는 채로 학교에 가기
2. 머리카락 일부분이 묶음에서 삐져나온 채 학교에 가기
3. 머리를 빗지 않은 채 가게에 가기
4. 셔츠를 안으로 넣지 않은 채 학교에 가기
5. 어제 입은 옷을 입고 친구 집에 가기
6. 유행이 지난 옷을 입고 친구와 함께 상점에 가기
7. 운동회 날에 일반 옷을 입고 학교에 가기
8. 청바지에 아빠가 입던 오래된 티셔츠를 입고 소풍 가기
9. 청바지에 아빠가 입던 오래된 티셔츠를 입고 학교 행사에 가기
10. 트레이닝복에 헝클어진 머리를 하고 가게에 가기

보시다시피, 이 예에서 결과("다른 애들이 나를 이상하게 생각할 거야")를 시험하기 위해 아이는 의도적으로 불안한 예측("나는 다르게 보일 거야")을 만들었습니다. 이 여자아이에게 '문제'가 되는 옷은 정말 자기만의 기준에 따른 것이었고, 적절하다고 보는 것도 마찬가지였습니다. 결과적으로 어떤 위험을 감수할지에 대해 많은 협상이 필요했습니다. 사다리를 시도하는 동안 부모는 아이가 이미 입었던 옷에 향수를 뿌리는 것과 같은 작은 회피를 알아차렸습

니다. 따라서 아이의 발전을 돕기 위해 새로운 단계를 개발하고 (향수를 사용하지 않은 경우) 이를 시행해야 했습니다.

결과에 대한 노출이 적절할 수 있는 두 번째 상황은 실수를 피하는 아동의 경우입니다. 이러한 아이들은 자신이 한 일을 반복적으로 확인하거나 일을 아주 천천히 합니다. 이들에게는 확인하지 못하도록(반응 방지) 하거나 일을 빨리 처리하도록 하는 것이 우선적으로 해야 할 일이지만, 이것만으로는 충분하지 않습니다. 이들은 매우 조심스러운 아이들이라서 비록 확인하지 않더라도 실수하지 않을 것이 분명합니다(즉 불안한 예측의 앞부분). 이 아이들의 불안을 실제로 다루기 위해서는 실수를 하더라도 그것이 세상의 끝이 아님을 배우게 할 필요가 있습니다(즉 불안한 예측의 뒷부분-결과). 그러므로 이런 아이들의 사다리에는 실제로 그들이 저지르는 실수를 포함시켜야 합니다. 즉, 실수했을 때 부딪치게 되는 결과에 노출할 필요가 있습니다. 실수를 수용하는 것을 배우는 사다리의 예는 5장의 조지의 예에 포함되어 있습니다.

어린아이들이 결과에 부드럽게 노출되는 방법의 예는 5장에 있는 톰의 예에서 볼 수 있습니다. 사다리의 맨 마지막 단계에서 톰은 우스꽝스러운 목소리로 사람들에게 아침 인사를 해야 했습니다. 이것은 톰이 우스꽝스러운 소리를 하더라도 대부분의 사람들은 신경 쓰지 않거나 미소를 지으며, 생각만큼 나쁜 일이 일어나지 않는다는 것을 배울 수 있기 때문에 결과에 대한 노출의 좋은 예가 됩니다. 그러나 그 사다리의 또 다른 단계는 톰이 어린이집 선생님에게 화장실에 가고 싶다고 말하는 것입니다. 톰이 그 단계를 몇 번 성공적으로 수행하고 자신감을 쌓은 후, 톰의 어머니는 선생님께 톰이 다음에 물으면 "아니, 지금은 바로 갈 수 없어"라고 말해달라고 요청했습니다. 그리고 나서 몇 분이 지난 후 선생님은 톰이 화장실에 가도록 허용하였습니다. 이런 식으로 톰은 화장실에 바로 가지 못하고 반 아이들의 관심을 자신에게로 끝다가, 이전 단계를 숙달한 후에야 비로소 그 결과에 노출되었습니다.

사다리에 결과를 포함할 때 실제로 일어날 수 있거나 일어난 일의 의미에 대해 탐정처럼 생각하기를 포함하는 것이 특히 중요합니다. 그렇지 않으면 걱정의 수준이 줄어들지 않을 수 있기 때문에, 아이들이 객관적인 증거를 인식하는지 확인하는 것이 중요합니다. 때때로 아이들은 실제로는 전혀 끔찍하지 않은 일이 정말 끔찍한 일이라고 믿기도 합니다. 예를 들어 제시에게는 규칙을 어기면 문제가 생길 것이라는 두려움에 직면하는 사다리가 있습니다. 제시에게는 '도서관의 날'에 학교에 책을 가져가는 것을 '잊어야' 하는 단계가 있었습니다. 제시는 집에 돌아와서는 책을 잊어버려서 끔찍한 문제에 봉착했다고 말했습니다. 이를 좀 더 자세히 살펴보기 위해 제시에게 탐정처럼 생각하기를 해보자고 권했습니다. 실제로 일어난 일에 대한 증거를 살펴보니, 수업 시간에 책을 반납하지 않은 사람은 모두 이번 주에 새 책을 빌릴 수 없다고 선생님이 말씀하신 것을 알게 되었습니다. 탐정처럼 생각하기를 거치면서, 제시는 새 책을 빌리고 싶었지만 못 빌린 것이 그렇게까지 끔찍한 일은 아니라는 사실을 깨달았습니다.

톰의 경우는 나이가 어리기 때문에 부모님과 함께 공식적으로 탐정처럼 생각하기를 하지 않았습니다. 하지만 선생님이 바로 화장실에 못 간다고 하셔서 그날 오후에 집에 돌아와 엄마와 함께 자리에 앉아 무슨 일이 있었는지 이야기하면서, 톰이 바로 화장실에 가지 못했지만 곤경에 처하지 않았고, 아무도 그를 비웃지 않았으며, 결국 모든 것이 잘되었다는 것을 확인했습니다.

학교에서 노출하기

아이들이 갖고 있는 많은 공포들(특히 사회적인 두려움)은 아이들이 학교에 있을 때 더 커집니다. 결과적으로 이러한 공포에 대처하기 위한 사다리는 학교에서 완료되어야 합니다. 이러한 사다리를 완료하기 위해서는 많은 어려움이 있는데, 예를 들어 각 단계를 완료했음을 확인하는 것, 즉각적인 보상을 제공하는 것, 그리고 다른 아이들에 의해 발생하는 많은 변수들이 어려움의 예일 수 있습니다.

학교에서 적용할 사다리 만들기

학교에서 수행될 사다리들은 단순하고 아이 혼자 할 수 있어야 합니다. 그리고 대개 하루에 한 단계씩만 수행할 수 있습니다(비록 그 단계가 하루 동안 여러 번 완료될 수 있다 하더라도). 기억을 돕기 위해 그날 해야 할 단계를 작은 종이에 적어 가방이나 알림장에 끼워 넣어서 아이들이 무엇을 해야 하는지에 대한 구체적인 사항들을 알려줄 수 있도록 해야 합니다. 단계들은 아이들이 무엇을 해야 할지(예를 들어 공을 달라고 요구하기), 누구에게 행동할 것인지(예를 들어 체육 선생님에게 요청하기), 그리고 언제 수행해야 할지(예를 들어 쉬는 시간)에 대해 구체적으로 명시해야 합니다. 학교에서 하는 사다리는 종종 학교 환경에서 무엇이 가능한지에 대한 조사가 필요합니다. 예를 들어 학교 규칙을 어기는 것에 대해 걱정하지 않도록 하는 목표를 달성하려고 한다면, 허용된 놀이 공간 바깥에서 걸어 다니는 것을 하나의 단계로 만들 수 있습니다. 이때 '허용 구역 바깥'이 어디인지 알아야 하고, 그것을 각 단계에 명시해야 합니다. 그렇지 않으면 여러분의 아이가 그 단계를 완수했는지에 대해 혼란이 발생할 수 있습니다.

선생님을 참여시키기

학교에서 사다리를 시도할 때 선생님들은 대개 기꺼이 도와주고자 하십니다. 학교에서 사다리를 해야 하는 경우에는 담임 선생님이나 전문상담교사와 면담을 갖는 것이 필요합니다. 선생님은 아이에게 다음 단계를 시도하도록 상기시키고, 학교에서 무엇이 가능한지 알도록 돕고, 아이가 단계를 수행했는지 확인하는 것과 같은 일을 도우실 수 있습니다. 또한 선생님은 부모님이 가능하다고 생각하지 않았을 수 있는 단계에 대한 아이디어를 제공해주실 수도 있을 것입니다.

그러나 선생님에게 알릴지 또는 특정 사다리에 선생님을 참여시킬지의 여부는 복잡한 문제이며, 이는 자녀가 검증하게 될 특정 생각과 얼마나 불안을 잘 관리할 수 있는지에 따라 달라집니다. 예를 들어, 자녀가 질문에 답하거나(교사는 자녀가 손을 들 때 부를 준비가 되어 있어야 함) 고의로 실수하거나 수업시간에 친구와 이야기하는 것과 같이 교실 내에서 규칙을 어기는 것과 같은 행동을 시험해볼 수 있습니다. 자녀가 아직 프로그램 초기 단계이고 이제 막 자신감을 쌓기 시작했다면 담임 선생님을 사다리에 참여시켜 차분하고 순조롭게 진행되도록 할 수 있습니다. 예를 들어, 자녀가 질문에 답하기 위해 손을 들거나 의도적으로 실수할 것이라고 교사에게 알려주고, 선생님께 이 단계를 부드럽게 봐달라고 요청할 수 있습니다. 그러나 프로그램의 후반부로 가서 자녀가 자신감을 갖기 시작하면, 부모님들은 자녀가 게으름에 대해 약간의 비판을 받거나 방과 후에 학교에 남는 것과 같은 행동의 정상적인 결과를 경험하기를 원할 것입니다. 결국, 부모님은 자녀가 걱정하는 결과를 직접 경험하고 그들이 대처할 수 있다는 것을 배우기를 원합니다. 따라서 선생님의 참여 여부와 참여 정도는 자녀가 배우기를 원하는 내용과 자녀가 프로그램에 얼마나 참여했는지에 따라 달라집니다.

선생님들은 단계의 완료를 모니터하는 것에도 도움을 줄 수 있습니다. 예를 들어 사회불안이 있는 아이가 하루 종일 셔츠를 옷 속에 집어넣지 않고 있을 수 있는데, 이때 여러분은 아침에 담임 선생님에게 이것이 아이가 오늘 수행해야 할 단계라는 짧은 메모를 적어 보내고, 이 단계를 완수했는지에 대해 간단히 메모를 통해 알려달라고 요청할 수 있습니다. 이 같은 방식으로 담임 선생님은 이 행동이 단계를 수행하는 것임을 알아차리지만, 여전히 다른 선생님들로부터는 아이가 단정치 못하다고 야단맞을 소지가 있습니다. 선생님이 여러분에게 단계의 완수를 알려줌으로써 여러분은 여러분의 자녀가 진전되고 있다는 것을 확신할 수 있으며, 단계들을 어느 부분에서 조정해야 할지 알 수 있습니다.

때때로 여러분은 사다리를 수행하는 것에 참여하기를 꺼리는 선생님을 만날 수도 있습니다. 선생님은 현재 아무런 문제가 없다고 느낄 수도 있고, 도와주는 것이 학교나 선생님의 책임이 아니며, 어떤 선생님은 부모로서 여러분이 문제라고 생각할 수도 있습니다. 이런 경우라면 선생님을 참여시키지 않는 것이 더 나을 수 있고, 학교 안에서 여러분의 노력을 지지해줄 수 있는 다른 선생님이나 학교 상담자를 찾아보는 게 좋을 것입니다.

학교에서의 보상

보상이 즉각적으로 제공될 때 매우 효과적이라는 사실을 상기해볼 때, 학교 어디에서든지 가능한 장소에서 줄 수 있는 보상을 개발하는 것이 필요합니다. 단계를 수행한 것에 대해 선생님으로부터 특별한 간식이 제공되거나, 혹은 집에 돌아가서 보상과 교환할 수 있는 쿠폰이 주어지는 것이 효과적입니다. 또한 수료증과 같은 학교에서 주어지는 보상을 받기 위해 아이들이 노력하는 것도 가능합니다. 여기서 가장 중요한 점은 보상이 일관되게 주어져야 한다는 점입니다.

다른 아이들

학교에서 단계를 완료할 때 다른 아이들이나 또는 적어도 그들의 반응이 개입될 수 있습니다. 이는 단계를 완료하는 데 추가적인 위험 요소를 가져올 수 있습니다. 질문에 잘못 대답해서 놀림을 받는 것과 같이 상황이 나빠질 수 있는 단계를 자녀와 함께 준비할 때는 단계를 시도하기 전에 일어날 수 있는 몇 가지 결과와 그 의미에 대해 먼저 이야기하는 것이 좋습니다. 이는 가능한 최악의 결과에 대한 탐정처럼 생각하기에 통합될 수 있습니다. 때로는 놀림에 대처하는 방법과 같이 자녀가 아직 자신 있게 사용하지 못하는 사회성 기술이 단계에 포함될 수 있습니다. 이 경우 해당 기술을 사용하는 단계를 시도하기 전에 이러한 기술을 개발하는 것이 중요합니다. 사회성 기술과 주장 능력을 개발하는 것은 8장에서 다룹니다.

과잉학습

두려움을 최대한 끌어올려 그 결과에 실제로 도전해보면 사다리를 마칠 때 발생하는 학습을 강화하는 데 도움이 될 수 있습니다. 자녀가 가장 두려워하는 최악의 상황을 겪어보거나 평범하지 않은 일을 해봄으로써 최악의 상황이 발생하더라도 시간이 지나고 나면 별다른 일이 일어나지 않는다는 매우 설득력 있는 증거를 수집할 수 있습니다. 반응 방지 부분에 기술되었던 사다리에서, 마지막 각 단계들은 대부분의 사람들이 일반적으로 하지 않는 일(예를 들어 이틀 동안 전혀 씻지 않는 것)이었습니다. 그러나 자녀가 이러한 마지막 단계 중 하나를 수행하게 된다면 원래 가졌던 두려움에 대해서 확실히 염려하지 않게 될 것입니다. 이것을 '과잉학습(overlearning)'이라 부르는데, 이것의 또 다른 예는 당황스러운 일을 하는 것을 두려워하는 아이에게 일부러 잠옷을 입고 쇼핑센터에 가게 한다든지, 실수하는 것에 두려움을 갖고 있는 아이에게 일부러 시험의 모든 질문에 오답을 적게 한다든지 하는 것입니다. 이러한 것들은 여러분의 아이들이 항상 모든 것을 잘해야 한다는 욕심을 버리게끔 도와줍니다. 이러한 마지막 단계를 수행함으로써 배우는 교훈은, 실제 일을 엉망으로 '망치더라도' 일어날 수 있는 최악의 일은 기껏해야 그 시험에서 나쁜 점수를 받거나 그 과목의 기말보고서에서 나쁜 점수를 받는 것뿐이라는 점입니다. 세상은 여전히 끝나지 않았고 아이도 유급되지 않았는데, 사다리를 수행하기 전에는 이 두 가지 결과에 대해서 모두 두려움을 갖고 있었을 수 있습니다. 또한 여러분의 아이는 실수는 극복될 수 있으며, 끊임없이 반복될 필요가 있다는 것을 배울 수도 있습니다. 과잉학습은 불안을 다루기 위한 학습에서 필수적인 것은 아니지만, 일단 하게 되면 아이의 두려움이나 걱정 수준을 크게 변화시킬 수 있습니다. 아이들이 진짜 '엄청난' 것들을 다루어볼 때 느낄 수 있는 자유로움을 생각해보면, 확실히 노력을 기울일 필요가 있습니다.

자발적 연습

여러분의 자녀가 자신감을 얻고 단계에 대한 개념에 익숙해지면, 여러분과 아이는 자발적 연습(spontaneous practice)이라고 불리는 기회를 만나게 될 것입니다. 자발적 연습은 실제 사다리에 포함되어 있는 일부분은 아니지만, 아이들의 일상생활에서 자연스럽게 발생하여 아이들이 가지고 있는 두려움에 맞서는 연습을 하게 되는 기회를 말합니다. 예를 들어 여러분의 아이가 수줍음을 타서 새로운 사람을 만나는 것에 두려움을 갖고 있는데, 마침 어느 날 공원에 앉아 다른 아이가 농구공을 던지는 것을 혼자 바라보게 되는 상황이 생길 수 있습니다. 비록 이러한 특정 상황이 자녀의 사다리에는 포함되어 있지 않다 하더라도, 아이에게 새로운 사람을 만나는 두려움에 직면하도록 하는 한 방법으로서 그 상황에서 그 아이와 함께 노는 기회를 가져보도록 장려할 수 있습니다. 만약 아이가 주저한다면 탐정처럼 생각하기를 이용하여 도움을 주는 것을 잊지 말고, 자발적인 연습에 대해 훌륭한 보상을 제공하는 것도 잊지 말아야 합니다. 어떤 경우는 이러한 기회가 여러분의 아이가 현재 수행하고 있는 자신의 사다리보다 몇 단계 높은 상황이 될 수도 있습니다. 만약 여러분의 아이가 이러한 행동을 기꺼이 해보려고 한다면, 이를 장려하고 충분한 보상을 주십시오. 그러나 만약 여러분의 아이가 실제로 많이 걱정한다면 너무 강요하지는 마십시오. 시기상조일 수도 있습니다.

다른 자원들

다양한 사다리 상황을 제공하기 위해서 지역사회와 가족, 그리고 학교의 자원들을 이용해보십시오. 대부분의 사람들은 새로운 기술을 배우고 기초 개념들을 이해하려고 하는 아이들을 기꺼이 도와줄 것입니다. 조부모나 다른 사람들에게 과도하게 의존하지 말고, 아이들이 극복해야 할 불안의 일부분을 경험하도록 내버려두십시오. 가게의 점원, 공원에 나와 있는 사람들, 그리고 버스 기사님과 같은 분도 어떤 상황에서는 중요한 자원이 될 수 있습니다.

부모용 활동 **부모 자신의 불안에 직면하기**

4장 '용감하고 불안해하지 않는 행동을 보상하기' 부분에서 논의된 것처럼, 여러분의 아이에게 불안을 다루는 모델로서 가장 중요한 것은 바로 부모가 자기 자신의 두려움에 직면하는 것입니다. 자녀에게 여러분의 사다리를 만드는 데 도와달라고 하거나, 증거 찾는 것을 도와달라고 요청하는 것도 좋은 방법입니다. 여러분이 갖고 있는 간단한 두려움을 선택하여 그 두려움을 직면하는 과제를 자녀와 함께 수행해보십시오. 자녀가 여러분이 가진 두려움을 지극히 정상적인 것으로 만드는 데 도움을 주게 되면, 두려움을 잘 다루는 것의 장점을 알게 될 뿐 아니라, 아이에게 큰 자신감을 갖게 해줄 것입니다. 엄마나 아빠가 어떤 일을 할 수 있도록 도와줌으로써 '전문가'가 된다는 것은 아이에게 매우 강력한 경험입니다. 서로 속도를 맞추는 것도 좋습니다. 주초에 목표를 함께 세운 후 주말에 여러분이 수행해낸 것들을 함께 검토해볼 수 있을 것입니다. 만약 이렇게 한다면 여러분의 노력을 점검할 수도 있고, 특별한 보상을 얻을 수도 있습니다(여러분이 선택한 보상 중 하나는 자녀가 아침에 여러분에게 차 한 잔을 만들어다 주는 것일 수 있습니다. 아이의 참여가 많을수록 더 좋습니다).

자녀와 함께 하는 활동

아동용 활동 18 탐정처럼 생각하기 단서 카드

아이가 탐정처럼 생각하기 연습을 한 지 몇 주가 지났다면, 불안할 때 보다 현실적으로 생각할 수 있도록 도와주는 가장 유용한 사고나 질문들이 무엇인지를 아이와 함께 찾아보십시오. 어려운 상황에서 휴대할 수 있도록 작은 단서 카드에 이러한 것들을 적어놓도록 아이에게 이야기하십시오. 아이가 이것을 하나 이상으로 기록할 필요가 있을 수도 있습니다. 예를 들어 하나는 필통 속에 넣어서 학교에 가지고 다니고, 다른 것은 밤에 침대 옆에 둘 수도 있습니다. 각 카드는 불안을 일으키는 상황에 해당하는 내용을 기록해두어야 합니다.

아동용 활동 19 사다리를 수정하기

사다리에 대해서 한 2주 정도 작업하고 나면, 부모님과 아이들 모두 두려움에 직면하는 과정이 어떻게 작용하는 것인지에 대한 이해가 많아지게 될 것입니다. 그렇게 되면 이제 아이의 사다리를 수정하기에 적합한 시간이 됩니다. 자녀와 함께 첫 번째 사다리를 살펴보면서 다음과 같은 일반적인 문제가 있는지 검토해보십시오.

- *단계들이 실현 가능하지 않다*: 다음 단계들은 몇 주 내에 수행할 수 있나요? 여러분과 아이는 그 과제들이 실제 어떤 것인지를 정확히 알고 있나요?
- *단계가 너무 크거나 작다*: 부모님은 걱정 점수가 너무 멀거나 너무 가깝지 않은지 확인하길 원할 것입니다. 각 단계들 간의 걱정 점수는 너무 떨어져 있어도 안 되고 너무 가까워서도 안 됩니다. 시간이 지남에 따라 걱정 점수는 변화하며, 따라서 다음 단계의 수준을 확인해보아야 합니다. 만약 다음 단계가 아이에게 너무 쉽다면 해당 단계는 한 번만 시도해보고, 그다음 단계로 바로 이동할 수도 있습니다.
- *목표가 너무 많다*: 각각의 사다리는 한 가지 유형의 두려움이나 걱정에 대처해야 합니다. 사다리 하나에 목표가 너무 많으면 속도가 느려질 수 있습니다.

여러분이 문제를 확인했다면 그 문제를 극복할 단계를 바꾸기 위해서 아이와 함께 작업하십시오.

아동용 활동 20 새로운 사다리 만들기

또 다른 두려움을 다루기 위해서는 둘, 셋 혹은 더 많은 사다리를 필요로 할 수도 있습니다. 아이가 직면할 필요가 있는 두려움을 해결하기 위한 사다리를 만드십시오. 어떤 두려움을 해결하는 것이 가장 중요한지를 결정하는 데 있어서 아이의 의견이 중요하다는 점을 명심하십시오. 여러분이 최우선 순위로 꼽는 두려움이 중요한 것이 아니라, 아이가 꼽은 두려움이 아이에게 가장 큰 문제가 될 가능성이 높습니다. 자녀의 자신감이 커지면서 여러분을 걱정하게 만드는 다른 두려움에 대해서도 아이들이 이야기하는 때가 올 것입니다.

자녀의 첫 사다리를 만들 때 사용한 것과 동일한 과정을 사용하십시오(5장 '아이에게
사다리 기법을 가르치는 단계' 참고).

- 목표를 세우고 불안한 예측을 확인할 것
- 가능한 모든 단계와 대안들의 목록을 만들 것
- 걱정 척도에서 이것들의 점수를 매길 것
- 걱정 척도의 전 범위를 포괄하는 일련의 단계들을 정하고, 이것들을 사다리에
  순서대로 적을 것
- 각 단계마다 보상을 정할 것
- 마지막으로, 새 사다리의 첫 단계를 시작할 계획을 세울 것

아동용 연습 과제 5 단계를 수행하기

아이들은 자신의 사다리를 계속 수행해야 합니다. 어떤 단계가 언제 수행될 것인지에
대한 계획이나, 아이들이 극복할 수 있도록 도와줄 수 있는 기술들을 적어놓으십시오.
계속해서 진전이 일어날 수 있도록 매주 초에 이러한 계획들을 세워놓으십시오. 직면
하게 될 단계에 관한 결정은 아이에 의해 주도되어야 한다는 것을 기억하십시오. 진도
가 너무 느린 것 같으면 단계에 대한 선택에 대해서는 논의할 수 있겠지만, 아이가 여
전히 이 과정을 통제하고 있다고 느낄 수 있어야 합니다. 아이가 실제 어떤 단계를 수
행하는 것을 원치 않는 것 같다면, 이렇게 꺼린다는 사실은 해당 단계가 너무 커서 중
간 단계가 고려되어야 함을 시사할 수도 있습니다. 단계들을 연습할 때 아이는 새로운
단서 카드를 사용해야 하며, 필요하다면 불안감을 낮추기 위해서 탐정처럼 생각하기
와 문제해결 방법을 계속 사용해야 합니다.

6장의 주요 내용

이 장에서 여러분은 다음과 같은 것을 배웠습니다.

- 가장 정확하고 효과적인 사다리를 만들게 하기 위해 자녀의 불안한 예측을 알아내는 방법

- 자녀가 무언가에 대한 두려움을 줄이기 위해 사용하는 특정 행동(예: 숙제를 너무 자주 확인하거나 계속 손을 씻는 것)을 다루는 사다리를 만드는 방법. 이러한 사다리에는 '반응 방지', 즉 아이가 두려움 때문에 하는 행동을 하지 못하게 하는 것이 포함될 수 있습니다.

- 아이로 하여금 두려워하는 결과(다른 아이들과 다르게 보이는 것 또는 실수를 저지르는 것)에 노출시키는 사다리를 만드는 방법

- 선생님을 참여시키고, 보상을 제공하고, 다른 아이들의 반응을 예상하는 방법을 포함하여 학교에서 사다리를 완료해야 할 때 고려해야 할 사항

- 자녀가 두려움에 직면하도록 돕기 위해 자발적 연습을 활용하는 방법

이 장에서 여러분과 자녀는 다음과 같은 것을 배웠습니다.

- 아이에게 특히 유용한 증거를 발견할 수 있는 질문들과 차분한 생각들을 확인하는 방법

- 사다리의 단계들이 실현 가능한지 아닌지, 너무 크거나 작지는 않은지, 단계들이 서로 연관되어 있는지 아닌지 등을 정기적으로 점검하기

- 계속해서 아이의 불안한 예측에 대해 각각 사다리 만들기

자녀는 다음과 같은 것을 할 필요가 있습니다.

- 첫 번째 사다리에 있는 여러 단계들을 연습해보고, 새로운 사다리에 있는 단계들을 시작해보기

- 단서 카드를 사용하여 탐정처럼 생각하기를 쉽고 빠르게 하고, 새롭거나 어려운 두려움에 부딪칠 때는 탐정처럼 생각하기의 전 과정을 다시 해보기

- 불안한 상황이 발생하면 계속해서 문제를 해결해보기

7

사다리 기법을 하면서
부딪치는 문제들을 해결하기

불안을 다루는 방법을 배운다는 것은 일종의 도전일 수 있습니다. 사다리 기법은 여러분의 자녀가 두려움을 극복하도록 만드는 가장 중요한 구성요소입니다. 그러나 많은 경우에 사다리 기법은 어려울 수 있습니다. 물론 사다리 기법이 자녀에게 해를 끼칠 수 있다는 뜻은 아니며, 어떻게 적용하느냐에 따라 효과가 천차만별일 수 있다는 겁니다. 이 장에서는 사다리 기법을 시행하면서 부딪칠 수 있는 문제점과 이를 극복하는 방법에 대해 알아보겠습니다.

난관에 부딪칠 때

대부분의 아이들은 사다리 프로그램으로부터 얻는 이득과 부모님을 비롯한 주위 사람들로부터 칭찬과 보상을 얻을 기회가 있기 때문에 대개 '사다리의 각 단계'를 완수하는 것을 즐기고, 또 빠른 진전을 보입니다. 그러나 일부 아이들은 그 과정이 어렵다고 느낄 수 있으며, 그래서 부모님이 원하는 대로 쉽게 진행하지 못할 수도 있습니다. 어떤 단계에 멈춰서 다음 단계로 올라가지 않으려 하기도 하고, 아주 천천히 진행하기도 하며, 또는 사다리 프로그램 자체를 그만두고 싶어 하기도 합니다. 만약 아이가 그런 반응을 보일 때, 부모님이 해볼 수 있는 몇 가지 방법이 있습니다.

먼저 성공적으로 마친 지난 몇 단계를 반복하여 얘기하면서 이제까지의 과정을 요약해줍니다. 이때 자녀가 보여준 노력과 성과에 대해 진심으로 칭찬해주십시오. 두려움에 직면할 수 있는 능력에 대한 자신감을 심어주기 위해서 이 과정을 여러 번 반복할 필요가 있습니다.

다음으로 탐정처럼 생각하기를 새로운 단계와 연관시켜 재검토하십시오. 특히 아이가 가지고 있을 수 있는 잠재적인 두려움에 대해서 면밀히 살펴보십시오. 전에는 미처 이야기하지 못했지만 프로그램을 계속 해나가기 위해서는 다루어야만 하는 걱정이 숨어 있을 수도 있습니다.

그런 다음에는 다음 단계를 더 작은 단계들로 쪼갤 수 있는 방법들을 브레인스토밍 해보십시오. 여러분의 자녀가 이제까지 잘해왔는데 갑자기 난관에 부딪친 경우라면 이 과정이 특히 중요합니다. 이 경우는 다음번 단계가 갑자기 진도를 너무 나간 것일 가능성이 매우 높습니다. 어디서 하는지, 누가 함께 하는지, 그리고 각 상황이 지속되는 시간 등의 요소를 바꿈으로써 단계를 더 쉽게 변경하여 새로 만들 수 있습니다. 예를 들어, 자녀가 교장 선생님한테 얘기하는 것을 너무 어려워한다면 어떤 선생님에게 하는 것이 덜 무섭겠는지 물어보고 가서 얘기해보도록 하는 식으로 좀 더 쉬운 단계를 만들 수 있습니다. 자녀가 예기치 않게 어떤 단계를 너무 어렵게 생각한다면, 그 단계에 대한 시도를 포기하기보다 "조금 더 쉽게 하기 위해서 네가 할 수 있는 작은 단계가 무엇일까?"라고 자녀에게 물어보십시오. 이렇게 함으로써 어떤 단계에 대해 역할극을 해보거나 보다 쉽고도 빠르게 마칠 수 있는 작은 단계들로 쪼갤 수 있는 아이디어가 생길 수 있습니다. 예를 들어 밀크셰이크를 주문하는 단계라면 이보다 더 작은 단계는 생수를 한 병 사는 것일 수 있습니다(점원은 대체로 생수 한 병을 그냥 줄 것이고 다른 질문을 할 가능성이 적기 때문에 걱정을 덜 할 수 있습니다). 일단 물을 구입하면, 아이는 작은 성공 경험을 갖게 된 것이며, 좀 더 자신감을 느낄 수 있으므로 다시 원래 계획된 단계(밀크셰이크를 사는 것)를 시도할 수 있겠습니다.

끝으로, 자녀의 진도가 막히고 멈춘 경우에는 여러분이 약속을 제대로 지켰는지 스스로에게 물어보셔야 합니다. 약속한 대로 아이에게 보상을 주었습니까? 일관성 있게 그리고 즉각적으로 주었나요? 아이를 칭찬하고 프로그램을 잘하기 위해 노력을 쏟았습니까? 솔직하게 이 질문에 답해야 합니다. 만약 약속한 대로 일관성 있게 아이를 지지하고 보상해주지 않았다면, 아이가 프로그램에 진지하게 참여하는 것을 기대할 수 없습니다. 하지만 이러한 경우라 하더라도 다시 올바른 길로 돌아가는 것은 언제라도 늦은 것이 아닙니다.

때때로 아이들은 사다리의 진행 과정에서 김이 빠지고, 매번 똑같은 보상에 지루해할 수도 있습니다. 새로운 활동을 시작하고, 보상을 선택하고, 부모님과 함께 작업할 때 느꼈던 초기의 흥분은 어느 순간 사라졌을 수도 있습니다. 이 경우 약간의 보상을 새로 바꿈으로써 자녀를 다시 동기화시킬 수 있습니다. 자녀와 함께 각 단계마다 설정한 보상에 대해 얘기하면서 변경하고 싶은 것이 있는지 확인하십시오. 아마도 다음번의 한두 가지 보상을 약간 더 큰 보상으로 설정하면 자녀가 다시 열의를 갖는 데 필요한 동기를 제공할 수 있을 것입니다.

안심시켜주기를 요구할 때

우리는 4장에서 안심시켜주기를 요구하는 문제에 대해 다루었습니다. 과도하게 안도감을 추구하는 것은 불안한 아이들에게 여러 생활 영역에서 문제가 되는데, 이는 사다리 기법의 진행 과정에서 특히 분명해집니다. 사다리 기법을 진행하는 동안 아이들은 다음과 같은 질문을 계속하게 됩니다. "무슨 일이 생겨요?", "정확히 몇 시에 돌아오세요?", "정말 괜찮은 거 맞아요?" 부모로서 아이들의 이런 질문을 무시하기란 매우 어려운 일일 것입니다. 그러나 사다리의 각 단계를 하는 동안에는 아이를 너무 많이 안심시키지 않는 것이 중요합니다. 이 말은 아이에게 무성의하게 대하라는 뜻이 아니고, 아이로 하여금 점차 자신의 판단에 의지하도록 만드는 것이 중요하다는 말입니다. 처음에 그러한 질문을 할 때 아이가 생각하는 답이 무엇인지 말해보도록 격려하십시오. 잘못된 정보가 있는 경우에는 올바른 정보를 제공할 수 있습니다. 만약 아이의 대답이 비현실적이라면 탐정처럼 생각하기를 통해 작업하도록 격려할 수 있습니다. 만약 안도감을 추구하는 것이 아이의 특수한 문제라면, 그것을 사다리에 포함시킬 수 있습니다. 예를 들어 친구 집에서 자는 약속을 정하고, 안심하기 위하여 확인하는 질문을 몇 개 할 수 있게 합니다. 그다음에는 똑같이 친구 집에서 자는 약속을 정한 뒤, 아이가 확인하는 질문을 하면 탐정처럼 생각하기를 시행하고, 그런 다음에는 어떠한 질문도 하지 못하게 하는 것입니다. 4장으로 돌아가서 '바람직하지 못한 행동을 무시하기' 부분을 다시 읽어보는 것이 좋습니다.

라쉬의 사례

라쉬는 밤에 불을 끄고 혼자 잘 수 있도록 사다리 기법을 통해 과제를 연습해왔습니다. 라쉬는 그것들을 매우 잘 해내서 마침내 밤에 자기 방에서 혼자 잘 수 있게 되었고, 불을 끌 수도 있게 되었습니다. 그러나 여전히 불안한 습관이 남아 있었는데, 그것은 매일 밤 잠들 때마다 엄마를 대여섯 번씩 불러서 다음과 같은 질문을 하는 것이었습니다. "오늘 밤에 집에 계실 거죠?", "문이랑 창문 다 잠갔어요?", "언제 주무세요?" 엄마는 라쉬의 이제까지의 진전에 기뻐하고 있었기 때문에 이러한 모든 질문에 대답해주었습니다. 그러나 어느 순간 엄마는 이대로 가면 라쉬가 자신감을 확고하게 가질 수 없으며, 이런 확인 과정을 끊임없이 계속해야 한다는 사실을 깨달았습니다.

그래서 라쉬와 엄마는 어떻게 하면 이 질문들을 사다리에 넣을 수 있을지 의논했습니다. 첫 번째 단계에서는 잠자리에 들기 전에 엄마를 두 번 부를 수 있었고, 그 후에는 라쉬가 엄마를 불러도 모른 척했습니다. 다음 단계에서는 잠자리에 들고 나서 한 번만 엄마를 부를 수 있었습니다. 그다음에 라쉬와 엄마는 잠들기 전에 탐정처럼 생각하기를 하였고, 잠자리에 든 후에는 엄마를 부를 수 없었습니다. 마지막으로 라쉬는 안심시켜주지 않아도 잠을 잘 잘 때에만 보상을 받았습니다.

'실패' 다루기

불안한 아이들은 다른 아이들보다 민감한 '실패' 감지기를 가지고 있어서, 별것 아닌 작은 실수도 아주 큰 것처럼 여깁니다. 이것은 자신감에 타격을 줄 수 있으며, 다른 것들을 시도하거나 심지어는 이전에 매우 쉽게 했던 것들도 시도할 수 없게 만들 만큼 불안 수준을 높일 수 있습니다. 불안한 아이들 대부분은 "나는 가망 없어. 어떤 것도 제대로 할 수 없다는 걸 알아"와 같은 부정적인 말을 쉽게 합니다.

어떤 단계를 시도하다가 갑자기 너무 어렵거나 혹은 결과가 예상과 다르다는 것을 알게 되면 아이는 이를 완전한 실패로 간주할 수 있습니다. 이런 일이 발생하면 자녀가 이러한 노력의 성공 또는 실패의 중요성에 대해 탐정처럼 생각하기를 해보도록 격려하는 것이 중요합니다. 역할 바꾸기가 특히 유용한데, 다시 말하면 만약 어떤 사람이 이와 똑같은 상황에 놓여 있다면 그 사람에게 뭐라고 하겠느냐고 물어보는 것입니다. 사다리 작업에 있어서 진정한 실패라는 것은 없다는 점을 아이에게 잘 설명해주십시오. 모든 시도들은 배울 수 있는 기회입니다. 만약 어떤 단계를 성공할 수 없다면 그것은 단지 그 단계가 너무 어렵거나 더 작은 단계들로 쪼개져야 한다는 것을 의미할 뿐입니다. 같이 놀자고 했을 때 친구가 안 된다고 하는 것처럼 예상치 못한 일이 발생하면, 그러한 거절이 "나는 네가 싫어"를 의미하는지 아니면 다른 이유(예: 친구가 다른 일로 바쁘다) 때문인지에 대해 탐정처럼 생각하기를 해봅니다. 이는 자녀가 자신의 실패를 보다 공정하게 평가하는 데 도움이 될 것입니다.

한편 어떤 불안한 아이들은 다음번에 더 잘해야 한다는 이유로 성공하는 것에 대해서 걱정하기도 합니다. 즉 어떤 아이들은 뭔가를 잘 해낸다는 것을 다음번의 더 큰 부담으로 느끼기도 합니다. 이런 아이들은 자신의 성공을 무시하거나 또는 전적으로 부인해서 이번 성공은 별거 아니라는 식으로 여기기도 합니다. 이것은 특히 매우 완벽주의적인 아이들에게서 자주 나타나는 경향입니다. 중요한 것은 사다리 작업을 한다는 것이지, 반드시 이기거나 최고가 되어야만 하는 게 아니라는 점을 아이에게 강조하십시오. 사다리 작업을 할 필요성이 있을 뿐, 여기에는 실패라고 할 만한 것은 없음을 다시 한번 상기시켜주십시오. 어떤 경우에는 완벽주의를 줄이기 위하여 몇 가지 연습들을 사다리 작업에 포함시키고 싶으실 수 있으며, 고의적인 실수를 하거나, 지저분하게 보이도록 하거나, 원래 잘하지 못하는 무언가를 배워보게 하는 것 등이 예가 될 수 있습니다.

너무 많은 것을 하려고 하는 경우

일어날 수 있는 또 다른 문제는 아이가 부모님을 기쁘게 해드리려고 또는 '완벽한 아이'가 되고 싶어서 너무 열심히 하는 것입니다. 이런 경우에 아이는 지나치게 어려운 수준의 사다리 단계들을 선택할 것입니다. 때로 여러분도 기쁨에 도취된 나머지, 아이에게 더 어려운 것을 시키고 너무 빨리 진행하려고 하기 쉽습니다. 아이가 가진 열정을 칭찬해주는 것은 중요하며, 아이가 열심히 하고 싶어 한다는 것은 행운입니다. 그러나 사람들은 모두 다르며, 먼저 끝냈다고 해서 반드시 상이 주어지는 것이 아니라는 점을 상기시킬 필요가 있습니다. 자녀가 사다리의 단계들을 건너뛰지 말고 각각의 단계를 적어도 한 번은 시도해보도록 격려하십시오. 사다리의 최상위 단계는 가장 어려운 단계이기 때문에 그 과제를 반복하는 것이 특히 중요합니다. 반복을 통해서만 자녀는 일이 잘못될 것 같은 불안한 예측대로 되지 않는다는 것을, 어쩌다 한 번 발생하지 않은 게 아니라 시도할 때마다 발생하지 않는다는 것을 믿게 되는 기회를 얻을 수 있기 때문입니다.

너무 빨리 해내는 경우

어떤 경우에 아이는 문제를 해결하는 일종의 돌파구를 찾아낼 수 있습니다. 다시 말해, 몇 년 동안 회피해왔던 한두 가지 상황에 직면함으로써 일순간 자신감을 느끼고 불안에서 벗어날 수도 있습니다. 이런 일이 일어난다면 아주 행복하겠죠.

그런데 또 어떤 아이들은 사다리의 단계들을 너무 빨리 해내는 경우가 있습니다. 즉 어떤 단계에서 작업을 최대한 빨리 끝내는 것인데, 예를 들면 어두움을 무서워하는 아이가 불이 꺼져 있는 깜깜한 방에서 장난감을 아무거나 하나 골라잡고 재빨리 거실을 가로질러 다시 밝은 방으로 뛰어오는 것과도 비슷합니다. 이처럼 너무 빠른 속도로 하는 것은 그 단계에서 아무것도 배우지 못하고 있다는 신호일 수 있으며, 또 한편으로는 그 단계의 과제가 아이에게 그다지 도전적인 과제가 되지 못한다는 뜻일 수도 있습니다. 이런 경우에는 아이와 함께 궁리하여 보다 어려운 단계들을 집어넣어야 합니다. 그리고 또 한편으로는 단계들이 너무 어렵기 때문에, 뭔가 나쁜 일이 일어나지 않는다는 것을 배울 만큼 충분한 시간 동안 거기 머물러 있지 않으려는 것일 수도 있습니다. 혹은 아이가 약간의 '눈속임'을 쓰면서 프로그램을 열심히 하지 않는 것일 수도 있습니다. 이런 경우에는 보다 구체적인 지시를 하면서 그 단계의 과제를 다시 해보도록 격려해야 합니다. 예를 들어 그 상황에서 얼마 동안 머물러 있어야만 한다든지(예컨대, 장난감 하나를 집어 오는 것이 아니라 종류별로 다른 다섯 가지 장난감을 골라 와야 한다든지), 피하지 말고 대화를 계속 이어가보도록 어디에 앉아서 어느 정도 말을 해야 한다는 등의 지시사항들을 가르쳐줘야 합니다.

조지의 사례

조지의 두려움 중 하나는 파티에 가서 다른 아이들과 함께 어울리는 것이었습니다. 얼마 동안 사다리를 하면서 점차 자신감을 쌓아온 후에, 조지는 한 친구의 집에서 열리는 파티에 초대받게 되었습니다. 조지에게 이것은 꽤 두려운 일이었지만, 부모님은 파티에 참석하도록 권유했습니다. 파티에서 돌아온 후 어땠냐고 묻자, 조지는 그냥 "좋았어요"라고만 대답했습니다. 아빠는 그 말을 듣고 모든 게 너무나 쉬웠다는 느낌을 받았기 때문에, 조지와 함께 앉아서 파티에서 정확히 무엇을 했느냐고 물었습니다. 그랬더니 조지는 조금 수줍어하면서, 저녁 내내 구석에 앉아 다른 아이들을 바라만 보고 있었다고 털어놓았습니다. 부모님은 조지가 파티에 갔기 때문에 일단 보상을 해주었지만, 다음번에는 아이들과 같이 어울려야 한다고 말했습니다. 다음번 파티 때는 그곳에 가는 것뿐만 아니라, 적어도 세 명의 아이들과 이야기하고 오는 것이 과제가 되었습니다. 파티가 끝나고 집에 왔을 때 조지는 꽤 힘들긴 했지만 거기서 만난 친구가 자기와 공통점이 많아서 놀랐으며, 사이좋게 지냈다고 이야기했습니다.

기복이 있는 경우

사다리를 하는 동안 다른 날보다 더 잘되는 때가 있겠지만, 항상 순조롭지는 않을 것입니다. 부모님들은 매번 그날에 최선을 다하고 다음 날에도 계속 노력하도록 마치 코치처럼 아이들을 격려해야 합니다. 잘 안 되는 날에는 새로운 단계를 시도하는 것보다 이미 마쳤던 단계를 반복하도록 하는 것이 더 좋습니다. 어떤 단계에 성공했을 때뿐 아니라 좋은 시도를 했을 때에도 보상해준다면, 아이는 실패를 견디고 계속 나아갈 수 있는 힘을 기르게 될 것입니다.

몸이 아프다고 하는 경우

많은 부모님과 치료자들은 불안한 아이들이 자기가 왜 뭔가를 할 수 없었는지에 대해 변명하거나 설명할 때 거의 '소설을 쓴다'고 이야기합니다. 부모님이 다루기 어려운 문제 중 하나는 자녀가 스트레스 받을 때 몸이 아프다고 호소하는 것입니다. 두통과 배탈, 그리고 '몸이 아프다'는 호소는 그 원인을 잘 알지 못하기 때문에 다루기 어렵게 느껴집니다. 때로 부모님이나 보호자들 간에도 신체적 불평의 이유에 대하여 의견 차이를 보이기도 합니다.

이 경우, 첫 번째 단계로 신체적 문제를 감별하기 위해서 의사의 진찰을 받는 것이 필요합니다. 이것은 아이의 신체증상의 원인과 그것을 다루는 가장 적당한 방법에 대해 부모님과 다른 보호자들 간에 의견 일치를 보지 못하는 경우에 특히 중요합니다. 일단 신체적 원인이 아니라고 한다면, 불안관리기술을 적용할 수 있습니다.

자녀가 통증이나 아픈 느낌을 호소할 때, 우선 신체증상은 진짜이고 불쾌하겠지만 그렇다고 위험한 것은 아님을 받아들이셔야 합니다. '복통'은 위험하지 않으며 대처하고 극복할 수 있다는 증거에 초점을 맞추면서, 신체적 긴장을 줄이고 탐정처럼 생각하기를 끝마칠 수 있도록 이완 기법(9장 참고)을 사용할 것을 권합니다. 그런 다음 복통이 있더라도 아이가 단계를 완료하도록 사다리 단계들을 만드십시오. 불편함에도 불구하고 단계를 이어나가도록 사다리를 만들 때 예상되는 걱정의 정도뿐 아니라 통증이나 불편감을 얼마나 예상하는지에 따라 각 단계의 순서를 정해야 합니다.

아이와 함께하는 주변의 모든 사람들이 똑같이 일관된 접근 방식을 취하는 것이 중요합니다. 만약 부모가 이혼해서 아이가 두 가정을 오가야 하는 경우라면 아이 양육에 관련된 모든 어른들의 참여와 동의가 요구됩니다. 여기에는 학교 선생님과 보건 교사도 포함될 수 있습니다.

신체적 질병의 내력이 있는 집안에서는 신체적 통증에 대한 불안이 클 수 있고, 이러한 걱정은 우선적으로 다뤄져야 합니다. 만약 여러분의 가족이 그런 경우라면, 그 문제에 관한 우려 사항들을 먼저 해결해야만 할 수 있습니다. 자녀의 건강에 대한 여러분의 우려 사항에 대해 탐정처럼 생각하기를 적용해보십시오. 두려움에 도전하도록 아이를 격려하는 것과 어떤 문제를 계속 회피하여 더 나빠지도록 내버려두는 것의 결과를 현실적으로 잘 비교해보십시오.

라쉬의 사례

프로그램이 진행되면서, 라쉬의 엄마는 이제 라쉬를 보모와 함께 있게 하고 집을 나갈 때가 됐다고 생각했습니다. 첫째 날 밤 엄마가 외출 준비를 하고 있을 때 라쉬는 심하게 울면서 짜증 내기 시작했으며, 심하게 보채다가 그만 토하고 말았습니다. 라쉬의 엄마는 외출하는 것을 취소하고 그냥 집에 있어야 했습니다. 그 일이 있은 후 라쉬는 엄마가 외출하려고 할 때마다, 심지어는 학교에 가야 할 때에도 가끔씩 아프다고 불평하기 시작했습니다. 라쉬는 때로 이렇게 심하게 보채다가 몸이 아프기까지 했습니다.

첫 단계로 엄마는 라쉬를 의사에게 데려가서 진찰을 받았습니다. 의사는 '아무 이상 없다'는 진단을 내렸습니다. 그 후 엄마는 라쉬에게 사다리 프로그램을 할 때는 아파도 계속할 것이라고 이야기했습니다. 또한 학교에서 아프다고 할 때도 양호실에 가서 잠시 쉬고 나서 다시 교실로 돌아가도록 했으며, 열이 나지 않으면 데리러 가지 않을 것이라고 선생님에게도 당부해두었습니다.

그 후 얼마 되지 않아 엄마는 모임에 초대를 받았습니다. 라쉬와 엄마는 그 상황에 대해 이야기하면서 이것이 사다리를 올라갈 수 있는 좋은 기회라고 결정했습니다. 그러나 막상 엄마가 모임이 있는 날이 되자 라쉬는 아프기 시작했습니다. 엄마는 라쉬에게 얼마나 어렵고 힘든지 이해하지만, 어찌 됐든지 간에 모임에 갈 것이라고 말했습니다. 그리고 보모에게 라쉬를 다루는 방법을 자세히 일러주고, 열이 있을 때만 연락하라고 했습니다. 그날 밤은 라쉬와 엄마 모두에게 힘든 시간이었지만, 아침이 되었을 때 라쉬는 커다란 보상을 받을 수 있었습니다. 라쉬와 엄마는 두 번 더 그런 연습을 했습니다. 이것이 쉽지는 않았지만, 두 사람은 모두 끝까지 열심히 했습니다.

네 번째 시도에서 라쉬는 엄마가 외출할 때 더 이상 아프지 않았습니다. 여전히 두려워하기는 했지만 짜증을 내거나 배가 아프다고 하지 않았습니다. 다음 날 아침 라쉬는 축하 선물로 특별 보상을 받았습니다.

교묘하게 불안을 회피하는 경우

사람들은 행운을 준다는 부적이나 특별한 마스코트를 지닌다거나, 휴대폰을 꼭 챙기거나, 운 좋은 어떤 옷을 입어야만 한다거나, 노래를 흥얼거리거나, 껌을 씹거나, 잠자리에 들면서 인사할 때 반드시 의례적인 말을 해야 한다고 고집하는 식으로 두려움을 줄이려 하기도 합니다. 이러한 교묘한 방법들은 그렇게 하는 것이 문제 발생 위험을 줄이거나 도움이 될 것이라는 미신적 믿음 때문에 사용됩니다. 이 방법들은 운동선수를 비롯한 성인들이 많이 사용하며, 불안한 아이들도 흔히 사용합니다.

이런 믿음과 행위들은 두려운 상황에 직면하는 것을 회피하는 미묘한 방법이 됩니다. 아이들이 이런 유형의 회피 방법을 사용하게 되면, 성공 경험이 자신의 능력과 무관하다고 믿게 될 위험성이 커집니다. 즉 성공이 자신의 능력 대신에, 특별한 대상이나 의례적 행위 때문에 생긴 일이라고 믿기 쉽습니다.

불안을 적절하게 극복하기 위해서는 아이가 불안을 경험해보고, 실제 위험 수준을 평가하기 위해 탐정처럼 생각하기 기법을 사용해야 하며, 실제로는 그렇게 염려할 필요가 없다는 것을 배우는 일련의 상황들을 경험해야만 합니다. 즉 두려움이 없어진 것이 행운의 부적이나 마스코트, 특별한 옷 같은 것 때문이 아니라, 실제로 위험이 없었기 때문이라고 생각할 수 있어야 합니다.

분리불안을 가진 아이들은 휴대전화를 통해서 부모님과 즉시 접촉할 수 있다는 것에 점점 더 의지하기도 하는데, 이것 역시 일종의 미묘한 회피입니다. 다시 말해, 부모님과 아이가 서로 떨어져 있지만 가능한 한 정기적으로 전화 연락을 취하게 되면, 아이는 자신의 불안한 예측이 틀렸다는 것을 배우기 어렵게 됩니다. 여러분은 부모로서 자신의 불안감이 휴대전화에 대한 아이의 과도한 의존성에 어떤 역할을 하고 있음을 발견할 수도 있을 것입니다. 서로 금방 연락할 수 있다는 편리함의 추구와 분리불안으로 인한 안전감 집착의 욕구는 구분되어야만 하며, 미묘한 회피는 아닌지 잘 살펴봐야 합니다.

안전 추구 전략과 미신 행동은 강박 공포증이 있는 어린이에게 특히 흔합니다. 이 아이들은 종종 자신을 위험으로부터 보호할 수 있다고 믿는 매우 미묘한 의례적 행위나 마술적인 방법들을 사용합니다. 예를 들어, 숨을 쉬면서 마법의 숫자를 세거나, 특정 방식으로 물건을 만지작거리거나, 특정 패턴으로 행동할 수 있습니다. 이러한 것들은 알아차리기 어려울 수 있으며, 결과적으로 자녀가 행하는 모든 의례적 행위를 인식하지 못할 수 있습니다. 그러므로 자녀에게 이러한 유형의 활동에 대해 정기적으로 질문하는 것이 중요합니다. 가장 좋은 질문은 사다리를 한 단계씩 마칠 때마다 "혹시 좀 더 쉽게 하려고 네가 한 일이 있었니?"라고 묻는 것입니다. 자녀가 교묘한 방법을 사용한다고 보고하는 경우, 의례적 행위나 특정 대상 없이 사다리의 단계들을 다시 수행하도록 확인하십시오.

미묘한 회피의 특수한 예는 불안 치료를 위해 약물을 복용하고 있는 아이에게서 볼 수 있습니다. 아이가 사다리 과정을 진행하는 동안 약물치료를 병행하고 있다면, 아이는 '내가 이걸 할 수 있는 건 약이 도와줬기 때문이야'라고 생각하기 쉽습니다. 이런 경우에는 자신감을 키우기 어려울 것이며, 대신에 약이 있어야만 할 수 있다고 생각하게 될 것입니다. 약물이 실제로 하는 일(예: 신체가 다양한 감정을 만들 때 필요한 화학 물질을 만드는 데 도움이 됨)과 하지 않는 일에 대해 의사 선생님으로부터 수집한 증거를 추가하여 탐정처럼 생각하기를 적용해보십시오. 단계를 선택하거나, 말하고 행동하는 과정에서 어떤 결정을 내린 것, 또는 독립심과 자신감을 보여준 것 등은 항상 자기 자신이 한 일임을 깨달을 수 있도록 도와주십시오.

행운의 부적이나 보조 도구, 약물이 있다는 것이 큰 문제는 아닙니다. 그렇지만 이 같은 대상이 없는 단계에 이르기까지 사다리 작업을 반복적으로 연습할 필요가 있습니다! 보조 도구나 부적 등을 사용하는 경우라면, 처음에는 그런 것이 있는 상태에서 그리고 나중에는 그것이 없는 상태에서 단계를 수행하도록 사다리 계획을 짜는 것이 좋습니다. 약물의 경우에는 아이가 불안관리 프로그램을 하는 동안에도 계속 복용해야 할 수도 있습니다. 그러다가 불안 증상이 개선되면 의사의 처방하에 복용량을 줄여갈 수 있을 것입니다. 약의 복용을 멈추게 된다면, 자신에 대한 통제권을 가진 사람은 바로 자신임을 아이가 분명히 알 수 있도록 각각의 사다리 단계 과제들을 철저히 연습해야 합니다.

탈리아의 사례

탈리아는 얼마 동안 수영하러 가기 위한 단계적 계획들을 연습해왔으며, 이제 정말로 수영하러 가는 일에 자신감을 갖게 되었습니다. 탈리아의 아빠는 그 계획에 열심히 참여하고 싶어 했고, 전 과정에서 적극적인 역할을 했습니다. 그중 하나로 아빠는 모든 단계에서 탈리아와 함께 있었습니다. 탈리아가 물에 들어갈 때마다 아빠는 밖에 서서 지켜보았습니다. 탈리아는 정기적으로 아빠에게 손을 흔들었고 아빠를 많이 쳐다보았습니다. 어느 날 탈리아는 바닷가에서 수영하면서 매우 즐거운 시간을 보내고 있었고, 아빠는 잠시 아이스크림을 사러 갔습니다. 그런데 아빠가 돌아와보니 탈리아는 물 밖으로 나와서 울고 있었고, 아빠를 보자 소리쳤습니다. "아빠, 어디 갔었어? 나 물에 빠질 뻔했잖아." 아빠는 모든 단계를 함께했고, 그래서 아이가 아빠를 안전장치로 이용했다는 사실을 깨닫게 되었습니다. 그 결과 탈리아는 아빠가 근처에 있을 때만 물에 들어갈 수 있었던 것입니다. 탈리아와 아빠는 함께 이 문제를 이야기했고, 이제는 아빠 없이 다시 연습하기로 결정했습니다. 두 번째 과정은 훨씬 더 빨리 이루어졌으며, 탈리아는 곧 수영에 대한 자신감을 회복하게 되었습니다.

부모용 활동 **두려움에 맞서기 위한 초기 시도를 검토하기**

자녀가 두려움에 직면했을 때의 기록들을 살펴보고, 어떤 성공을 거두었는지 기록하세요.

_____

_____

_____

_____

이러한 성공의 대가로 자녀가 받은 보상은 무엇입니까?

_____

_____

_____

_____

성공하지는 못했지만 시도하려 노력을 기울인 대가로 자녀가 받은 보상은 무엇입니까?

_____

_____

_____

이 단계를 완성하는 데 자녀가 겪었던 어려움은 무엇입니까?

_____

_____

_____

이러한 문제를 극복하기 위해 여러분은 무엇을 할 수 있었습니까?

_____

_____

_____

자녀가 이 활동을 통과하는 데 도움이 될 만한 특정 행동이나 마법의 물건 혹은 방법을 보셨나요? 아이에게 무엇이 상황을 더 무섭게 만들었을지 물어보셨나요?

_____

아이들이 두려움에 맞서도록 하기 위해 어떤 단계를 추가해야 할까요?

_____

_____

_____

_____

자녀의 진전을 방해하는 것들

여러분의 자녀가 불안을 다루거나 단계들을 밟을 때 부딪칠 수 있는 어려움 이외에도, 자녀의 진전을 방해하는 다른 어려움들이 있습니다. 이제 이런 어려움들에 대해 얘기하겠습니다.

사다리 작업을 할 시간이 충분하지 않음

대부분의 가족들은 매우 바쁜 삶을 살기 때문에 사다리 과제를 하기 위한 시간을 충분히 갖지 못합니다. 하지만 사다리 기법, 탐정처럼 생각하기와 새로운 기술을 적용하는 것을 우선시할 때 지속적인 향상이 오게 되고, 그럼으로써 그것들이 여러분과 자녀의 생활에 익숙해질 것입니다. 그리고 궁극적으로 연습에 필요한 시간은 줄어들게 됩니다. 연습을 많이 할수록 삶의 여러 영역에서 자연스럽게 그 기술들을 사용하게 될 것임을 기억하십시오. 여러분의 자녀는 불안을 덜 경험하게 될 것이고, 스스로 불안관리기술들을 사용할 수 있게 될 것입니다. 가족이 사다리 작업을 하는 동안 과외 활동의 수를 줄이는 것과 같이 자녀의 또 다른 의무들을 줄일 것을 권합니다. 자녀가 방과 후에 몇 가지 단계들을 연습해야 한다면 그날 학교 숙제나 집안일의 전부 또는 일부를 줄여줄 수도 있습니다. 마찬가지로 여러분 자신에게도 공정해야 합니다. 오후에 자녀의 단계들을 돕는 데 여러분이 시간을 보냈다면 저녁은 직접 만들어 먹기보다는 배달 음식으로 보상할 수 있습니다. 사다리를 하면서 재미와 휴식 시간을 잃지 않도록 균형을 맞추는 것이 필요합니다.

부모의 동기 부족

무엇이든 동기를 향상시키려면 보상이 필요합니다. 부모님도 자녀의 불안을 다루는 것을 돕는 여러분의 노력에 대해 스스로 보상할 필요가 있습니다. 자녀의 성공에 대한 기록을 검토하는 것은 여러분의 동기를 유지하는 데 도움이 됩니다. 성공은 동기를 향상시킵니다. 자녀의 작은 성공들을 기억할 필요가 있으며, 이것이 앞으로 큰 성공을 이루게 할 것입니다. 여러분 자녀가 목표하고 있는 변화를 기억하기 위해 1장의 '아동용 활동 3 나의 목표'를 돌아보십시오. 또한 부모님의 비현실적인 불안을 다루기 위해 불안관리 전략을 직접 적용해본다면 여러분의 동기가 향상될 것입니다. 이는 연습의 긍정적 효과를 몸소 체험하게 되기 때문입니다.

밀어붙여야 할 때를 알기(불안 대 무관심)

언제 밀어붙여야 하는지 알기 위해서는 자녀가 여러분에게 하는 말을 믿어야 합니다. 나이가 많은 아이들은 어떤 일을 하거나 상황에 들어가기를 거부하는 이유가 불안이나 무관심 때문인 경우 이를 부모에게 말할 수 있지만, 부모가 물어봐야 할 때도 있습니다. 때때로 아이들은 사실은 두려움 때문에 그만두고 싶을 때에도 관심이 없어서 그렇다고 이야기하기 때문입니다. 예를 들어 잘 모르는 아이들이 모이는 파티에 초대되었을 때, 아이는 파티가 지루하거나 재미없다고 얘기할 것입니다. 그러나 사실 아이는 친구들과 어울리는 방법을 걱정하고 있는 것일 수 있습니다. 그러므로 여러분의 자녀가 그것에 정말로 관심이 없는 것인지, 아니면 사실은 불안한 것인지를 조심스럽게 생각해보아야 합니다. 여러분의 자녀는 자기가 불안하다거나 아니면 관심이 없다거나 할 때 여러분에게 말하는 특정한 방식이 있을 것입니다. 이러한 방식을 아는 것은 여러분으로 하여금 자녀의 불안과 무관심을 구별하는 일을 도와줄 것입니다. 이 프로그램의 첫 주에서 여러분이 발견한 단서들을 살펴보는 것이 유용하다는 사실을 알게 될 것입니다.

만약 자녀가 불안 때문에 과제를 하거나 어떤 상황에 들어가기를 꺼린다는 것을 발견한다면, 방해되는 것을 찾아 문제를 해결하십시오(예를 들어 각 단계에서 해야 할 일이 아이에겐 너무 클 수 있습니다). 여러분이 자녀를 부드럽게 밀어붙인다면 자녀에게 보상을 줘야 한다는 것을 기억해야 하며, 규칙적으로 각 단계들을 보상과 연결시켜야 합니다. 여러분의 자녀가 불안해서 그런지 정말로 관심이 없어서 하기 싫어하는지를 구분하는 게 자신 없다면, 어떤 식이든 자녀에게 그것을 하게 하는 것이 최선이 될 수 있습니다. 만약 자녀가 어떤 단계가 지루하다고 말한다면, 이것은 보상을 받을 수 있는 가장 쉬운 방법이라고 얘기하십시오.

또한 좀 더 열심히 하도록 자녀를 밀어붙이는 것에 대해 부모님이 걱정하고 있는 것은 아닌지 스스로에게 자문해볼 필요도 있습니다. 종종 '부드러운' 부모와 '강한' 부모가 있을 수 있고, 부모님 사이에 의견이 일치하지 않거나, 부모 중 한 명이 치료 계획을 거부할 수 있습니다. 이는 모두 자녀의 열의를 감소시키고, 자녀가 정말로 두려움에 직면해야 하는지에 대해 복합적인 메시지를 줄 수 있습니다. 따라서 이러한 문제에 대해 꺼내놓고 이야기하고, 자녀를 돕기 위한 전략에 서로 합의하도록 노력하십시오. 만약 여러분이 아이를 밀어붙이는 것이 힘들다면, 부모님의 걱정에 대해 탐정처럼 생각하기의 일부를 시도해야 할 수도 있습니다. 계속해서 자녀에게 여러분이 사랑한다는 것을 보여주는 한, 조금 밀어붙여도 아이가 여러분을 미워하거나 정신적으로 상처받거나 해를 입지는 않을 것입니다. 지금 조금 힘든 것이 오히려 자녀가 좀 더 자신감을 갖게 하는 데 장기적으로 도움이 된다는 점을 기억하십시오.

쉽고 빠르기 때문에 부모가 대신 떠맡아 하기

때로는 부모님이 대신 떠맡고 싶은 마음이 들 때가 있을 테지만, 이러한 유혹에 넘어가지 않도록 노력해야 합니다. 여러분 자신의 불안한 예측에 도전하는 것을 잊지 마십시오. 지금 개입하지 않고 도움을 주지 않으면 실제로 무엇이 잘못될 수 있겠는지 스스로에게 물어보십시오. 여러분의 자녀는 불안에 직면해도 된다는, 그리고 스스로 그렇게 할 수 있다는 명확하고 일관적인 메시지를 필요로 하고 있습니다. 여러분의 자녀가 여러분이 원하는 것과 유사한 무언가를 할 때 칭찬받고 보상받아야 한다는 점을 기억하십시오.

방해가 되는 부모의 불안, 믿음, 또는 기대

일부 부모님은 자녀가 사다리 혹은 다른 일상생활에 참여하는 데 방해가 되는 여러분 자신의 비현실적인 불안을 발견할 때가 있을 것입니다. 자녀가 잘 대처할 수 있을지, 상황이 안전할지, 여러분이 개입하지 않으면 자녀가 중요한 것을 혹시 놓치지는 않을지, 또는 자녀의 감정을 무시하면 자녀와의 관계가 손상되지는 않을지 걱정할 수 있습니다. 불안한 아이들은 부모의 걱정에 매우 민감합니다. 다음 단계에 대해 걱정하거나 사다리 기법의 가치에 대해 전적으로 확신하지 못하는 경우 자녀의 진도를 방해하는 미묘한 메시지를 자녀에게 제공할 수 있습니다.

만약 이것이 사실이라면 자녀에게 가르친 불안관리전략을 여러분의 걱정에 적용하는 것이 좋습니다. 두려움에 맞서기 위한 노력을 부모님께서 직접 모범을 보이면 자녀도 불안을 관리할 수 있다는 강력한 메시지를 얻게 될 것입니다.

불안한 부모들이 가지고 있는 가장 큰 어려움 중 하나는 자녀가 혼자 해낼 수 있는 적당한 것이 무엇인지, 그리고 그것이 정말로 위험한 것인지를 결정하는 일입니다. 예를 들어 학교에서 집까지 걸어오게 하거나, 혼자 집에 있게 하거나, 파티에 가게 해도 될지와 같은 것들입니다. 이럴 때는 다른 부모님들에게 피드백을 받는 것이 유용할 수 있습니다. 비슷한 상황에 있는 자녀를 둔 다른 부모들에게 얘기하고, 그들의 의견을 구하십시오. 그리고 탐정처럼 생각하는 것을 잊지 마십시오. 즉 어떤 일이 실제로 잘못되어가고 있는지에 대해 증거를 찾아보십시오.

다양한 상황에 대한 여러분의 믿음이나 기대를 알아차리기 어려울 수 있습니다. 왜냐하면 그것들은 오랫동안 우리 곁에 있어왔을 뿐 아니라, 우리로 하여금 생각하지 않고 행동하는 데 영향을 주기 때문입니다. 믿음이 얼마나 우리의 행동에 영향을 주는지에 대한 단순한 예를 들어보면, 커피 없이는 하루를 시작할 수 없다고 믿기 때문에 매일 아침마다 자동적으로 커피를 마시는 경우를 생각해볼 수 있습니다. 여러분의 믿음이나 기대는 자녀의 진전에도 영향을 줍니다. 예를 들어, 부모가 권위자를 '우월하다'고 믿는다면, 교장 선생님과 이야기할 때 불안해하는 아이가 이러한 두려움에 직면할 수 있을 것이라고 기대하지 않을 것입니다. 또한 부모는 자녀가 숙제나 운동 등을 할 때 완벽해지기를 기대할 수 있습니다. 왜냐하면 자녀가 실수할 때 그것은 자녀뿐 아니라 부모 자신의 양육 능력을 부정적으로 반영하는 것이라고 믿기 때문입니다. 이러한 부모는 자녀가 완벽주의를 감소시키기 위한 사다리 작업을 시도할 때 실수 없이 하기를 원할 것입니다.

이러한 믿음과 기대를 자각하는 것은 자녀의 진전에 미치는 부정적인 영향을 줄이는 첫 단계가 됩니다. 자녀에 대한 여러분의 믿음과 기대의 영향을 줄이기 위해 문제를 해결할 방법을 시도하십시오. 예를 들어 그러한 믿음에 대해 스스로 탐정처럼 생각하기를 수행하거나, 자녀의 두려움이 여러분의 두려움을 반영하는 경우 아이와 함께 사다리 작업을 수행하십시오. 여러분의 불안과 믿음, 기대가 자녀의 진전에 뚜렷한 장애가 된다고 느낀다면, 그리고 이것을 독립적으로 다루는 게 어렵다면, 여러분과 함께 이 문제를 작업해나갈 전문가를 찾아 도움을 구하는 게 좋을 것입니다.

자녀와 함께 하는 활동

아동용 활동 21 하다가 중간에 힘들어질 때

불안에 직면할 때 발생할 수 있는 어려움에 대해 자녀와 얘기하십시오. 이러한 어려움에는 너무 어렵거나 너무 쉬운 단계들, 잘 묘사되지 않은 단계들, 단계에 직면할 때 정말로 걱정되는 생각을 하는 것, 두려움이 줄어들 만큼 오래 상황에 머무르지 않는 것, 이전 단계를 숙달하기 전에 다음 단계로 넘어가는 것, 사다리의 어디에 있는지를 잊어버리는 것, 보상을 주지 않는 것, 그리고 단계를 하는 동안 경험하는 걱정을 줄이기 위해 속임수를 쓰는 것(음악을 듣거나 어딘가에 가버리는 것 등)이 포함됩니다. 다음과 같은 방법으로 여러분의 자녀가 이러한 문제들에 대한 가능한 해결책들을 찾도록 도와주십시오.

- 각 단계에 대비하여 대처기술 사용하기
- 끈기 있게 많이 연습하기
- 기록하기(다른 것보다도 보상을 제대로 이행하고 있는지 확인하는 게 중요합니다)
- 지루하거나 거의 지루해질 때까지 단계들을 반복하기
- 도전적으로 어렵게 느껴질 수 있지만, 그래도 불가능하지는 않도록 단계를 수정하기

아동용 연습 과제 6 단계를 수행하기

다음 주에 어떤 단계를 시도할지에 대한 계획을 세우기 위해 한 번 더 자녀와 함께 얘기하십시오. 또한 단계를 하는 중에 필요하다면 단서 카드를 사용하고, 불안을 다루기 위해 탐정처럼 생각하기와 문제해결 방법을 사용하라고 알려주십시오.

7장의 주요 내용

이 장에서 여러분은 사다리 기법을 적용할 때 직면할 수 있는 몇 가지 일반적인 어려움에 대한 해결책을 배웠습니다.

- 도중에 막히면 사다리를 조정하고 보상을 다시 생각해보기

- 아이들이 혼자 대처할 수 있다는 것을 배울 수 있도록 안심시켜주는 것을 줄이기

- "실패한" 단계를 다루기 위해 탐정처럼 생각하기를 사용하기

- 단계들이 너무 크거나 작지 않게 하기

- 잘하는 날도 있고 그렇지 않은 날도 있다는 것을 받아들이기

- 신체적인 증상이 나타날 때에도 지속하기

- 단계를 하는 동안 불안을 줄이기 위해 안전한 전략을 찾는 것을 주의 깊게 살펴보기

진전을 방해하는 걸림돌에는 다음과 같은 것이 있습니다.

- 사다리를 작업하는 데 충분한 시간을 들이지 않는 것

- 단계를 하기 위한 충분한 기회를 제공하지 않는 것

- 다음 단계를 하도록 자녀를 밀어붙일 때 확신이 없는 것

- 부모가 하는 게 쉽기 때문에 대신 떠맡는 것

- 부모 자신의 불안이나 믿음 때문에 자녀의 동기를 저하시키는 것

자녀는 다음과 같은 것을 할 필요가 있습니다.

- 사다리를 작업할 때 겪었던 문제나 어려움을 파악하고, 문제를 해결하기 위해 단계를 수정하기
- 불안이나 걱정을 다루는 데 도움이 되는 불안관리기술들을 사용해서 사다리의 단계들을 계속 작업하기(이제 여러분은 자녀가 다음 단계로 나아가도록 진정으로 격려해야 합니다.)

8

사회성 기술과
자기주장 능력 기르기

사회성 기술과 자기주장 능력을 개발하는 것은 특히 사회불안이나 관계에
대한 걱정이 있는 어린이에게 매우 유용합니다. 만약 여러분의 자녀가 이러
한 경우가 아니어서 일반적으로 자신감이 있고 사람들에게 도움을 요청할
수 있으며 필요한 경우 사람들에게 거절의 뜻을 표현할 수 있다면, 이 장의
활동을 다 할 필요가 없습니다. 대신 탐정처럼 생각하기와 문제해결 및 사
다리 기법의 핵심 기술을 계속해서 연습하세요.

사회성 기술의 중요성

불안한 아동들도 대체로 사람들과 관계를 맺거나 친구 사귀는 것을 잘합니
다. 그러나 일부는 다른 사람들과 상호작용을 할 때 원만하고 능숙한 태도
를 보이지 못하는 것처럼 보입니다. 이 때문에 다른 아이들, 심지어는 어른
들도 때때로 불안한 아동을 무시하거나 거부하거나 괴롭히는 등의 부정적

인 반응을 일으킬 수 있습니다. 상상할 수 있듯이 이러한 일이 생기면 불안한 아동이 좀 더 자신감을 갖게 되기란 매우 어려울 것입니다.

조지의 사례

조지는 대부분의 시간을 혼자 보냅니다. 심지어는 학교에서도 혼자 있습니다. 조지는 반 친구들과 거의 이야기하지 않으며, 점심시간에는 보통 도서관에 가서 혼자 책을 봅니다. 가끔은 주변을 돌아다니면서 반 아이들이 축구하고 있는 것을 지켜보기도 합니다. 아이들은 조지에게 같이 하자고 이야기하는 법이 없습니다. 사실 아이들은 조지가 거기 있다는 것조차 알아차리지 못합니다. 조지는 정말로 아이들과 함께 놀고 싶지만, 어떻게 말해야 할지 모르며, 아이들이 자신을 비웃거나 같이 놀지 않겠다고 할까봐 걱정합니다. 점심을 먹고 난 후에 교실에 돌아와서는 다른 아이들이 말 걸지 않기를 바라면서 교실 뒤편에 앉아 있곤 합니다. 그는 다른 아이에게 먼저 말을 걸지 않습니다. 앞에 앉은 좋아하는 여학생에게 말을 걸고 싶지만 뭐라고 말해야 할지 생각이 떠오르지 않으며, 괜히 잘못해서 바보같이 보일까봐 걱정합니다.

한번은 선생님이 반 아이들에게 학교 축제에 대한 의견을 물어본 적이 있는데, 조지는 나무토막을 쓰러뜨리면 상을 받게 되는 경기를 하면 좋겠다고 생각했습니다. 그러나 막상 자기 차례가 되자 조지는 책상만 내려다보고 웅얼댈 뿐이었습니다. 쥐구멍에라도 숨고 싶은 심정으로 말입니다. 조지는 자신의 생각을 선생님에게 설명하려고 애썼지만, 목소리가 너무 작아서 아무도 알아들을 수가 없었습니다. 결국 선생님은 다음 아이에게 차례를 넘겼습니다.

학교가 끝난 후에 조지는 혼자서 집으로 갑니다. 집이 같은 방향인 아이가 같은 반에 있었는데, 마침 그 아이가 노트를 떨어뜨려 종이들이 여기저기 흩어져 있는 것을 본 적이 있었습니다. 그때 조지는 도와주겠다고 말하고 싶었지만, 뭐라고 말해야 할지 몰랐습니다. 그래서 종이를 줍고 있는 그 아이를 그냥 지나쳐 걸어갔습니다.

다음 날 조지는 점심을 먹으려고 줄을 서 있었습니다. 한 아이가 조지를 밀치고 앞으로 새치기를 했습니다. 조지는 화가 나서 그 아이에게 뒤로 가서 서라고 말하고 싶었지만, 아무 말도 하지 못했습니다.

사회성 기술과 자기주장 능력이 왜 중요할까?

아이들은 어른이나 또래의 아이들과 어울리는 여러 사회적 상황에서 익숙하게 행동할 수 있어야 합니다. 예를 들어 다른 아이들과 대화하고 함께 놀자고 한다거나 아이들을 초대하는 등의 행동을 할 줄 알아야 합니다. 질문하고, 게임에서 자기 차례라고 말할 줄 알며, 남을 칭찬하거나, 다른 아이들에게 장난감을 빌려줄 수 있어야 하고, 불공평한 대우를 받으면 권리를 주장할 줄도 알아야 합니다. 이 모든 행동은 친구를 사귀고 또래 집단과 어울리기 위해 중요한 것들입니다.

아이들은 또한 어른들을 상대할 줄도 알아야 합니다. 예를 들어 필요할 때 도움을 청하거나 제공할 수 있어야 하며, 자신의 생각을 표현하고, 끼어들 만한 적당한 순간을 포착하며, 질문에 대답하고, 어른과 대화를 시작하고 지속할 수 있어야 합니다. 생각해보면 아이들이 익숙하게 되어야 하는 사회적 과업들이 너무나 많습니다. 더욱이 아이들은 어른이 되면 데이트를 할 수 있어야 하고, 일자리를 얻기 위해 면접을 봐야 하는 등 사회적 과업들이 더 많아집니다.

이런 사회적 과업들을 성공적으로 수행하기 위해 필요한 기술을 바로 사회성 기술이라고 부릅니다. 연구에 의하면, 불안한 아이들 중에는 다른 아이들보다 사회적 과업을 잘 못하는 아이들이 있다고 합니다. 여기에는 두 가지 가능성이 있습니다. 하나는 이 아이들이 너무나 겁을 먹어서 자신의 기술을 잘 사용하지 못한다는 것이며, 또 하나는 다른 아이들과 상호작용했던 경험과 연습이 부족해 사회성 기술을 제대로 발달시키지 못했다는 것입니다. 대부분의 불안한 아이들은 다른 사람과의 상호작용을 회피하고, 따라서 사람들과 상호작용하는 방법을 연습할 기회 자체가 부족하게 됩니다. 이유야 어쨌건 사람들과의 관계를 향상시키기 위해서 이들에게 사회성 기술을 가르치는 건 매우 도움이 될 것입니다. 또한 불안한 아이들은 자기주장을 잘 못하는 경향이 있습니다. 자기주장 능력은 자신의 욕구를 표현하고, 다른 사람에게 자신의 권리를 주장하며, 긍정적인 결과를 내는 방향으로 자신을 옹호하는 능력입니다.

사회성 기술의 구성요소

사회성 기술에는 다섯 가지 주요 영역이 있습니다. 이러한 기술은 보통 점진적으로 발달해가는 것이어서, 먼저 열거한 기술을 습득하게 되면 나중에 열거한 기술도 발달시킬 수 있게 됩니다.

신체언어 기술

눈 맞춤(시선 처리): 대화하는 동안 상대의 말을 잘 듣고 있고 주의를 기울이고 있다는 것을 나타내기 위해서 상대의 눈을 보지만, 그렇다고 너무 뚫어지게 쳐다보지는 않습니다.

불안한 아이들은 눈 맞춤을 피하며 다른 사람과 얘기할 때 아래쪽이나 먼 곳을 쳐다봅니다. 이것은 다른 사람들에게 무관심하거나 비우호적인 태도로 보일 수 있습니다. 또한 아이가 대화하면서 너무 자주 눈치를 살피거나 너무 뚫어지게 상대를 쳐다본다면, 상대를 불편하게 만들기 때문에 문제가 될 수 있습니다.

자세: 아이가 상황에 알맞은 자세로 서 있거나 앉아 있습니다.

어떤 자세, 예를 들어 구부정한 자세, 상대를 외면하는 자세, 또는 지나치게 굳은 자세는 사람들한테 좋지 못한 인상을 줄 수 있습니다.

얼굴 표정: 아이의 표정이 상황에 적절합니다. 다른 사람과 이야기할 때 보통 미소를 띠거나 부드러운 표정입니다. 혹은 상황에 알맞게 슬프거나 화난 표정을 짓습니다.

얼굴 표정은 우리의 감정을 나타냅니다. 지루하거나, 화나거나, 겁먹거나, 미소가 없는 표정 등은 다른 아이들과 어른들에게 비우호적인 표시로 보일 수 있습니다.

음성 기술

억양과 높낮이: 아이의 말투가 친근감 있고 듣기 좋으며 생생합니다. 여러 가지 감정을 전달하기 위해서 다양한 어조를 쓸 수 있습니다.

아이의 목소리가 시큰둥하거나, 공격적이거나, 겁먹은 것 같거나, 칭얼거리는 것으로 들린다면, 혹은 듣기에 즐겁지 않다면 다른 사람들에게 오해를 받을 수 있습니다. 사람들은 그 아이가 불친절하고, 공격적이며, 또는 무관심하다고 오해할 것입니다. 아이들은 대부분의 상황에서 친절한 말투를 사용할 수 있어야 합니다.

음량: 목소리의 크기가 상황에 적절합니다.

아이들은 다른 사람의 귀에 들릴 정도로 말할 수 있어야 하지만, 너무 크게 말해서는 안 됩니다. 불안한 아이들은 너무 작게 말하는 경향이 있는데, 이 때문에 의사소통이 원활치 못합니다.

속도: 아이가 너무 빠르거나 너무 느리지 않게 적당한 속도로 말합니다.

너무 느리게 말하면 지루하게 들릴 수 있으며, 너무 빨리 말하면 이해하기가 힘듭니다.

명확성: 아이가 명확하게 이야기하며 그래서 이해하기 쉽습니다.

아이들의 이야기가 이해하기 힘들다면 대화는 어려워집니다. 불안한 아이들 중 일부는 우물거리며, 다른 사람들이 이야기를 분명하게 이해하는 데 어려움이 있습니다.

대화 기술

인사와 소개: 아이가 아는 사람을 만나면 "안녕"이라고 하거나, 다른 인사를 합니다. 더 나이 든 아이들의 경우에는 사람들에게 자신을 소개하는 능력이 특히 중요합니다.

대부분의 아이들은 인사할 때 뭐라고 해야 하는지 알고 있지만, 너무 불안해서 그렇게 못 하거나, 또는 사회적으로 세련된 방식으로 인사하지 못할 수도 있습니다. 아이들은 모든 대화 기술 중에서도 눈 맞춤과 적절한 표정, 그리고 알아들을 수 있도록 명확하게 말하기 등의 기본 기술을 사용할 줄 알아야 합니다.

대화 시작하기: 아이가 간단한 질문이나 짧은 말로 대화를 시작할 수 있습니다.

불안한 아이들은 다른 사람들과 대화를 시작하는 것을 피합니다. 이들은 대부분의 시간을 침묵하는 경향이 있으며, 특히 잘 모르는 사람들과 있을 때 그렇습니다. 이 때문에 다른 아이들과 친해지는 데 어려움이 있습니다.

대화 지속하기-질문에 답하기: 아이가 상대방이 말한 것을 듣고 너무 짧지 않고 적당히 자세하게 대답을 합니다.

불안한 아이들은 질문을 받으면 매우 짧게 대답하는 경향이 있습니다. 이들이 주는 정보는 아주 적고, 대화를 계속하고 싶다는 의도를 전달하지 못합니다.

대화 지속하기-질문하기: 대화를 계속할 수 있게 상대방에게 적절한 질문을 합니다. 이때 질문은 상대방이 관심을 가질 만한 것이어야 합니다.

아이들은 대화를 지속시키기 위해서 질문을 할 수 있어야 합니다. 아이들은 다양한 주제에 관해 이야기를 나눕니다. 질문을 하지 않는 것은 종종 다른 사람과 어울리려 하지 않거나 관심이 없는 것 같다는 인상을 줄 수 있습니다.

대화 지속하기-순서 돌아가기: 아이가 순서대로 다른 사람의 말을 듣고, 그런 다음 적절한 말이나 질문을 함으로써 대화를 주고받습니다.

아이들이 친구를 사귀기 위해서는 양방향 대화 기술이 중요합니다. 불안한 아이들은 대화를 잘 유지하지 못합니다. 질문에 대한 대답은 아주 짧고, 질문을 하거나 다른 사람에게 자발적으로 반응해주는 경우가 드뭅니다. 이것은 아이가 무관심하거나 친해지고 싶은 마음이 없다는 표시로 잘못 해석

될 수 있고, 상대방이 나의 마음을 이해하기 어렵게 만듭니다.

대화 주제 선택하기: 아이가 적절한 대화 주제를 고릅니다.

상황에 적절하면서 상대방이 관심을 가질 만한 주제를 고르는 것이 중요합니다. 불안한 아이들은 종종 무엇에 대해서 이야기해야 할지 생각하는 데 어려움을 느낍니다. 친구를 사귀고 싶다면 다른 아이들이 관심을 갖고 있는 것이 무엇인지에 대해 알 필요가 있습니다.

예의 바르게 대화하기: 아이가 예의 바르게 이야기하며, 적당한 때 존댓말을 써서 요청하거나 "고맙습니다"라고 이야기할 수 있습니다.

대부분의 아이들한테는 이런 문제가 없지만, 이 문제를 언급하는 이유는 선생님 같은 어른들이나 또래 아이들과 예의 바르게 의사소통하는 것이 인상을 결정하는 데 중요하기 때문입니다.

친구 사귀기 기술

도움 제공하기: 다른 사람들에게 도움을 제공하거나, 적당한 때 물건을 빌려 오고 빌려줄 수 있습니다.

친구를 사귀려면 다른 사람들에게 친절을 베풀 줄도 알아야 합니다. 이 중 하나는 사람들이 도움을 필요로 할 때 도와주는 것입니다. 우정은 여러 종류의 도움을 서로 주고받는 상호관계를 포함합니다. 불안한 아이들은 도와주고 싶으면서도 그저 멍하니 서서 아무것도 하지 못할 수 있습니다. 이 것은 불친절함과 무관심으로 잘못 이해될 수 있습니다.

초대하기: 다른 아이에게 함께 놀자고 하거나 집으로 초대합니다.

우정에는 함께 시간을 보내는 것과 사귀고 싶다는 것을 보여주는 노력이 필요합니다. 다른 사람을 초대하고 무언가를 같이 하자고 제안하는 것은 이런 과정의 일부입니다.

함께하자고 요청하기: 아이들에게 다가가서 놀이를 같이 하자고 제안합니다.

불안한 아이들은 친구들에게 함께 놀자고 얘기하기를 힘들어합니다. 때로 이들은 정말로 함께 놀고 싶어도 그저 바라만 보고 있습니다. 무슨 말을 해야 할지 모를 수도 있고, 또는 바보같이 보일까봐 두려워서 시도하지 못하는 것일 수도 있습니다.

호감 표현하기: 다른 아이들이나 어른들에게 말이나 동작, 예를 들어 손잡기, 껴안기, 부드럽게 쓰다듬기, 등을 살짝 두드리기를 통해 적절하게 호감을 표현합니다.

또래들과 사귀기 위해서는 호감을 보여줄 수 있는 능력이 중요합니다. 이것은 매우 간단하고 신체적이며, 반드시 언어적일 필요는 없습니다.

칭찬하기: 적당한 때 다른 사람들(어른 또는 아이)을 칭찬합니다.

사람들에게 긍정적인 반응을 해줄 수 있는 능력은 친구를 사귀는 데 있어서 중요한 부분이며, 상대방에게 관심이 있고 또 상대의 기분을 좋게 해주고 싶다는 마음을 나타냅니다. 이것은 어른들과의 관계에서와 마찬가지로 친구들과의 우정에서도 중요합니다.

다른 사람이 힘들어할 때 배려하고 보살펴주기: 다른 사람이 고통받거나 기분이 나쁠 때 그들을 도와주고 보살펴주려고 노력합니다.

아이들은 다른 사람에게 민감해야 하고, 남들이 힘들어할 때 배려하는 마음을 보여줄 수 있어야 합니다. 항상 도움이 되는 것을 할 수는 없지만, 다른 사람이 괜찮은지 확인하고 어떤 식으로든 위로하려고 노력할 수는 있습니다. 이것은 신체적인 것(예: 부드럽게 쓰다듬기)일 수도 있고, 조언하기, 다른 사람에게 도움을 청하기가 될 수도 있습니다.

자기주장 기술

자신의 권리를 지키기: 다른 사람에게 피해를 끼치지 않으면서도 자신의 권리를 지킬 수 있습니다.

아이들이 어떻게 자신의 권리를 지키는지를 배워야 하는 상황들이 많이 있습니다. 예를 들어 다른 아이들이나 어른들이 자신을 이용하려고 할 때, 또는 자신의 요구에 귀 기울이지 않을 때, 하고 싶지 않은 일을 시키려고 할 때 등입니다. 중요한 점은 이 같은 모든 경우에 다른 사람들에게 피해를 주지 않는 방식으로 대처해야 한다는 것입니다. 만약 아이가 너무 적극적으로 자기주장을 한다면, 심할 경우 공격적으로 보일 수도 있습니다. 매우 불안한 아이들은 자기주장을 잘 못하며, 자신의 권리를 지키는 데도 어려움을 보입니다.

자기주장은 또렷하고 단호한 목소리로 분명하게 의사를 전달하는 것입니다(공격적이지 않게). 그렇게 하려면 자신이 정확히 어떻게 느끼는지, 그리고 무엇을 원하거나 원하지 않는지 말할 수 있어야 합니다. 만약 문제해결이 너무 어려운 상황이라면, 아이는 어른에게 적극적으로 도움을 요청할 수도 있을 것입니다.

도움이나 정보를 요청하거나, 자신의 욕구를 표현하기: 도움이나 정보를 요청할 수 있고, 무엇을 필요로 하는지 다른 사람에게 알릴 수 있습니다.

아이들은 특히 학교에서 선생님에게 정보나 도움, 또는 설명을 요청할 수 있어야 합니다. 도움이 필요할 때 말하지 않고 가만히 있으면 문제가 발생할 수 있습니다. 또한 아이들은 친구들에게도 도움을 요청할 수 있어야 합니다.

거절하기: 불합리한 요구를 거절할 수 있고, 자신이 원하지 않을 때는 '싫다'고 말할 수 있습니다.

아이들이 무엇을 하고 싶지 않을 때 그렇게 말할 수 있는 것이 중요합니다. 자신이 어떻게 느끼는지 말할 수 있어야 하며, 다른 사람들로부터의 불합리한 요구를 거절할 수 있어야 합니다. 어떤 아이들은 자신의 느낌을 분명히 말하지 못하고, "싫어"라는 대답을 명확하게 전달하지 못하기 때문에 원치 않는 일을 하게 되거나 이용당하기도 합니다.

괴롭힘에 대처하기: 다른 사람들이 자신을 괴롭히는 상황에 잘 대처할 수 있습니다.

모든 아이들은 괴롭힘을 당하는 상황에 대처할 줄 알아야 합니다. 과도한 괴롭힘을 그만두게 할 수 있어야 하며, 이로 인해서 심하게 상처받지 않는 법을 배워야 합니다. 물론 괴롭힘이 매우 심하게 자주 일어나면 부모님과 학교가 당연히 개입해야 합니다. 아이들은 무슨 일이 벌어지고 있는지 신뢰할 수 있는 어른에게 이야기하고, 과도한 괴롭힘에 대처하기 위해 도움을 요청해도 괜찮다는 것을 알아야 합니다.

따돌림에 대처하기: 집단 따돌림을 알아차릴 수 있으며, 스스로 또는 다른 사람의 도움을 받아 따돌림에 대처할 수 있습니다.

괴롭힘과 마찬가지로 모든 아이들은 언제든 따돌림을 당할 수 있겠지만,

그것을 참고 견뎌야 할 필요는 없습니다. 우리는 이를 막을 수 있는 여러 방법들을 뒤에서 논의할 것입니다. 다시 말하지만, 따돌림이 지속되는 경우에는 부모님과 학교의 개입이 필요합니다. 아이들은 믿을 수 있는 어른에게 현재 일어나고 있는 상황을 이야기하고 괴롭힘에 대처하기 위해 도움을 청하는 게 괜찮다는 것을 알아야 합니다.

부모용 활동 내 아이의 사회성 기술

모든 아동들이 사회성 기술 문제를 갖고 있는 것은 아닙니다. 여러분의 자녀를 주의 깊게 일주일간 지켜보시고 자녀의 행동을 평가해보십시오. 행동이 완벽할 필요는 없습니다. 그러나 만일 사회성 기술의 부재가 자녀와 다른 사람들과의 관계에서 문제를 일으킨다고 여길 시에는 적어두십시오. 아이들이 사용하는 사회성 기술은 어른이 사용하는 것과는 다르다는 점을 명심하십시오. 여러분 자녀의 기술이 또래의 다른 아동들과 비슷해 보이는지 생각해보십시오. 또한 또래관계나 학급에서의 사회성 기술의 수준에 대해서 학교 선생님과 이야기해보는 것이 유용할지도 모릅니다. 집에서 보이는 모습과는 매우 다를 수도 있기 때문입니다. 다음의 사회성 기술 중 여러분의 자녀에게 필요하다고 확인된 것은 무엇인가요?

신체언어 기술

☐ 눈 맞춤(시선 처리)

☐ 자세

☐ 얼굴 표정

음성 기술

☐ 억양과 높낮이

☐ 음량

☐ 속도

☐ 명확성

대화 기술	친구 사귀기 기술
☐ 인사와 소개	☐ 도움 제공하기
☐ 대화 시작하기	☐ 초대하기
☐ 대화 계속하기	☐ 함께하자고 요청하기
☐ 질문에 답하기	☐ 호감 표현하고 칭찬하기
☐ 질문하기	☐ 다른 사람이 힘들어할 때 배려하고 보살펴주기
☐ 순서 돌아가기	
☐ 대화 주제 선택하기	**자기주장 기술**
☐ 예의 바르게 대화하기	☐ 자신의 권리를 지키기
	☐ 도움이나 정보를 요청하거나, 자신의 욕구를 표현하기
	☐ 거절하기
	☐ 괴롭힘에 대처하기
	☐ 따돌림에 대처하기

사회성 기술 가르치기

아이에게 사회성 기술을 가르치는 방법은 여러 가지입니다. 어떤 방법을 사용할 것인지는 아이가 사회성 기술을 사용하는 데 얼마나 어려움이 있는지에 따라 결정됩니다. 어떤 아이들은 단지 몇몇 영역에서만 어려움을 겪지만, 다른 아이들은 앞서 제시한 표에 나타난 대부분의 기술들에서 어려움을 보이기도 합니다. 단지 한두 가지 영역에서만 어려움을 겪는 아이들에게는 '일상생활 속에서 가르치기'라는 방법을 사용합니다.

일상생활 속에서 가르치기

전문용어로는 '우연학습'이라고 하는 '일상생활 속에서 가르치기'는 특별한 교육 시간을 갖기보다 일상생활 속에서 일어나는 기회들을 이용해 아이에게 사회성 기술을 가르치는 것입니다. 여기에는 다음과 같은 것이 포함됩니다.

- 특정한 사회성 기술이 필요한 사회적 상황들을 찾아내기
- 상황에 따라 특정한 기술이 필요하다는 것과 그런 기술들을 어떻게 사용해야 하는지 아이에게 설명해주기
- 사회성 기술이 왜 중요한지 설명하기
- 요구되는 것을 아이가 이해했는지 확인하기
- 아이에게 그 기술을 사용하도록 격려하기
- 아이가 사회성 기술을 사용하려 시도한 것을 칭찬해주고, 잘한 것이 무엇인지 이야기해주기
- 사회성 기술을 향상시킬 수 있는 방법을 부드럽게 피드백 해주기

'일상생활 속에서 가르치기'를 사용할 때는 상황을 단순하게 유지하고, 기술을 한 번에 하나씩 익히게 하는 것이 중요합니다. 아이들은 한 번에 너무 많은 것에 집중해야 하면 혼란스러워합니다. 적절한 상황이 일어났을 때 어떤 기술이 가장 중요하겠는지 결정하십시오. 그 기술이 너무 어렵지는 않은지 그리고 아이가 그것보다 쉬운 기술들을 먼저 배워둔 상태인지를 확인해야 합니다. 일상생활 속에서 사회성 기술 가르치기는 여러분 자녀의 사다리에 쉽게 포함될 수 있습니다.

제시의 사례

제시의 부모님은 제시가 다른 아이들이나 선생님들과 눈을 거의 마주치지 않는다는 것을 알게 되었습니다. 다른 사람이 제시에게 말을 걸 때 제시는 아래를 내려다보거나 시선을 외면하는 경향이 있었습니다. 제시와 아버지는 학교에서 하는 '학부모의 날' 행사에 참석해야 했습니다. 제시의 아버지는 제시에게 면담을 하는 동안 선생님과 눈을 맞추려 노력해보라고 말했습니다. 제시와 아버지는 서로 눈 맞춤이 중요한 이유와 눈 맞춤이 어떻게 인상에 영향을 미치는지에 대해 이야기를 나누었습니다. 제시는 무엇을 해야 하는지 이해했고, 자신이 아버지와 눈을 맞추고 있다는 것을 알고는 웃었습니다. 선생님과 면담하기 위해 교실로 들어가기 직전에, 아버지는 제시에게 선생님과 눈 맞춤을 하는 것을 상기시키고자 격려했습니다. 선생님과 면담하는 동안 제시는 열심히 노력했고, 아버지는 제시가 가끔 선생님과 시선을 맞춘다는 것을 알아차렸습니다. 다시 둘만 있게 되었을 때 아버지는 제시에게 얼마나 잘해냈는지, 잘한 점을 어떻게 알게 됐는지를 말해주었습니다. 제시와 아버지는 기분이 어땠는지, 그리고 시선을 맞추는 것이 중요한 다른 상황들에 대해 서로 이야기를 나눴습니다.

보다 집중적인 교육이 필요한 아이들을 도와주기

어떤 아이들은 사회적으로 더 세련된 기술을 배우기 위해서 보다 집중적인 교육이 필요할 것입니다. 이제 보다 구조화된 접근을 사용하면서 아이에게 사회성 기술을 가르치는 몇 가지 지침을 제시하겠습니다. 가르치는 방법은 기본적으로 '일상생활 속에서 가르치기' 때와 같습니다. 각 기술들을 가르치기 위해서 다음과 같은 방법을 사용할 것입니다.

- 지시하고 설명하기

- 기술을 연습하게 하고, 격려하기

- 피드백 해주기

- 칭찬하기

사회성 기술이란 벽돌을 쌓아 올리는 것과 같습니다. 때로 어떤 기술을 가르쳐야 할지, 어디서부터 시작해야 할지 알기 어려울 때도 있습니다. 아이들은 각각의 작은 기술들을 먼저 습득한 후 훌륭한 수행을 할 수 있게 점차 그것들을 합쳐야 합니다. 우리의 견해로는, 먼저 신체언어들에 능숙해진 다음 대화 기술로 나아가는 것이 좋습니다.

여러분이 아이에게 사회성 기술을 가르치려고 할 때 아이는 약간 불편해하고 당황할 수도 있습니다. 사회성 기술을 가르칠 때는 게임과 즐거운 활동을 이용하는 것이 도움이 됩니다. 유머 또한 불안을 줄이고 그 시간을 즐겁게 만드는 데 효과가 있습니다. 그러나 아이를 보고 웃는 것이 아니라, 아이와 함께 웃는 경험이 중요합니다.

지침을 제공하기

이상적으로는 한 번에 하나의 기술에 집중하고, 그 기술을 한 회기의 주제로 삼아야 합니다. 아이에게 기술을 가르칠 때는 그 기술에 대한 정보를 주는 것부터 시작해야 합니다. 특히 다음과 같은 정보를 제공해주십시오.

- 그 기술에는 정확하게 어떤 것들이 포함되는가? 어떤 식으로 사용되는가?

- 왜 그것이 중요한가? 그 기술을 사용하지 않으면 무슨 일이 생기나?

어떤 기술에 대해서 논의한 다음에는, 그것이 어떤 식으로 이루어지는지를 보여주는 것이 중요합니다. 아이가 배울 기술에 대해 설명해주면서 가르치기 시작하십시오. 여러분은 자신을 스포츠 팀의 코치라고 생각해볼 수 있습니다. 배울 기술에 대해서 아이에게 설명한 후에는 그 기술이 어떻게 사용되는지를 정확히 보여줄 필요가 있습니다. 여러분이 직접 보여주거나, 또는 일상생활 속에서 관찰할 만한 예들을 찾아볼 수도 있습니다. 쇼핑센터나 TV에서 다른 사람들을 관찰하고, 사람들이 그 기술을 어떻게 사용하는지 이야기해볼 수도 있습니다.

그 기술을 사용하지 않을 때 어떤 일이 발생하는지 실연해보면 재미있기도 합니다. 우스운 상황들이 발생하니까요. 예를 들어 여러분이 아이와 이야기할 때 눈을 전혀 맞추지 않고 이야기할 수도 있습니다. 그런 다음에 눈맞춤이 중요한 이유와 여러분이 그렇게 하는 동안 자녀의 기분이 어땠는지에 대해 이야기하는 것입니다. 또 다른 활동으로 카페에 함께 앉아, 사회성 기술을 잘 사용하지 못하는 사람들을 찾아볼 수 있습니다. 특히 어린아이들일 경우에는, 아이가 좋아하는 프로그램을 함께 보면서 누가 그 기술을 잘 사용하고 누가 잘 사용하지 못하는지 먼저 찾아내기 게임을 하는 것도 좋은 방법 중 하나입니다.

지침을 알려주는 단계는 아이가 어릴수록 더 어려운데, 그것은 이 단계가 기본적으로 조언을 주고 그 기술을 사용하라고 요구하는 것으로 구성되어 있기 때문입니다(“이제 내가 질문을 할 텐데, 대답할 때 내가 들을 수 있도록 크고 분명하게 이야기해줬으면 좋겠단다. 한번 해볼까?”). 아이가 더 어리면 인형을 사용해서 보여줄 수도 있습니다(예를 들어 두 인형이 “안녕” 하고 인사하고 서로에게 어떻게 질문하는지를 보여줄 수 있습니다). 또한 인형을 사용해서 알맞게 눈을 맞추고 적당한 목소리를 내는 것을 보여줄 수도 있습니다. 자녀가 사회성 기술을 사용하지 않는 인형에 대해 어떻게 생각하는지, 그리고 그 인형에 대해 어떻게 반응할 것인지에 대해 물어보세요.

때때로 주된 문제는 그런 아동들이 자신의 모습이 다른 사람들에게 어떻게 비치는지를 알지 못한다는 것입니다. 여러분이 자녀에게 사회성 기술이 부족한 사람과 상호작용하는 것이 어떤 것인지를 경험하게 할수록 그러한 문제는 점점 더 좋아질 것입니다. 이런 기술을 잘 사용하지 않는 아이들은 인기가 별로 없고, 그래서 이 기술을 배우면 친구를 사귀는 데 도움이 될 것이라고 이야기해주는 것도 아이의 동기를 높이는 데 좋습니다.

신체언어와 대화 기술을 실제로 연습해보기

아이에게 기술에 대해서 설명했다면, 이제는 실제로 연습해볼 시간입니다. 처음에는 안전한 가정 내에서 해보는 것이 가장 좋습니다. 테니스를 잘 치려면 연습을 해야 하듯이, 정기적으로 연습하지 않으면 나아지지 않습니다. 이상적으로는 매일매일 연습을 해야 합니다.

신체언어나 대화 기술 같은 보다 단순한 사회성 기술을 가르칠 때에는 '단서 카드'를 사용하는 것도 좋은 방법입니다. 단서 카드에는 대화 주제가 쓰여 있고, 이것은 각각의 기술들을 사용하도록 대화를 끌어내는 데 사용됩니다. 여러분이 아이와 함께 연습할 수 있는 대화 주제를 생각하십시오. 이 단서 카드는 현재 가르치고 있는 기술을 연습하도록 도와줍니다. 예를 들면 눈 맞춤 기술을 배우기 위해 단서 카드를 사용할 때, 자녀가 카드 뭉치 맨 위 장을 집어 들고, 그 주제에 대해 여러분과 짧은 대화를 시작합니다. 그러는 동안 반드시 눈 맞춤을 유지해야 합니다. 또 다른 때는 목소리 크기를 크게 하는 데 사용할 수도 있을 것입니다.

여기에 유용하게 사용할 수 있는 단서 카드의 예를 제시했습니다.

- 좋아하는 영화는 어떤 것입니까? 어떤 영화인지 이야기해봅시다.
- 좋아하는 책은 어떤 것입니까? 그 책에 대해서 이야기해봅시다.
- 취미에 대해서 이야기해봅시다.
- 가족 중에 한 명을 떠올려보세요. 그 사람은 어떤 사람입니까?
- 지난 주말에 무엇을 했습니까?
- 좋아하는 TV프로그램은 무엇입니까? 그 프로그램을 좋아하는 이유를 설명해봅시다.
- 어렸을 때 어땠는지 자신에게 질문해봅시다.
- 우리 가족에 대해서 자신에게 질문해봅시다.
- 휴일에 가고 싶은 곳은 어디인지 자신에게 질문해봅시다.

새로운 기술을 가르칠 때는 한 번에 한 가지 기술만 가르치는 것이 중요합니다. 아이가 먼저 배운 기술을 무리 없이 잘할 수 있을 때만 다음 기술로 넘어가십시오. 새로운 기술로 넘어갈 때는 이미 배운 신체언어나 음성 기술을 잊지 않고 사용하도록 격려하는 것이 필요합니다. 예를 들어 질문하는 것을 가르칠 때 이렇게 이야기할 수 있습니다. "적당한 주제를 잡아서, 시선을 맞추면서, 친근한 표정으로, 분명하고 큰 목소리로 질문을 하렴." 그리고 대화를 시작하기에 적합한 주제를 고르는 법에 대해서도 이야기해주어야 합니다. 예를 들면 TV프로그램, 스포츠 팀, 뉴스, 영화, 반려동물, 취미, 또는 다른 사람(그들의 건강, 의견, 좋아하는 활동)에 대해서 질문하기 등의 주제들이 대화에 알맞을 것입니다. 아이들이 학교에서 쉬는 시간에 주로 어떤 이야기를 하는지 목록을 만들어보는 것도 재미있을 것입니다.

아이가 신체언어와 대화 기술의 기본을 익힌 후에는, 친구를 사귀고 자기주장과 관련된 보다 복잡한 사회성 기술로 나아갈 수 있습니다. 앞에서 설명했던 방법 이외에도 보다 복잡한 사회성 기술을 가르치기 위한 기법이 두 가지 더 있는데, 그것은 '문제해결'과 '역할 연습'입니다.

역할 연습

역할 연습은 상상으로 어떤 상황을 만들고, 부모님과 자녀가 함께 대본에 따라 연기를 하는 것인데, 그 기본 아이디어는 아이가 가상적인 상황을 다루면서 사회성 기술을 연습하도록 하는 것입니다. 역할 연습을 할 때는 부모님과 자녀 모두가 구체적인 상황이 실제로 일어나고 있는 것처럼 행동합니다. 역할 연습의 목표는 상황을 가능한 한 실제인 것처럼 만드는 것입니다. 아이들이 실제 생활 속에서 해보기 전에, 안전한 집에서 믿을 수 있는 사람과 함께 연습하는 것이 가장 좋은 방법입니다.

여기에 아이와 함께 해볼 수 있는 역할 연습의 보기 상황들을 제시했습니다. 좀 더 복잡한 상황에서는 먼저 그 대본에 문제해결 방법을 적용해볼 필요가 있습니다. 아이와 역할 연습을 하기 위해서 이 대본을 적어놓으십시오.

- **대화 시작하기**: 새로운 학생이 우리 반에 전학 왔다. 그 아이한테 가서 이름이 무엇이고 어디서 왔는지 물어보기로 한다(부모님이 새로운 학생 역할을 합니다).
- **대화 시작하기**: 선생님께서 잘 모르는 아이와 함께 심부름을 시키셨다. 나는 그 아이와 함께 교무실까지 가야 한다(부모님이 상대 아이의 역할을 합니다).
- **대화 계속하기**: 나는 새로운 학교에 전학을 왔고 지금 운동장에 앉아 있다. 어떤 아이가 다가와 옆에 앉아서 학교가 마음에 드는지 물어본다. 나는 대답을 해야 하고 그러고 나서 질문을 해야 한다(부모님이 그 아

이의 역할을 합니다).

- **같이 하자고 하기**: 선생님께서 조를 짜서 학교 오픈 하우스에 대한 포스터를 만들라고 하셨다. 주위를 둘러보니 다른 아이들은 이미 조를 짰다. 어떻게 하면 나도 같이 하자고 말할 수 있을지 문제해결 방법을 이용해 생각해보자. 그리고 어떤 조의 아이들한테 가서 같이 하자고 할지 역할 연습을 해보자(부모님이 그 조의 다른 아이 역할을 합니다).

- **정보 요구하기**: 부모님이 가게에 가서 토마토케첩을 사 오라고 하셨는데 찾을 수가 없다. 가게 점원한테 어디 있느냐고 물어봐야 한다(부모님이 가게 점원 역할을 합니다).

- **정보 요구하기**: 교실에서 선생님이 하신 말씀을 못 들었다. 한 번만 더 이야기해달라고 말씀드려야 한다(부모님이 선생님 역할을 합니다).

- **도와주겠다고 제의하기**: 반 친구가 숙제한 종이를 여기저기에 떨어뜨렸다. 나는 종이 줍는 것을 도와주겠다고 이야기하려고 한다(부모님이 상대 아이 역할을 합니다).

- **칭찬하기**: 같은 반 짝에게 칭찬해주고 싶다. 그 아이는 정말 멋진 그림을 그렸다(부모님이 상대 아이 역할을 합니다).

- **초대하기**: 영화표가 두 장 생겼다. 같은 반 친구에게 영화 보러 가자고 초대하는 방법을 문제해결 방법을 통해 생각해보자. 그리고 나서 선택한 방법을 가지고 역할 연습을 해보자(부모님이 상대 아이 역할을 합니다).

- **초대하기**: 생일파티가 다가온다. 아이들을 초대하는 여러 가지 방법을 생각해본다. 그리고 나서 선택한 방법을 가지고 역할 연습을 해보자(부모님이 학교 친구들 역할을 합니다).

- **솔직하게 털어놓기**: 동네 친구한테 공을 빌렸는데 그만 잃어버리고 말았다. 이 문제를 해결할 수 있는 가능한 방법들을 모두 생각해보고,

가장 좋은 해결책을 결정하자. 그 친구에게 공을 잃어버렸고, 대신 새 공을 사 왔다고 이야기하기로 했다고 상상해보자. 이 상황을 가지고 역할 연습을 해보자(부모님이 상대 아이 역할을 합니다).

- **사과하기**: 부모님이 가장 아끼는 그릇을 깨뜨리고 말았다. 깨진 조각들을 치우고 있는데 엄마가 들어오셨다. 이 상황에 대한 가능한 해결책을 모두 생각해보고 가장 좋은 해결책을 결정하자. 부모님께 사과하기로 결정했다고 상상하고, 이 대본을 가지고 역할 연습을 해보자(부모님이 엄마의 역할을 합니다).

- **정보 요구하기**: 선생님께서 숙제를 내주셨는데 어떻게 해야 하는지 잘 이해하지 못했다. 이 문제에 대한 가능한 해결책을 모두 생각해보자. 수업이 끝날 때까지 기다려 선생님께 설명해달라고 말씀드리는 장면을 가지고 역할 연습을 해보자(부모님이 선생님 역할을 합니다).

- **"싫어"라고 말하기**: 다른 아이가 내가 가장 아끼는 물건을 빌려달라고 조른다. 나는 그 아이가 그걸 망가뜨릴까봐 걱정되고, 거절해야 한다고 생각한다(부모님이 상대 아이 역할을 합니다).

- **자신을 옹호하기**: 부모님이 창문을 깨뜨렸다고 꾸중하시는데, 내가 그런 게 아니다. 가능한 모든 해결책을 생각하고 가장 좋은 해결책이 무엇인지 결정하자. 내가 하지 않았다고 말씀드리기로 했다고 가정하고, 이 상황에 대해 역할 연습을 해보자(부모님이 꾸중하는 역할을 합니다).

- **괴롭힘과 따돌림에 대처하기**: 구체적인 방법들은 이 장의 후반 '괴롭힘과 따돌림에 대처하기'에서 논의됩니다.

피드백을 주고 칭찬하기

아이들이 새로운 기술을 배울 때는 과연 그 기술을 제대로 사용했는지,

어떻게 바꾸어나가는 게 더 좋을지에 대한 피드백을 들어야 더 나아질 수 있습니다. 새로운 기술을 처음 시도할 때는 잘하지 못할 수도 있습니다. 부모님이 아이의 수행에서 잘한 것을 찾고 노력한 것에 대해 칭찬을 많이 해주는 것이 매우 중요합니다. 아이들이 실패한 것처럼 느껴서는 안 됩니다. 특히 아이의 수행에서 잘한 것에 초점을 맞추고 무엇을 잘했는지 이야기해 줄 필요가 있습니다(예: "아주 잘했단다. 네가 이름을 말하면서 살짝 웃는 게 참 좋더구나."). 좀 더 잘할 필요가 있는 것들에 대해 이야기할 때는 부드럽고 격려하는 어조로 말하는 것이 좋습니다. 예를 들어 대화하는 동안 아이가 눈을 맞추지 않았다면, 여러분은 다음과 같이 이야기할 수 있습니다. "잘했다. 네 질문이 참 좋았단다. 자, 이제 한 번 더 해볼까? 이번에는 나를 쳐다보면서 할 수 있는지 한번 해보자꾸나."

실생활 속에서 연습하기

아이들이 집에서 연습할 때 새로운 사회성 기술을 사용할 수 있게 되면, 이제 실제 생활 속에서 실행해볼 차례입니다. 연습을 마칠 때마다 실제 생활 속에서 할 수 있는 간단한 숙제를 내주는 것이 중요합니다. 단 이 숙제는 간단하고 비교적 쉽게 할 수 있는 것들이어야 합니다. 아이가 지나치게 어려운 것을 하려다가 비참하게 실패한다면 그것은 아무런 도움도 되지 않습니다. 그렇게 되면 아이는 이후로는 다시 해보려는 시도를 못 하게 되며, 아이가 가장 두려워하던 일이 정말 일어나게 되는 것입니다. 여러분은 지금 하고 있는 프로그램에 대해서 아이의 선생님과 이야기할 수도 있습니다. 선생님은 아이를 도와줄 만한 뭔가 좋은 아이디어를 가지고 있을 수도 있고, 아이가 보다 쉽게 연습할 수 있도록 작은 집단 상황을 만들어줄 수도 있습니다.

아이가 신체언어나 음성 기술을 연습할 만한 실제 상황 과제에는 다음과 같은 것들이 있습니다.

- 아침에 선생님께 인사하기
- 다른 아이에게 인사하기(처음에는 사교적이고 친절한 아이를 선택할 것)
- 친척이 방문했을 때 질문하기
- 형제들과 함께 질문하는 것 연습하기
- 다른 아이에게 가장 좋아하는 TV프로그램이 뭔지 물어보기
- 다른 아이에게 반려동물을 키우는지 물어보기

이 과제들을 여러분의 자녀가 불안 상황에서 하는 것처럼 사다리로 만드는 것도 좋은 생각입니다.

집에서 연습을 한 뒤에는 꼭 하나씩 숙제를 내줘야 합니다. 한 가지 숙제를 한 장의 카드에 적는 것이 좋습니다. 카드에는 과제가 무엇인지, 누구와, 어디서, 언제 해야 하는 것인지에 대해 분명히 적혀 있어야 합니다. 그리고 과제를 언제 마쳤는지, 어떤 어려움이 있었는지 기록할 공간을 남겨두어야 합니다. 이 연습 카드는 읽고 쓸 수 있는 능력이 있는 대략 7세 이상의 아이들에게 적용할 수 있습니다. 아주 어린 아이들은 함께 놀이집단이나 활동에 참여하게 함으로써 연습을 촉진시킬 필요가 있습니다.

아이들의 시도가 성공적이지 못한 경우 상황을 다루는 방식에 대해서 준비시키는 것이 필요합니다. 예를 들어 처음으로 어떤 집단에 들어가려고 물어봤는데 거절당한다면 아이는 크게 실망할 것입니다. 아이들이 초기의 시도에서 성공적이지 못하다면 그것을 다루기 위해 탐정처럼 생각하기를 사용하도록 준비시킬 필요가 있습니다. 또한 아이가 자기 능력 범위 안에서 현실적인 목표를 세우도록 도와주는 것 역시 중요합니다. 불안한 아이들은

합리적인 시도조차 단지 습관처럼 실패로 해석하곤 합니다. 가능하다면 처음에는 선생님께 아이를 격려해달라고 도움을 요청하는 게 좋습니다. 선생님들은 어느 정도 거리를 두고 아이를 관찰할 수 있으며, 상황을 사려 깊게 조정함으로써 성공적인 결과를 가져올 기회를 더 증진시킬 수 있습니다.

사회성 기술과 불안관리기술을 함께 사용하기

아이들이 실제 상황에서 기술을 연습하기 시작하면, 아이들이 이미 배운 사다리 기법이나 탐정처럼 생각하기 같은 불안관리기술과 사회성 기술을 다루는 부분을 잘 맞춰야 합니다. 대부분의 경우에, 새로운 사회적 상황에 대처하도록 배우는 것은 여러분 자녀의 사다리 기법의 일부가 될 수 있습니다. 너무 어려운 사회적 상황에 아이가 맞서도록 강요해서는 안 됩니다. 만약 어떤 사회성 기술이 여전히 너무 어렵다면, 목표를 더 작고 단순한 단계들로 나누어야 한다는 것을 명심하십시오. 예를 들어 만약 자녀가 시선 맞춤에 대한 기술을 익히려 한다면, 미니 사다리를 다음과 같이 만들 수 있을 것입니다.

하위 목표: 다음의 과제를 하는 동안 사람의 눈을 똑바로 쳐다보기

하위 단계:
1. 30초 정도 선생님과 이야기한다. 적어도 세 번 선생님을 쳐다본다.
2. 포장 음식을 주문하고, 내가 주문할 동안 그 사람을 쳐다본다.
3. 2분 정도 동네 사람과 이야기하고, 그 사람과 눈 맞춤을 잘 유지한다.
4. 운동 코치와 잠시 이야기하고 눈을 맞춘다.

이에 더해 여러분과 자녀가 계획한 많은 사다리 기법에는 다양한 사회적 접촉이 포함될 것입니다. 자녀가 사회성 기술을 연습하기 위해 이런 기회들을 이용하도록 상기시켜주는 것은 매우 중요합니다.

사람들과 어울릴 기회 만들기

부모님은 자녀에게 사회성 기술을 가르칠 뿐만 아니라, 그 기술을 실행해볼 수 있는 기회를 만들어 도와줄 수 있습니다. 불안한 아이들은 때로 파티나 모임같이 아이들이 서로 만나고 상호작용할 수 있는 장소를 피합니다. 예를 들면 사교 모임이나 활동적인 동호회, 교회 모임, 공부 모임이나 운동부 같은 곳에 간다는 생각조차 하기 싫어합니다. 여러분이 살고 있는 지역에는 어떤 모임들이 있는지 목록을 만들어보는 것도 좋습니다. 어떤 모임이나 활동에 가장 관심이 가는지 아이와 함께 찾아보십시오. 아이가 약간 저항할 수도 있습니다. 그러나 다른 아이들과 함께할 수 있는 모임에 참석하도록 아이를 격려하는 것은 매우 바람직한 일입니다. 모임에서 다른 아이의 가족들과 같이 만나는 경험도 도움이 됩니다. 만약 아이가 이런 일들을 하는 것을 두려워하는 것처럼 보인다면, 그것은 시도해볼 만한 일임을 명심하십시오. 맨 위에 모임이나 집단을 놓고, 그것을 보다 작은 단계들로 나누어 사다리를 만들어보십시오.

괴롭힘과 따돌림에 대처하기

애석하게도 조용하고 내성적이며 어색함을 느끼는 불안한 아동들은 때때로 따돌림의 대상이 될 수 있습니다. 다행히 대부분의 불안한 아동들은 괴롭힘이나 따돌림을 당하지 않지만, 만일 당한다면 이는 진정 그들의 걱정을 증가시키며 빈약한 자존감과 우울감을 가지게 할 수 있습니다. 만일 여러분의 자녀가 괴롭힘이나 따돌림을 당하고 있다는 사실을 알게 된다면, 자녀가 문제에 대처할 수 있도록 빠르고 침착하게 도와주는 일이 매우 중요할 것입니다.

부모로서 반응하는 방법

따돌림과 괴롭힘은 아동기 시절의 불행한 현실의 일부분입니다. 부모로서 자녀의 따돌림에 관해 듣게 되었을 때 여러분은 우선 본능적으로 화가 날 것입니다. 그리고 여러분은 개입하길 원할 것이며, 따돌리는 아이를 적당하게 처벌하고자 할 것입니다. 그러나 이러한 방법이 여러분의 자녀가 괴롭힘당하는 것을 반드시 막지는 못하며, 아마 여러분의 자녀가 스스로에 관해 더 나은 기분을 갖도록 하지도 못할 것입니다. 자녀가 괴롭힘이나 따돌림을 당한다는 것을 알게 되었을 때, 여러분은 무엇보다도 먼저 자녀에 대해 걱정해주고 공감해주는 것이 필요합니다. 자녀들은 여러분이 (아직은) 무언가를 해주길 바라기보다는, 단지 그것에 대해서 이야기하는 것을 원할지도 모릅니다. 자녀의 문제를 해결하도록 도와주는 데 방해가 될 수 있으므로, 여러분은 상처받거나 자존심을 내세우거나 화내지 마십시오. 자녀가 보통은 집에서 말할 수 없었던 것들을 말하고 욕하는 것을 허용해주셔서, 일어난 모든 일들에 대해서 말할 수 있도록 해주십시오. 그것에 대해 말하는 것은 괴롭힘에 의한 상처와 수치심을 없애는 데 도움이 될 것입니다.

때때로 여러분은 다른 아이가 친하게 지내려고 집적대고 있는 것인지(비록 그 아동의 행동이 상처를 줄지라도), 아니면 괴롭히고 있는 것인지를 자녀가 생각해내도록 도와줄 필요가 있을 것입니다. 만일 전자라면, 자녀가 다른 아이와 함께 웃는 것을 배우거나 괴롭힘이 자신을 화나게 함에 대해 솔직해지도록 도와줄 필요가 있습니다. 그러나 이것이 고의적인 괴롭힘이라면, 따돌림

293

을 잘 다룰 수 있게 하기 위해 자녀가 다른 방법으로 반응할 수 있도록 도울 필요가 있습니다. 어떤 경우에는 괴롭힘이 또래 활동에서 제외되는 형태로 나타나기도 하며, 소지품을 파괴하거나 숨기는 경우, 소문을 퍼뜨리는 경우도 있습니다. 우리 시대는 소셜 미디어 시대이기 때문에 아이가 사이버불링을 경험하는지도 주의해야 합니다. 유감스럽게도, 어떤 아이들은 신체적 괴롭힘을 경험하기도 합니다. 맞거나 꼬집히는 등 어떤 방식으로든 상처를 입을 수 있고, 물리적인 행동 대신 언어적인 협박을 받을 수도 있습니다. 모든 형태의 괴롭힘에 대해 단호한 대응이 필요하며, 어떤 어린이도 이런 일을 견뎌내야 한다고 기대되어서는 안 됩니다.

만일 여러분의 자녀가 짧은 시간 안에 괴롭힘을 멈출 수 없거나 따돌림이 어떠한 신체적인 방법으로 가해진다면, 학교 선생님들을 동원하는 것이 중요합니다. 대부분의 학교들은 따돌림에 관한 방침을 갖고 있습니다. 학교에서 이러한 방침을 시행할 기회를 주시고, 그 방침들이 잘 시행되고 있는지에 대해 언제 확인할 수 있는지 문의하십시오. 그러나 일 처리를 제대로 못하거나 신경을 제대로 쓰지 않았다고 섣불리 비난하지는 마십시오. 이는 여러분 자녀의 상황에 그다지 도움이 되지 않습니다. 학교 측에서 조치를 취하길 기대하십시오. 만일 학교 측에서 여러분의 자녀가 다른 아동들과 어떻게 지내는지 언급하면서, 여러분의 자녀가 변할 필요가 있다고 말한다 해도 놀라지 마십시오. 비록 괴롭힘과 따돌림이 발생해서는 안 되며 그 책임이 괴롭히는 아이에게 있기는 하지만, 괴롭히는 아이들은 괴롭히기 쉬운 대상을 선택합니다. 즉 자기주장을 잘하지 못하고 괴롭힘을 당했을 때 잘 놀라거나 화를 내는 아동들입니다. 여러분의 자녀가 괴롭히는 아이보다 한 수 앞서도록 가르침으로써 여러분은 자녀에게 자기보호를 위한 건설적인 방법을 제공할 것입니다.

따돌림에 지혜롭게 대처하는 방법

괴롭힘의 종류와 심각성, 지속 기간과 진행 양상에 따라서 아이가 문제를 줄일 수 있도록 고려해야 할 사항은 다양합니다. '괴롭힘을 이기는 방법' 전술을 자녀들의 독특한 상황을 고려해 적용하면 도움이 될 것입니다. 기억해야 할 점은 모든 아동의 상황이 다르며, 어떤 아이에게 효과가 있는 것이 다른 아이에게는 없을 수도 있다는 점입니다. 우리의 목표는 아이들이 상처를 받거나 답답한 상황에서도 침착하고 자신감 있게 대응해 상황을 해소하고 종료시키도록 격려하는 것입니다.

아동들은 따돌림에 지혜롭게 대처하기 위한 다음의 접근법을 사용할 수 있습니다.

- '다르게 행동하라'를 여러분 자녀의 좌우명으로 정할 필요가 있습니다. 가해 아동들은 괴롭히고 압박해서 희생자들로부터 공포, 슬픔, 또는 분노 같은 전형적인 반응을 이끌어냅니다. 그러므로 괴롭혀도 여러분 자녀가 별로 신경 쓰지 않는다는 것을 가해 아동에게 보여주면, 가해 아동은 괴롭히는 것에 흥미를 잃게 됩니다. 다르게 행동하는 방법에 관해 브레인스토밍 하는 것과, 이런 다른 행동들을 연습하는 것은 여러분 자녀의 자신감을 키우는 데 도움이 될 것입니다. 예를 들면 괴롭히는 아동을 아예 무시하거나, 그냥 지나가거나, 웃어넘기거나(그렇지만 괴롭히는 아동을 비웃는 것은 좋은 생각이 아닙니다), 못 들은 척할 수 있습니다.
- 감정적인 방법으로 괴롭힘에 반응하는 것보다 재치 있는 응수법을 개발할 수 있게 해주십시오. 예를 들어 만일 괴롭히는 아동이 "너는 뚱뚱한 돼지야"라고 말한다면, "아니야, 너야!"라고 소리치기보다는 "이런, 나는 이번 주에 거대한 코끼리가 되려고 마음먹었어. 나는 계속해

서 노력할 거야"라고 말할 수 있습니다. 이러한 반응은 순간 어떻게 받아쳐야 할지 모르게 만들기 때문에 가해 아동을 당황하게 만들 것입니다. 불안한 어린이의 경우 이러한 유형의 유머로 대응할 수 없을 것 같지만, 위협적이지 않은 짧은 문구로 대응하는 방법을 배운 후 상황에서 벗어날 수 있을 것입니다.

예를 들어, 아이가 "알려줘서 고마워"라고 대답하고 계속 걸어갈 수 있습니다. 중요한 점은 아이가 가해 아동에게 무례하거나 공격적이지 않도록 해야 한다는 것입니다. 이렇게 하면 상황이 더 나빠질 수 있습니다. 대신, 아이는 상황을 해소할 수 있고 괴롭힘을 받더라도 상처받지 않는다는 것을 가해 아동에게 보여줄 수 있습니다(처음에는 상처를 받을 수도 있지만). 다른 간단한 맞대응으로는 "그거 맞아, 나는 그게 잘 돼" 또는 "맞아, 그렇게 할 수 있어"와 같은 것들이 있습니다.

- 아이가 맞대응하는 연습을 하도록 해야 합니다. 특히 중립적이고 무관심한 듯한 억양으로 응수하도록 해야 합니다. 아이가 괴롭힘을 당하는 상황에서 시도하기 전에 집에서 완벽하게 연습하세요. 역할 연습을 하고 그런 다음 자발적으로 연습하세요. 저녁 식사 중이거나 차를 타고 있거나 TV를 보는 동안 조롱을 해보고 아이가 대답하게 하세요. 가벼운 분위기로 접근하되, 톤의 엄격성을 천천히 높여보세요(하지만 공격적이거나 지나치게 상처 주는 톤은 아닙니다). 이렇게 하면 아이가 각 조롱에 대해 대응하는 데 자신감을 키울 수 있습니다. 아이가 자신감 있고 즉각적으로 말할 수 있게 되면 학교에서도 연습하도록 하세요.
- 아동들은 또한 친한 아동이나 교사들처럼 호의적인 사람에게 가까이 머물 필요가 있습니다. 이는 호의적일 것 같은 사람이 누구인지 생각하거나 또는 집에 갈 때 다른 사람들과 같이 가는 방법 등을 생각하

게 해줍니다(거기 경로에 약간의 변화를 줄 필요가 있을지도 모릅니다). 온라인상에서 누구와 상호작용하는지 제한하는 방법에 대한 논의 또한 매우 중요합니다.

- 아이가 상황에서 벗어나 안전한 사람이나 장소로 이동하기 전에 확실하고 자신감 있게 "아니야"라고 말할 수 있도록 적극적으로 노력해야 합니다.

- 괴롭힘이나 조롱은 화나고 상처를 주며 슬픔을 불러일으킵니다. 아이가 무관심해 보이길 원한다고 해서 상처와 슬픔이 존재하지 않는 것은 아닙니다. 아이가 자신의 경험에 대해 이야기할 수 있도록 허용하세요. 그들의 이야기를 듣고, 분노, 화남, 슬픔에 공감하며, 조롱과 괴롭힘을 막는 데 성공했을 때 기뻐하세요. 아이가 조롱을 믿거나 어떤 무리한 걱정이 있다는 것을 알게 되면(예를 들어, "나는 멍청해서 아무도 나를 좋아하지 않을 거야"와 같은 것), 탐정처럼 생각하기를 사용해 증거를 찾고, 괴롭힘에 대응하는 새롭고 더 현실적이고 평온한 생각을 찾아내는 데 도움을 줄 수 있습니다(예를 들어, "내 진짜 친구들은 나를 좋아하고 나는 똑똑하다는 걸 알고 있어"와 같은 것).

- 이러한 기술을 사용하는 것에는 연습과 계획이 필요합니다. 아마도 이것을 하기가 매우 어렵겠지만, 아이가 새로운 반응이나 맞대응을 손쉽게 할 수 있을 때까지 부모님이 조롱하는 사람의 역할을 맡아 역할극을 해보는 것은 훌륭한 방법이 될 수 있습니다. 아이가 아무 생각 없이 이런 일을 잘할 수 있게 되면 현실에서도 이를 사용할 수 있게 됩니다. 아이가 억울해하지 않도록 연습을 유머러스하게 유지하려고 노력하세요. 목표는 점차 새로운 전략적 방법을 배우는 것입니다.

- 아이가 새로운 접근 방식을 시도하기 전에 괴롭힘이 멈추지 않을 경우

어떻게 할지 논의하는 것이 도움이 될 수 있습니다. 처음에 성공하지 못하면 계획을 조금 변경해 다시 시도하는 것이 좋은 태도입니다. 그러나 놀림이 멈추지 않거나 괴롭힘으로 확대되면 학교와 전문적인 도움이 필요하다는 것을 기억하는 게 중요합니다.

자녀와 함께 하는 활동

이 장의 지침을 따라 아이에게 기술이 무엇이며 왜 필요한지 설명하고, 그 기술을 연습하고 사용하도록 유도하며, 발전 중인 기술에 대해 격려하는 피드백을 제공하고, 아이가 필요로 하는 각 기술의 개선에 대해 칭찬하고 보상해야 합니다.

아동용 활동 22　따돌림에 지혜롭게 대처하기

따돌림을 지혜롭게 이길 수 있는 다른 방법(위에서 설명한 대로)에 관하여 아이와 이야기하세요. 이 중에서 믿을 만한 사람에게 이야기하는 것, 필요하면 도움을 줄 수 있는 목격자를 모으는 것, 보통 하지 않을 행동을 하는 것, 단호하게 "아니요"라고 할 수 있는 능력을 가지는 것, 대화를 끝낼 수 있는 맞대응을 개발하는 것 등을 포함하여 이야기해보세요. 강조해야 할 점은 따돌림 가해자와 상호작용할 때, 자녀가 신경 쓰지 않고 무심하며 괴롭힘을 당하지 않는다고 보이게끔 해야 하는 것입니다.

아이에게 그들(또는 친구들)에게 했던 몇 가지 말들을 괴롭힘으로 생각해보라고 한 다음, 그들이 다음에 어떻게 다르게 반응할지에 대한 실행 계획을 세우기 위해 함께 노력하세요. 따돌리며 괴롭히는 사람에게 시도해보기 전에, 자녀가 우선 부모나 형제자매와 함께 역할극과 즉흥적인 연습을 통해 실행 계획을 실시하도록 해보세요.

8장의 주요 내용

이 장에서 여러분과 자녀는 다음과 같은 것을 배웠습니다.

- 사회성 기술은 중요하며, 아이들은 잘 자라기 위해 사회성 기술을 개발시킬 필요가 있습니다.

- 사회성 기술은 점진적으로 발달해가는 것입니다. 아동이 대화를 시작하거나 칭찬해주기 같은 보다 어려운 기술들을 성공적으로 배우려면, 그 전에 눈 맞춤과 같은 기본적인 기술부터 알고 있어야 합니다.

- 사회성 기술을 가르치는 여러 방법들이 있는데, 이에는 적절한 기술에 대해 의논하기, 그리고 모델링과 역할 연습하기 등이 있습니다. 후자는 보다 심각한 어려움을 지닌 아이들을 가르치는 데 좋은 방법이 될 수 있습니다.

- 괴롭힘에 지혜롭게 대처하는 방법에는 여러 가지가 있습니다. 그 방법에는 상처를 완화시키기 위해 이야기하기, 친한 아이와 어른 가까이에 머물러 있기, 괴롭힘이나 따돌림을 당할 때 이전과 달리 반응하는 방법 계획하기, 괴롭힘에 반응할 때 이용할 재치 있는 맞대응 방법 익히기 등이 있습니다.

자녀는 다음과 같은 것을 할 필요가 있습니다.

- 일상적인 상황에서 적극적으로 행동하는 것을 연습하기. 사회성 기술에 어려움이 있는 아동의 경우에는 먼저 가정에서 역할 연습을 하면서 한 번에 하나씩 사회성 기술을 연습하고, 그런 다음 실생활에 적용

하십시오.

- 따돌림과 괴롭힘에 대한 대응 행동 계획을 수립하고, 이 계획을 연습한 후 학교에서 실제로 연습하기

- 사다리 기법을 계속 연습하고, 동시에 탐정처럼 생각하기나 문제해결하기 같은 다른 불안관리기술들을 계속 연습하기(여러분의 자녀는 지금쯤 이미 사다리를 몇 계단 높이 올라가 있어야 합니다.)

9

이완하기

이완하기를 배우는 것은 모든 아이에게 유용하지만, 특히 만성적으로 근육 긴장을 경험하거나 불안할 때 신체반응(예: 심장이 뛰거나, 호흡이 매우 빨라지거나, 땀을 많이 흘리거나, 심하게 떨림)이 심하게 나타나는 아이에게 유용합니다. 여러분의 자녀가 이 경우에 해당되지 않는다면 이 장에서 제시하는 활동들을 모두 할 필요는 없습니다. 그 대신 탐정처럼 생각하기와 문제해결, 사다리 기법으로 구성된 핵심적인 불안관리기술들을 계속하면 됩니다.

이완을 위한 기술

심한 스트레스가 생기면 아이들은 몸으로 긴장을 경험합니다. 아이들마다 각기 다른 방식으로 신체적 긴장을 경험하는데, 종종 근육이 뻣뻣해지고 긴장되는 것을 수반하며, 이는 팔, 어깨, 등 또는 이마와 같은 신체의 각 부분에 영향을 줄 수 있습니다. 일부 아이들은 이러한 신체적 긴장에 대한 반응으로 복통, 두통, 수면 곤란 및 근육통을 겪을 수 있습니다. 이렇듯 과도한 신체적 긴장은 아동으로 하여금 적절한 대처기술을 사용하는 것을 어렵게 만듭니다. 그래서 자녀가 높은 수준의 신체적 긴장을 자주 경험하는 경우에는 불안관리기술을 사용할 수 있을 정도로 신체적 긴장을 낮추는 방법을 가르쳐주는 게 도움이 될 것입니다.

신체적 긴장을 줄이기 위해서 아이들이 사용할 수 있는 한 가지 전략은 이완하기입니다. 이완하는 동안에는 심장박동이 느려지고 근육 긴장은 감소하는 식으로 신체반응이 변화합니다. 근육 긴장을 나타내는 징후들은 점진적으로 사라지게 되고, 불안과 걱정이 차단됨으로써 생각이 고요하고 평화로워지는 것을 덤으로 얻을 수 있습니다. 이러한 신체적 긴장 및 걱정스러운 생각의 감소는 평안함과 행복감을 가져옵니다. 편안하게 이완된 느낌과 걱정스러운 느낌을 동시에 경험하기란 어렵습니다. 이완하기는 다른 대처기술을 사용하기 어려운 아이들에게 매우 유용할 수 있습니다.

아이들이 이완하기를 배우는 데는 몇 가지 방법이 있는데, 마음을 가라앉히고 평화로운 음악을 듣기, 명상, 편안해지는 상상 기법, 근육 이완, 복식호흡, 요가, 마사지 등이 그것입니다. 이 장은 근육 긴장을 알아차리는 일련의 단계들을 통해 자녀에게 긴장을 풀도록 가르치는 것을 목표로 하며, 차분한 호흡을 사용하면서 몸의 모든 근육을 이완시키는 방법을 배우는 데 중점을 둡니다. 마지막으로, 우리는 아이가 불안한 상황에서 빠르게 긴장을 풀 수 있도록 이완 과정을 일부 변형하고자 합니다. 또한 아이들의 마음을 진정시키고 이완시키기 위한 몇 가지 아주 간단한 명상을 포함시켰습니다. 이러한 것들을 이완 회기에 추가할 수 있습니다.

자녀에게 이완하기를 가르치기

아이들에게 이완을 가르치는 가장 좋은 방법 중 하나는 온 가족이 함께 이완을 연습하고 시행하는 것입니다. 여기에 제시된 방법은 다양한 기술들을 결합한 것이며, 여러분과 여러분의 가족에 맞게 조정해서 사용해도 좋습니다. 자녀에게 이완하기를 가르치기 전에 먼저 몇 가지 논의할 점이 있는데, 이는 훈련 회기 동안에 크게 도움이 될 것입니다.

이완은 기술이다

모든 새로운 기술들처럼 이완을 제대로 수행하기 위해서는 규칙적인 연습이 필요합니다. 처음 몇 주 동안은 부모님과 아이가 매일 연습해야 합니다. 규칙적인 연습을 돕기 위해 마련한 '이완 연습 기록지'에 연습 회기를 기록하도록 하십시오. 자녀가 연습할 때마다 (혼자서 또는 함께) 기록해보십시오. 여러분이 매일 보는 냉장고같이 눈에 잘 띄는 곳에 이 양식을 붙여놓는 것이 좋습니다. 이렇게 하면 여러분과 아이가 이완 연습을 하는 것을 기억하기 쉬울 것입니다.

처음에는 이완하는 것을 아이들이 상당히 어려워할 수 있으며, 제대로 이완하기 위해서는 적어도 일주일간 매일 연습하는 것이 필요합니다. 연습 회기는 오래 걸릴 필요가 없으며, 10분에서 15분이면 충분합니다. 아이가 이완을 잘할 수 있게 되면, 부모님과 아이 모두 원하는 경우 명상을 추가로 가르칠 수 있습니다. 이 책의 다른 단계를 하고 있더라도 날마다 이완 연습을 계속하는 것이 중요합니다. 이완은 아이들이 다른 불안관리기술들을 배우고 있을 때에도 사용할 수 있는 유용한 기술이며, 무섭거나 스트레스를 받을 때 이에 대처하는 데 도움이 되는 기술이 있다는 자신감을 가져다줄 수 있습니다.

좋은 시간대 고르기

여러분이 이완법 익히기를 즐겁게 하려면 몇 가지 사항을 고려해야 합니다. 우선 이완하기 좋은 때를 택하는 것이 중요합니다. 다른 중요한 일이 없는 시간을 선택하고, 실제로 연습하는 데 도움이 되는 루틴을 설정하는 것이 좋습니다. 예를 들어, 자녀가 좋아하는 TV프로그램이 나오는 시간이나 식사 시간 또는 숙제를 해야 하는 시간은 선택하지 마십시오. 집에 손님이 방문할 시간과도 겹치지 않게 연습 시간을 조정하십시오. 어떤 가족은 매일 아침에 10~15분 정도 일찍 일어나서 이완 연습을 하기도 하고, 다른 가족은 잠자리에 들기 직전에 시간을 마련하기도 합니다. 대개 잠자기 전이 가장 하기 쉬운 시간이지만, 이때 아이들이 너무 피곤해서 이완을 배우는 데 집중하기 어려운 건 아닌지 확인할 필요가 있습니다. 잠을 잘 자기 위해서 이완을 사용하는 것은 괜찮지만, 이완을 연습할 때에는 반드시 자녀가 정신을 집중할 수 있을 때 해야 합니다.

시간 내기

일상적인 일들과 숙제, 운동, 텔레비전 같은 다른 일에 의해 이완 연습이 미루어지기 쉽습니다. 이완 연습을 위해 일정한 시간을 정해놓는 것이 모든 가족에게 득이 됩니다. 이완할 시간을 규칙적으로 정해두면, 매번 급한 일 때문에 일상생활이 휘둘려서 정서적 안정을 돌볼 시간도 없이 살아가고 있다는 사실을 가족 모두가 깨닫게 될 것입니다.

습관 만들기

이완 연습을 확실하게 할 수 있는 가장 좋은 방법은 매일매일의 습관으로 만드는 것입니다. 그렇게 되면 이완 훈련은 점차 가족의 자동적인 일상 활동이 될 것입니다. 이를 닦는 것이 하루의 자동적인 활동이 되는 것과 마찬가지로, 이완 연습도 매일매일의 습관 중 하나가 될 수 있습니다. 빠뜨리는 날이 생기지 않도록 노력하고, 정해놓은 시간에 하지 못했다면 다른 시간을 내서라도 하도록 합니다.

이완하기 좋은 환경 만들기

자녀가 이완법을 배울 때 이를 촉진시키는 환경을 조성할 필요가 있습니다. 연습하는 장소는 조용하고 방해받지 않는 곳이어야 합니다. 휴대전화를 꺼놓거나 손에 닿지 않는 곳에 두는 것이 좋습니다. 만약 누가 올 것 같을 때에는 연습에 방해가 되지 않도록 해놓아야 합니다. 연습 장소는 따뜻하고 편안해야 합니다. 침대나 안락의자, 바닥깔개 등을 사용할 수 있겠습니다. 침대를 사용하는 경우에는 잠들지 않도록 해야 합니다. 이완 연습은 편안하고 활동하기 좋은 옷을 입었을 때 더 쉽습니다. 어떤 가족은 연습할 때 조용하고 차분한 음악을 듣는 것을 좋아합니다. 아이들은 편안한 음악에 잘 반응하며, 음악을 조용히 틀어 연습 장면을 설정하는 것이 유용할 수 있습니다.

칭찬해주고 재미있게 하기

이 책에 나온 모든 방법과 더불어, 자녀가 기술을 연습하고 사용하도록 격려하기 위해 칭찬을 많이 할 필요가 있습니다. 이완에 성공했을 때뿐만 아니라 노력 자체에 대해서도 칭찬해야 함을 잊지 마십시오. 가능한 한 이완이 즐겁고 신나는 경험이 될 수 있도록 해야 합니다. 이완 연습을 흥미롭게 만드는 여러 방법(마법의 섬, 비밀 정원, 돛단배와 같이 평화롭고 편안한 상황 속에 있는 자신을 상상하는 명상 등)이 있습니다.

간단하고 짧게 하기

아이들은 흥미를 쉽게 잃어버리는 경향이 있고, 주의를 오래 집중하는 것을 어렵게 느낍니다. 어린아이들과 함께라면 좀 더 짧은 시간 동안, 예를 들면 5분간 좀 더 자주 연습하는 것이 더 좋은 방법입니다. 또한 자녀가 지시를 이해할 수 있도록 쉬운 말(다음에 견본이 될 만한 연습 각본을 제시해놓았습니다)을 사용할 필요가 있습니다.

예를 들어 가르치기

다음에 제시될 '이완 단계'에서, 이완법을 익히기 위한 일련의 연습 단계들을 보게 될 것입니다. 자녀의 연령에 따라 부모님이 이 기술을 가르치는 선생님이 되어야 할 때도 있습니다. 좀 더 나이가 든 아이들과 청소년들은 부모의 지시와 지도를 받는 것을 어색하게 느낄 수 있고, 책을 읽고 스스로 연습하기를 더 좋아할 수도 있습니다. 반면 어린아이들에게는 매 단계마다 어떻게 이완하는지 실제로 보여주는 것이 가장 좋은 방법입니다. 즉 여러분이 각 단계마다 실제로 시범을 보여주는 것입니다. 각 단계에서 여러분이 무엇을 하고 왜 그렇게 하는지를 소리 내어 분명히 말해주는 것이 매우 중요합니다. 그런 식으로 아이들은 점차 스스로에게 나지막하게 지시사항을 말하는 방법을 배울 것이고, 결국에는 이완을 사용하도록 스스로 지시할 수 있게 될 것입니다.

최종 목표

우리의 목표는 아이들이 두려워하거나 어려워하는 상황을 만났을 때 편안해질 수 있도록 이완을 사용할 수 있게 하는 것입니다. 하지만 먼저 집에서 이런 기술들을 잘 배우는 것이 중요합니다. 가족 모두가 매일 이완하는 습관은 평안한 분위기를 만들어주며, 가족 모두에게 유익할 것입니다.

이완하기의 단계

자녀에게 이완을 가르치는 데는 몇 가지 단계가 있습니다. 다음에 여러분의 자녀에게 이 아이디어를 설명하는 데 도움이 될 만한 샘플이 될 각본을 제시하였습니다. 물론 이것을 정확하게 그대로 따라 읽을 필요는 없습니다. 여러분의 스타일에 맞게 단어를 바꾸기 원하거나 자녀가 더 잘 이해할 수 있는 단어를 사용하기 원한다면 그렇게 해도 아무 상관 없습니다.

1단계: 몸을 긴장하거나 이완시키는 것을 배우기

이완을 가장 효과적으로 배우는 방법은 긴장과 이완의 차이를 익히는 것입니다. 다음은 이것을 어떻게 하는지에 관한 지시문이며, 자녀에게 분명하고도 부드러운 목소리로 말해줘야 합니다. 아울러 여러분은 말로 지시하듯이 실제 행동으로도 보여주어야 합니다([ ] 안의 내용은 여러분을 위한 추가적인 제시이므로, 이것은 소리 내어 읽을 필요가 없습니다). 지시문을 읽을 때는 차분하고 편안하며 부드러운 목소리를 사용하는 것을 잊지 마십시오.

이완 연습을 시작하기 전에 자녀에게 이완이 무엇이며, 불안할 때 나타나는 신체증상을 줄이는 데 어떻게 도움이 되는지 설명하십시오. 1단계를 통해 자녀를 지도한 다음, 약 3~4일 동안 매일 이 활동을 연습합니다. 연습 회기 중에 다음에 제공되는 이완하기 각본을 읽을 수 있지만, 매번 읽을 필요가 없도록 지시문을 녹음하는 것도 좋습니다. 좀 더 나이가 든 어린이와 청소년은 각본을 자신의 목소리로 읽으면서 녹음해도 되는데, 이는 아이들에게 재미있는 일이 될 수 있습니다.

이완 연습 각본

두렵거나 걱정이 들 때 우리 몸의 근육은 뻣뻣해지고 긴장됩니다. 이것은 우리 몸의 어느 곳에서나 발생할 수 있으며, 사람마다 신체의 다른 부분에서 발생할 수 있습니다. 근육이 뻣뻣해지기 시작하거나 주먹을 꽉 쥐거나 어금니를 꽉 다물 수도 있습니다. 이 연습에서는 몸이 뻣뻣해지거나 긴장된 부분을 찾은 다음 긴장을 푸는 방법을 배울 것입니다.

자, 이제 시작하기 전에 편안하게 눈을 감으세요. 가능하면 등을 바닥에 대고 누워서 양손이 몸통 옆에 자연스레 놓이도록 두십시오. 혹은 편안한 의자에 등을 기대고 앉아도 됩니다. 앞으로 10분 동안 방해가 될 수 있는 것들(예: 알람시계, 휴대폰 벨소리 등)이 켜져 있지 않은지 확인하십시오.

먼저, 여러분의 근육이 긴장되고 정말 단단해졌을 때의 느낌을 느껴보길 바랍니다.

우선 제가 하는 걸 잘 보세요. 숨을 깊게 한 번 들이마시면서 얼굴의 모든 근육을 힘껏 찡그리고… 양쪽 어깨를 최대한 목 쪽으로 끌어 올리고… 팔과 다리에 온 힘을 주고… 주먹을 꽉 움켜쥐고 발가락을 최대한 구부립니다. 넷까지 숫자를 세는 동안 이렇게 온몸에 힘을 준 상태를 유지하고 있다가, 하나, 둘, 셋, 넷… 넷 다음에 온몸의 힘을 확 풀면서 크게 숨을 내쉽니다. [숨을 내쉴 때는 크고 길게 한숨을 내쉬십시오.] 이렇게 온몸의 근육이 느슨해지도록 풀어줍니다.

자, 이제 한번 시도해보세요. 조용히 편안하게 눈을 감고 시작합니다. 먼저 긴장을 시켜야 하는데, 숨을 깊이 들이쉬고… 얼굴을 찡그리고 온몸을 뻣뻣하게 만드십시오. 여러분이 로봇이라고 상상해보십시오. 넷까지 세는 동안 그대로 유지하고… 몸이 뻣뻣했을 때 기분이 어땠나요? 몸의 어느 부분이 가장 긴장되었나요? [여기서 아이가 말하는 것을 듣고 몸의 신호에 주의를 기울인 것에 대해 칭찬해주세요.]

좋습니다. 여러분의 몸이 뻣뻣해지는 것을 느끼는 것이 중요합니다.

자, 이제 다시 해봅시다. 조용히 편안하게 눈을 감고 시작합니다. 심호흡을 하고, 다리, 팔, 주먹, 얼굴, 발가락에 힘을 줘서 몸의 모든 근육을 긴장시키십시오. 긴장시키고 있는 동안 넷까지 세십시오. 하나, 둘, 셋, 넷…. 이제 한숨 쉬는 것처럼 크게 숨을 내쉬고, 몸의 모든 근육을 풀어줍니다. 양손이 몸통 옆으로 뚝 떨어지면서 온몸이 축 늘어진 상태가 되도록 하십시오. 팔과 다리가 느슨해지게 하십시오. 마치 몸이 헝겊 인형처럼 느껴져야 합니다. 온통 축 늘어지고 헐겁고 느슨해집니다. 여러분이 해파리나 젤리의 큰 덩어리라고 상상할 수도 있습니다. [*단어를 말할 때 목소리는 아주 부드럽고 차분하고 온화하게 유지하세요.*] 몸이 정말 축 늘어지게 놔두세요. 모든 긴장과 압박감이 사라지게 하십시오. 지그시 눈을 감은 상태로 몇 분 동안 이완하세요. 조용하고 편안합니다. 기분 좋고 부드럽게 숨을 쉬세요.

[*아이가 1~2분간 이완할 수 있게 놔두십시오.*]

좋습니다. 이제 잠시 후에 천천히 눈을 뜨겠습니다. 열까지 숫자를 셀 텐데, 다섯이 되면 눈을 뜨면 됩니다. 그런 다음 열을 세면 천천히 일어나 앉으세요. 준비됐나요? 좋아요. 하나, 둘, 셋, 넷, 다섯… 이제 천천히 눈을 떠보세요. 여섯, 일곱, 여덟, 아홉, 열. 자, 이제 천천히 앉으세요. 근육이 바로 다시 긴장되지 않도록 하십시오. 이완하도록 노력하세요. 정말 잘하셨습니다.

여러분의 몸이 헝겊 인형처럼 늘어졌을 때 기분이 어땠나요? 몸의 어느 부분이 가장 편안했습니까? [*아이가 말하는 것을 듣고 몸의 신호에 주의를 기울인 것에 대해 칭찬해주세요.*]

혹시 아직 긴장한 부분이 있나요?

좋습니다. 몸이 긴장될 때와 이완될 때를 구분하여 느낄 수 있는 것이 정말 중요합니다. 사람들은 모두 다르며, 자신에게 가장 적합한 방법을 배우면 됩니다. 오늘은 이 첫 번째 작업으로 충분하지만, 앞으로 3~4일 동안 몇 번 더 연습해야 합니다. 그러면 근육이 긴장했을 때와 이완되었을 때의 차이를 보다 잘 느낄 수 있을 것입니다. 우리는 두렵거나 초조하거나 걱정하거나 화를 낼 때처럼 긴장할 때가 많이 있습니다. 이완은 이러한 시기에 우리의 기분이 나아지게 하는 데 도움이 됩니다. 이완하는 법을 배우는 것은 자전거나 롤러스케이트 타는 법을 배우는 것과 같습니다. 연습해야 하고, 조금씩 하다 보면 점점 더 쉬워진다는 사실을 알게 될 것입니다.

정말 좋은 시작이었습니다. 아주 잘하셨어요.

[앞으로 3~4일 동안 연습하기에 좋은 시간과 이완 연습 기록지 작성에 대해 이야기하십시오.]

다음 3~4일 동안 이 지시문을 반복하면서 매일 이러한 짧은 작업을 연습하는 것이 가장 좋습니다. 아이가 긴장과 이완의 차이를 잘 구분할 수 있을 때까지 몸 전체를 긴장시키고 이완시키는 연습을 하는 것이 중요합니다. 긴장을 푼 직후에 자녀에게 신체의 어느 부분이 가장 잘 이완되고 어느 부분이 여전히 긴장되어 있는지 말해달라고 해보십시오.

또한 이완 연습 기록지를 사용하여 자녀가 연습할 때마다 얼마나 편안해졌는지 기록해보십시오. 혹은 다음과 같은 질문들이 포함된 표를 만들 수도 있습니다: 날짜는? 연습 장소는? 몸의 어떤 부분이 아직 긴장되어 있나요? 얼마나 이완되었나요? (전혀 아니다, 조금 그렇다, 매우 그렇다.)

2단계: 몸의 각 부분을 이완시키는 법을 배우기

[이전 단계를 빠르게 상기시키고, 편안한 자세를 취하고 방해될 만한 것들을 치우도록 알려주세요.]

이완 연습 각본

몸을 긴장시켰다가 이완시키는 방법을 배웠으니, 이제는 빠르게 한 번 해보고 몸을 이완시키는 데 도움이 되는 몇 가지 방법을 배우겠습니다.

자, 몸을 긴장시켜봅시다. 숨을 깊이 들이쉬고, 다리, 팔, 주먹, 얼굴, 발가락에 힘을 주어 가능한 모든 근육을 긴장시키십시오. 그 상태에서 하나, 둘, 셋, 넷까지 세겠습니다. 이제 한숨 쉬듯이 크게 숨을 내쉬고, 몸의 모든 근육을 이완시켜줍니다. 손이 옆으로 툭 떨어지도록 몸 전체가 축 늘어지게 하십시오. 팔과 다리를 느슨하게 하십시오. 몸이 마치 헝겊 인형처럼 느껴져야 합니다. 몸이 마치 느슨한 해파리나 젤리의 큰 덩어리라고 상상할 수 있습니다. [*다음 단어를 말할 때 목소리를 아주 부드럽고 차분하고 온화하게 유지하세요.*] 몸을 정말로 느슨하게 두세요. 모든 긴장과 압박감이 사라지게 하십시오.

이제 팔 근육에 집중하세요. 팔 근육이 어떤 느낌인지 느끼고 흐느적거리게 하십시오. 먼저 오른팔을 확인하세요. 느낌이 어떤가요? 부드럽게 숨을 들이쉬고 내쉬면서 오른팔을 아주 가볍게 펼칩니다. 팔이 무겁고 축 늘어지게 놔두십시오.

이제 주의를 왼팔로 옮깁니다. 부드럽게 숨을 들이쉬고 내쉬면서 왼쪽 팔을 느슨하게 해보세요. 무겁고 축 늘어지게 하십시오. 자, 지금 두 팔을 확인하십시오. 아직도 뻣뻣함이 느껴지나요? 그렇다면 팔을 더 축 늘어지도록 하십시오. 훨씬 더 편안합니다. 이완시켜보세요. [*조용히 잠시 쉬세요.*]

이제 다리 근육으로 넘어갑니다. 다리의 감각을 느껴보세요. 오른쪽 다리를 먼저 확인하십시오. 느낌이 어떤가요? 긴장되고 뻣뻣하게 느껴지는 부분이 있나요? 허벅지에서 발가락으로 주의를 이동하면서 오른쪽 다리의 각 부분이 느슨해지게 하세요. 부드럽게 숨을 들이쉬고 내쉴 때 오른쪽 다리 전체가 이완되면서 약간 무거워지도록 하세요. 이제 왼쪽 다리로 가볼게요. 왼쪽 허벅지에서부터 아래로 이동하면서 발가락에 이를 때까지 각 부분이 더욱 늘어지도록 합니다. 부드럽게 숨을 들이쉬고 내쉴 때 왼쪽 다리의 모든 조임과 긴장이 풀리도록 하십시오.

이제 머리와 얼굴의 근육으로 넘어갑시다. 부드럽게 숨을 들이쉬고 내쉬면서 얼굴을 이완시키십시오. 얼굴 근육을 이완시키는 데 집중하십시오. 이마가 어떤 느낌인지 느끼면서 이마의 힘을 빼보세요. 이제 주의를 눈으로 옮기면서, 눈이 무거워지고 축 처지도록 부드럽게 감아보십시오. 다음은 입과 입술의 긴장을 푸십시오. 입술은 어떤 느낌입니까? 가능하면 모두 늘어지도록 해보십시오. 혀도 긴장될 수 있으므로 혀가 어떤 느낌인지 알아차리고 긴장을 푸십시오. 이제 얼굴과 머리 전체에 긴장을 풀 수 있습니다. 완전히 이완해보세요. [*몇 분간 이완합니다.*]

[*계속해서 목소리를 차분하고 평화롭게 유지하면서 천천히 말하십시오. '이완', '고요', '늘어지다'와 같은 단어를 말할 때 여러분의 목소리는 매우 편안해집니다.*]

이제 우리는 목과 어깨를 이완할 것입니다. 부드럽게 숨을 내쉬면서 목 근육의 느낌에 집중하십시오. 어떠한 뻣뻣함도 없어야 합니다. 목을 이완해보십시오. 부드럽게 숨을 들이쉬고 내쉴 때 목이 정말 느슨해지도록 하세요. 정말 편안합니다. 다음은 어깨입니다. 어깨는 어떻게 느껴지나요? 근육이 모두 늘어지도록 하십시오. 마지막으로 가슴, 배, 등을 이완합니다. 가슴과 배와 등을 이완하면서, 호흡을 세 번 할 것입니다. 부드럽게 숨을 내쉴 때마다 근육을 이완하십시오.

이번에는 가슴을 이완하겠습니다. 숨을 들이마시고, 둘, 셋, 넷…. 숨을 내쉴 때 가슴의 긴장을 푸세요. 둘, 셋, 넷… 이완하세요.

이제 배를 이완하겠습니다. 숨을 들이마시고, 둘, 셋, 넷…. 숨을 내쉴 때 배의 긴장을 푸세요. 둘, 셋, 넷… 이완하세요.

좋아요, 이제 등으로 가서 이완하겠습니다. 숨을 들이마시고, 둘, 셋, 넷…. 숨을 내쉴 때 등의 긴장을 푸세요. 둘, 셋, 넷… 이완하세요.

아주 잘하셨어요. 이제 1분 동안 온몸을 이완시키십시오. 몸이 축 늘어지게 내버려두십시오. 여러분이 뼈나 뻣뻣함이 전혀 없는 헝겊 인형이라고 상상해보십시오. 몸이 온통 흐느적거리고 느슨해지도록 하십시오. 몸을 이완시키는 데 집중하세요. 완전히 이완하세요.

다른 생각이 머릿속을 맴돌더라도 걱정하지 마십시오. 몸 전체를 이완시키는 데 집중하십시오. 호흡을 편안하고 부드럽게 유지하고, 숨을 내쉴 때마다 조금 더 긴장을 풀도록 해보십시오.

아주 좋습니다. 이제 여러분이 좀 더 이완하도록 몇 분 동안 조용히 있겠습니다.

[1~2분 후 부드럽고 차분하며 상냥한 목소리로 계속합니다.]

좋습니다. 이제 잠시 후에 천천히 눈을 뜨도록 하겠습니다. 열까지 수를 셀 텐데, 제가 다섯을 셀 때 눈을 뜨면 됩니다. 그리고 열을 다 세면 천천히 일어나 앉으라고 할게요. 하나, 둘, 셋, 넷, 다섯… 이제 천천히 눈을 뜨세요. 여섯, 일곱, 여덟, 아홉, 열…. 이제 천천히 앉아서 몸을 주욱 펴보세요. 기분이 어땠나요? 얼마나 편안해졌나요? 전혀 아니다, 조금 그렇다, 매우 그렇다? 훌륭합니다. 아주 잘하셨어요.

[앞으로 3~4일 동안 연습하기에 좋은 시간에 대해 이야기하고, 연습 회기가 끝날 때마다 자녀에게 이완 연습 기록지를 작성하도록 하십시오. 3~4일 동안 이 지시문을 반복하면서 매일 연습하는 것이 가장 좋습니다.]

자녀가 몸의 모든 부분을 잘 이완할 수 있을 때까지 여러 근육을 연습하는 것이 중요합니다. 이완하는 법을 배우는 것은 자전거 타는 법을 배우는 것과 같다는 사실을 상기시켜주십시오. 더 많이 연습할수록 더 쉬워질 것입니다.

매번 팔에서 시작하여 다리로 이동한 다음, 머리와 얼굴, 목과 어깨, 몸통(가슴, 배, 등)으로 마무리합니다. 이완한 다음에는 자녀에게 어디가 가장 편안했는지 혹은 어디가 여전히 긴장되어 있는지 얘기해달라고 할 수 있습니다. 이렇게 하면 자녀가 이완하기 어려운 신체 부위를 식별하는 데 도움이 되며, 다음 연습 회기에서 이 부위를 이완하는 데 약간의 시간을 추가로 할애할 수 있습니다. 자녀가 매우 편안하게 느끼도록 하는 것이 목표이지만, 그렇다고 해서 이러한 이완이 '완벽'할 필요는 없습니다.

3단계: 몸 전체를 한꺼번에 이완시키기

아이가 신체 각 부위를 순서대로 이완시킬 수 있게 되면, 몸 전체를 한꺼번에 이완시키는 단계로 나아갈 수 있습니다. 이완법을 얼마나 빨리 배우는가는 아이들마다 개인차가 있습니다. 또한 학습 속도는 얼마나 자주 이 기술을 연습하는가에 의해서도 영향을 받습니다. 어떤 아이들은 2단계를 연습한 지 이틀 만에 3단계로 나아가기도 합니다. 또 다른 아이들은 신체 각 부위를 자유롭게 이완시키는 데 2~3주 동안 매일 2단계를 연습하는 것이 필요하기도 합니다. 그러나 아이들이 싫증을 느낄 수도 있기 때문에, 각 단계에서 너무 여러 날을 허비하지 않도록 하는 것이 중요합니다. 자녀에게 얼마나 편안하게 느끼는지 물어볼 뿐만 아니라, 이완하는 동안 팔 한쪽을 부드럽게 살짝 들어 올렸다가 놓았을 때 팔이 부드럽게 뒤로 넘어가는지 또는 팔이 여전히 뻣뻣하고 긴장되어 있는지 확인할 수 있습니다. 우리는 다음 단계로 나아가는 시기를 여러분과 아이가 함께 결정하기를 권장합니다. 다음은 3단계에서의 지시문입니다.

이완 연습 각본

이제 여러분은 몸이 긴장되고 뻣뻣해지는 시기를 알 수 있고 근육을 이완하는 방법을 알았으므로, 필요할 때 긴장을 빠르게 푸는 방법을 배울 준비가 되었습니다. 여러분이 침착하고 편안하게 있어야 할 때 걱정이 되거나 두렵다면 이 방법은 정말 유용할 수 있습니다. 이번에는 먼저 몸을 긴장시키거나 몸의 각 부분을 따로따로 나누어 하지 않을 것입니다. 한꺼번에 몸 전체를 편안하게 이완하도록 하겠습니다.

[지시문을 읽는 동안 목소리를 매우 조용하고 평화롭게 유지하고 다소 천천히 말하십시오. '이완', '차분하게', '더 깊게'와 같은 단어를 말할 때 여러분의 목소리는 매우 편안하게 들립니다.]

심호흡을 해보세요. 넷까지 세는 동안 숨을 참았다가, 다시 넷까지 세면서 부드럽게 숨을 내쉬세요. 숨을 내쉴 때 몸의 모든 긴장이 풀리도록 하십시오. 여러분의 몸에 차분함과 평화로움을 남기면서, 손가락과 발가락을 통해 긴장이 빠져나간다고 상상해보십시오.

숨을 들이쉬고 내쉴 때마다 몸의 다른 부분을 더 이완시킬 수 있습니다.

1. 팔에 집중하세요. 넷을 셀 때까지 숨을 들이쉬세요. 둘, 셋, 넷. 다시 넷을 셀 때까지 숨을 내쉬면서 이완하세요. 둘, 셋, 넷. 정말 깊이 이완되었습니다.

2. 다리에 집중합니다. 넷을 셀 때까지 숨을 들이쉬세요. 둘, 셋, 넷. 다시 넷을 셀 때까지 숨을 내쉬면서 이완하세요. 둘, 셋, 넷. 더 깊이 이완됩니다.

3. 머리와 얼굴에 집중합니다. 넷을 셀 때까지 숨을 들이쉬세요. 둘, 셋, 넷. 다시 넷을 셀 때까지 숨을 내쉬면서 이완하세요. 둘, 셋, 넷. 이마, 눈, 입, 혀를 더욱 깊게 이완하십시오.

4. 목과 어깨에 집중하세요. 넷을 셀 때까지 숨을 들이쉬세요. 둘, 셋, 넷. 다시 넷을 셀 때까지 숨을 내쉬면서 이완하세요. 둘, 셋, 넷. 목과 어깨의 긴장이 풀리도록 내버려두세요.

5. 등, 가슴, 배를 생각하세요. 넷을 셀 때까지 숨을 들이쉬세요. 둘, 셋, 넷. 다시 넷을 셀 때까지 숨을 내쉬면서 이완하세요. 둘, 셋, 넷. 정말로 깊이 이완됩니다.

이제 머리 꼭대기로 올라간 다음, 머리부터 발끝까지 내려오면서 각 근육을 확인해봅시다. 몸에 긴장하거나 꽉 조이는 느낌이 드는지 확인하십시오. 그런 다음 숨을 내쉬면서 스스로에게 "이완하자"라고 말하고, 긴장이 풀리도록 만들어봅니다. 이제 이완하세요.

머리 꼭대기부터 긴장을 풀고 이완하십시오. 점점 아래로 내려오면서 이완해보세요. 팔과 가슴을 거쳐 아래로… 등과 배를 지나 다리로, 근육 하나하나 정말 편안합니다. 이완해보세요… 다리 아래로 무릎과 종아리를 지나 발목을 거쳐 발가락으로. 여러분의 몸에 차분함과 평화로움을 남기면서, 손가락과 발가락을 통해 긴장이 빠져나간다고 상상해보십시오.

이제 모든 근육을 축 늘어뜨리고 느슨하게 하십시오. 모든 근육을 한꺼번에요. 모든 긴장이 몸을 떠나게 하여 점점 더 멀리, 점점 더 깊게, 점점 더 편안하게 느끼도록 하십시오.

마치 헝겊 인형이라고 상상하세요. 모든 것이 흐느적거리고 느슨하게 늘어져 있습니다. 누군가 여러분을 들어 올리면 여러분의 팔과 다리는 옆구리에 매달려 있을 것입니다. 몸 구석구석 어디에도 뻣뻣함이 없습니다.

좋습니다. 이제 잠시 후에 천천히 눈을 뜨도록 하겠습니다. 열까지 수를 셀 텐데, 다섯이 되면 눈을 뜨면 됩니다. 그리고 열을 다 세면 천천히 일어나 앉으라고 할게요. 하나, 둘, 셋, 넷, 다섯… 이제 천천히 눈을 뜨세요. 여섯, 일곱, 여덟, 아홉, 열… 이제 천천히 앉으세요. 근육이 바로 다시 긴장되지 않도록 하십시오. 이완하도록 노력하십시오. 좋습니다. 기분이 어땠나요? 얼마나 편안해졌나요? 전혀 아니다, 조금 그렇다, 매우 그렇다?

[앞으로 3~4일 동안 연습하기 좋은 시간에 대해 이야기하고, 연습 회기가 끝날 때마다 자녀에게 이완 연습 기록지를 작성하도록 하십시오. 3~4일 동안 이 지시문을 반복하면서 매일 연습하는 것이 가장 좋습니다.]

4단계: 생활 속에서 빠르게 이완하기(급속 이완)

이제 여러분과 여러분의 자녀는 빠르고 깊게 이완할 수 있게 되었을 것입니다. 일단 아이가 효과적으로 빨리 이완할 수 있다면, 이제는 실제 상황에서 연습을 시작할 수 있습니다. 여러분이 4단계까지 이르는 데에는 아마도 2~3주 이상의 이완 훈련 기간이 필요할 것입니다. 처음에는 스트레스가 많고 놀란 상황에서 아이가 이완하기란 너무 어려울 것입니다. 아이가 놀라지 않을 수 있는 실생활에서 이완 훈련을 시작하는 것이 가장 좋습니다. 그런 다음에 불안을 유발시키는 상황에서 빠르게 이완하도록 가르칠 수 있을 것입니다.

우리가 실제 생활 속에서 사용하는 이완법은 다른 사람들은 잘 모를 정도로 매우 빠르게 긴장시켰다가 속히 이완시키는 것입니다. 실생활에서의 이완법은 어떠한 종류의 상황에서도 사용될 수 있는데, 예를 들면 차나 집 안에서, 쇼핑할 때, 학교 교실에서 등과 같이 두려운 사건이 생길 수 있는 다양한 곳을 포함합니다. 처음에는 아이가 집에서 급속 이완을 사용하도록 가르쳐야 하고, 그다음에 다른 상황에 적용할 수 있습니다. 그것은 근육을 빠르게 이완시키고 숨쉬기에 초점을 두면서 신체의 불안 증상을 조절하도록 하는 것입니다.

이완 연습 각본

이제 몸이 긴장되고 뻣뻣해지는 시기를 알 수 있고 근육을 이완하는 방법을 알았으므로 필요할 때 정말 빠르게 이완하는 방법을 배울 준비가 되었습니다. 이 방법은 걱정하거나 불안한 상황에서 침착하고 편안하게 있어야 할 때 정말 유용합니다. 급속 이완을 하게 되면 근육을 먼저 긴장시킬 필요가 없고 몸의 각 부분을 따로따로 이완할 필요도 없습니다. 바로 몸 전체를 한 번에 편안하게 이완합니다.

[지시문을 읽는 동안 목소리를 매우 조용하고 평화롭게 유지하고 천천히 말하십시오. '이완', '차분하게', '더 깊게'와 같은 단어를 말할 때 여러분의 목소리는 매우 편안하게 들립니다.]

이제는 주위에 다른 사람들이 있을 때 급속으로 이완하는 방법을 배울 차례입니다. 숨을 깊이 들이쉬고 넷까지 세는 동안 숨을 참으세요. 숨을 들이쉬세요. 둘, 셋, 넷. 이제 천천히 그리고 부드럽게 숨을 내쉬십시오. 둘, 셋, 넷. 몸의 모든 근육이 함께 이완되도록 하십시오. 좋아요. 다시 해봅시다.

부드럽게 숨을 들이마십시오. 둘, 셋, 넷. 부드럽게 숨을 내쉬면서 전신의 긴장을 풀고, 둘, 셋, 넷. 다시 숨을 들이마십시오. 둘, 셋, 넷. 숨을 내쉬면서 이완하십시오. 둘, 셋, 넷. 온몸을 정말 깊이 이완시키세요.

몸의 어느 부분이 긴장되어 있는지 빠르게 확인한 다음, 숨을 내쉴 때 근육을 이완시키십시오. 완전히 이완된 상태에 머무르세요. 편안하고 부드러운 호흡과 이완을 계속 유지하십시오.

여러분이 무엇을 하고 있는지 아무도 모릅니다. 사람들은 여러분이 이완 기술을 사용하고 있다는 것을 모릅니다. 하지만 여러분은 근육과 긴장을 통제하고 있다는 것을 알고 있습니다. 속으로 생각하세요. 나는 통제하고 있다. 나는 할 수 있다. 이완할 수 있다. 정말로 이완할 수 있다. 숨을 들이마시고… 내쉬고… 들이마시고… 내쉬고… 근육을 이완시킬 수 있습니다. 진정으로 이완하세요. 내가 무엇을 하는지 아무도 모릅니다. 나는 이완할 수 있다. 정말로 이완할 수 있다.

자녀가 급속으로 이완하는 것에 대해 자신감을 느끼게 되면, 무서워하는 상황에 직면하거나 긴장되고 두려울 때 이 기술을 사용하여 연습할 수 있습니다. 목표는 아이들이 스스로 기술을 사용할 수 있고, 이완하면서 스스로에게 조용히 이야기할 수 있도록 하는 것입니다. 이것은 아이들이 혼자 있을 때 스트레스가 많거나 두려운 상황에 직면하는 경우 하나의 대처기술로 특히 도움이 될 수 있습니다. 또한 자녀가 사다리 작업을 할 때 급속 이완을 대처기술로 사용하도록 권할 수도 있습니다.

명상을 사용하여 마음을 이완시키기

아이들이 마음을 차분하게 하고 이완하는 데 사용할 수 있는 또 다른 유용한 전략은 명상과 심상(마음 속의 이미지)을 사용하는 것입니다. 편안한 이미지나 그림을 생각하는 것은 보다 깊이 이완하는 데 유용한 방법입니다. 우리의 상상력은 편안함을 보다 깊이 느끼게 하는 데 도움이 될 수 있습니다. 아이들은 훌륭한 상상력을 가지고 있으며, 심상을 떠올리면서 아름답게 이완할 수 있습니다.

심상에 대한 지시문을 제공할 때 도움이 되는 사항이 있는데, 자녀가 마음속에 심상을 떠올리는 데 도움이 되는 방식으로 장면을 설명해야 합니다. 들을 수 있는 소리, 그곳에서 나는 냄새, 만져서 느껴지는 모든 감각뿐만 아니라 모양, 색상 및 질감과 같이 마음으로 볼 수 있는 것을 정확하게 설명해야 합니다. 그런 다음 마치 그 현장에 있다고 상상하면서, 보고 듣고 느낄 수 있는 것에 마음을 집중하게 할 수 있습니다. 이러한 디테일은 생생한 이미지를 만드는 데 도움이 됩니다. 아이의 관심을 끌 수 있고 편안해지는 장면을 선택하세요. 장면이 지나치게 생생하거나 흥미진진해서는 안 됩니다. 우리의 목표는 이완, 평온, 안전 및 평화의 느낌을 갖게 하는 장면을 선택하는 것입니다. 심상 명상은 아이가 가장 편안하게 느끼는 위치에서 앉거나 누워서 할 수 있습니다.

다음은 이 기술의 한 예입니다. 자녀가 알고 있고 행복하고 차분하며 안전하다고 느끼는 장소에서 이 연습용 각본을 자유롭게 적용하십시오.

명상 연습 각본 1 아름다운 나무 아래 누워 있기

첫째, 마음을 편안히 하십시오. 이제는 여러분의 마음과 몸을 이완하기 위해 여러분의 상상력을 사용할 것입니다. 눈을 감고 제가 하는 말을 들어보세요. 생각이 다른 데로 흘러가지 않도록 하되, 혹 그렇게 되더라도 걱정하지 마십시오. 그것은 정상적인 일입니다. 그저 제가 말하는 것으로 생각을 되돌리면 됩니다.

부드럽게 숨을 들이마십니다. 둘, 셋, 넷. 부드럽게 숨을 내쉬면서 전신의 긴장을 풀고, 둘, 셋, 넷. 다시 숨을 들이마십니다. 둘, 셋, 넷. 숨을 내쉬면서 이완하십시오. 둘, 셋, 넷. 온몸을 정말 깊이 이완시키세요.

나뭇잎 사이로 하늘이 보입니다. 하늘은 맑고 푸릅니다. 하늘 높이 날아가는 새를 볼 수 있습니다. 조용히 날아다니는 새를 관찰하세요. 이제는 여러분이 들을 수 있는 소리에 집중하십시오. 부드러운 바람에 나뭇잎이 바스락거리는 소리가 들립니다. 멀리서 또 다른 새가 노래합니다. 그 밖에 어떤 것들이 들리나요? 또 무엇이 보이나요? 이제 손가락으로 무엇을 느낄 수 있는지 생각해보십시오. 손을 내밀어 잔디를 쓰다듬어봅니다. 시원하고 부드러운 느낌입니다. 여러분이 정말로 그곳에 있고, 이완되고, 근육이 점점 더 느슨해지는 것을 상상해보세요. 여러분을 방해하는 것은 아무것도 없습니다. 여러분은 평온하고 평화롭고, 걱정도 문제도 없고, 정말 편안하고 차분하며, 점점 더 깊고, 점점 더 편안해집니다.

이제 근육이 조금 더 이완되도록 해보겠습니다. 상상 속의 장면을 유지하십시오. 여러분은 여전히 그곳에 있고, 나무 그늘 아래 누워 있습니다. 몸 전체를 더욱 깊게 이완시키십시오. 슬픈 기분이나 걱정거리가 든다면 그것들을 흘려보내고, 여러분이 안전하고 차분하게 느끼고 있다는 것을 알아차리십시오. 명상을 하면서 시간을 보낸 것에 대해 스스로에게 "잘했어"라고 말해주세요.

[잠시 멈춤]

좋습니다. 이제 잠시 후에 천천히 눈을 뜨도록 하겠습니다. 열까지 수를 셀 텐데, 다섯이 되면 눈을 뜨면 됩니다. 그리고 열을 다 세면 천천히 일어나 앉으라고 할게요. 하나, 둘, 셋, 넷, 다섯… 이제 천천히 눈을 뜨세요. 여섯, 일곱, 여덟, 아홉, 열… 이제 천천히 앉으세요. 근육이 바로 다시 긴장되지 않도록 하십시오. 이완하도록 노력하십시오. 좋습니다. 기분이 어땠나요? 나무 아래에 있는 것을 상상할 수 있었습니까? 주위의 사물을 보고, 듣고, 느낄 수 있었나요? 얼마나 편안해졌나요? 전혀 아니다, 조금 그렇다, 매우 그렇다?

명상 연습 각본 2 마법의 장소

첫째, 마음을 편안히 하십시오. 이제는 여러분의 마음과 몸을 이완하기 위해 여러분의 상상력을 사용할 것입니다. 눈을 감고 제가 하는 말을 들어보세요. 생각이 다른 데로 흘러가지 않도록 하되, 혹 그렇게 되더라도 걱정하지 마십시오. 그것은 정상적인 일입니다. 그저 제가 말하는 것으로 생각을 되돌리면 됩니다.

부드럽게 숨을 들이마십니다. 둘, 셋, 넷. 부드럽게 숨을 내쉬면서 전신의 긴장을 풀고, 둘, 셋, 넷. 다시 숨을 들이마십니다. 둘, 셋, 넷. 숨을 내쉬면서 이완하십시오. 둘, 셋, 넷. 온몸을 정말 깊이 이완시키세요.

모두가 안전한 마법의 장소에 있는 개울이나 호수 옆에 여러분이 누워 있다고 상상해보십시오. 세상은 매우 고요하고 평화롭습니다. 그곳에 누워 있으면 온몸이 진정으로 이완되기 시작합니다. 팔과 다리가 흐물거리고, 느슨하고, 축 처지는 느낌이 듭니다. 맑고 푸른 하늘을 올려다보면 보송보송한 흰 구름이 유유히 떠다니는 것을 볼 수 있습니다. 물이 호숫가에 부드럽게 부딪치는 소리가 들립니다. 어떤 새들은 근처에서 조용히 지저귀고 있습니다. 아름다운 나비가 옆을 스쳐 지나가고, 여러분은 나비를 잠시 바라봅니다. 나비는 밝은 색의 꽃에 사뿐히 내려앉습니다.

부드러운 바람이 여러분의 살결을 따라 움직이고, 숨을 내쉬면 몸이 더욱 고요하고 평화로워집니다. 이제 여러분이 들을 수 있는 것에 집중하십시오. [잠시 멈춤] 또 무엇이 보이나요? 무엇을 느낄 수 있습니까? 근육이 점점 더 이완되고 편안하게 누워 있다고 상상해보십시오. 여러분을 방해하는 것은 아무것도 없습니다. 여러분은 평온함과 평화로움을 느낍니다. 걱정도 문제도 없고, 정말 편안하고 차분하며, 점점 더 깊고, 점점 더 편안해집니다. 슬픈 감정이나 걱정거리가 있다면 그것들을 흘려보내고 여러분이 안전하고 차분하게 느끼고 있다는 것을 알아차리십시오. 명상하면서 시간을 보낸 자신이 자랑스럽다고 스스로에게 말해주세요. 여러분 자신을 축하해주세요. "나 진짜 잘했어"라고 말하십시오.

이제 근육이 더 이완되도록 몇 분 더 시간을 보내십시오. 상상 속의 장면을 유지하십시오. 여러분은 여전히 물가에 누워 있습니다. 몸 전체를 더욱 깊게 이완시키십시오.

[잠시 멈춤]

좋습니다. 이제 잠시 후에 천천히 눈을 뜨도록 하겠습니다. 열까지 수를 셀 텐데, 다섯이 되면 눈을 뜨면 됩니다. 그리고 열을 다 세면 천천히 일어나 앉으라고 할게요. 하나, 둘, 셋, 넷, 다섯… 이제 천천히 눈을 뜨세요. 여섯, 일곱, 여덟, 아홉, 열… 이제 천천히 앉으세요. 근육이 바로 다시 긴장되지 않도록 하십시오. 이완 상태에 좀 더 머물러보십시오. 좋습니다. 기분이 어땠나요? 물가에 누워 있는 것을 상상할 수 있었습니까? 주위의 사물을 보고, 듣고, 느낄 수 있었습니까? 나비가 지나가는 걸 봤나요? 얼마나 편안해졌나요? 전혀 아니다, 조금 그렇다, 매우 그렇다?

이미지나 심상은 아이들이 긴장을 푸는 데 도움을 줄 수 있습니다. 실제로 인터넷에서 자녀가 좋아하고 도움이 될 수 있는 것들을 많이 찾을 수 있습니다. 다음은 자녀와 함께 명상 각본을 개발하는 데 사용할 수 있는 몇 가지 아이디어입니다. 이것을 참고하거나 아니면 자녀가 직접 작성한 것을 사용할 수도 있습니다.

- 해변에 누워 있기
- 돗자리 위에 누워서 좋아하는 친구와 함께 이야기하기
- 할머니 댁의 대청마루에 앉아 있기
- 우주를 떠다녀보기

- 마법의 정원에 앉아 있기

- 창을 통해 비 오는 모습을 바라보기

- 친구와 통나무집에 누워 있기

- 눈 내리는 것을 보기

- 벽난로 앞에 누워 있기

- 자연에서 캠핑하기

- 가을 낙엽 위를 걷기

- 별을 바라보기

- 정원을 걷기

- 강아지를 껴안은 채 따뜻한 침대에 누워 있기

기억하세요: 자녀가 이완 또는 명상 연습을 마칠 때 이완 연습 기록지를 작성하도록 해보십시오.

자녀와 함께 하는 활동

지금까지 설명한 각 단계들은 자녀와 함께 수행할 별도의 활동입니다. 자녀가 한 단계의 지시를 확실하게 따를 수 있게 되면 다음 단계로 넘어갑니다. 그런 다음 모두 완료할 때까지 단계별로 진행합니다.

아동용 활동 23 이완

이완 연습 기록지를 사용하거나 다음과 같은 제목이 있는 표를 만드십시오: 날짜는? 연습 장소는? 몸의 어떤 부분이 아직 긴장되어 있나요? 얼마나 이완되었나요? (전혀 아니다, 조금 그렇다, 매우 그렇다.) 연습이 끝날 때마다 자녀와 함께 이완하기 어려운 근육에 대해 생각해보고, 이완 연습 기록지에 표시된 대로 "전혀 아니다, 조금 그렇다, 매우 그렇다"를 사용하여 마지막에 얼마나 이완되었는지 평가하도록 합니다.

9장의 주요 내용

이 장에서 여러분은 다음과 같은 것을 배웠습니다.

- 불안 증상의 일부로 근육이 긴장되거나 기타 신체 증상을 경험하는 어린이에게 이완 기법을 적용하는 것이 중요한 이유

- 이완은 꾸준한 연습이 필요하며, 조용하고 차분한 환경에서 부모님께서 먼저 연습하는 것이 여러분의 자녀가 이완 기술을 성공적으로 배울 수 있는 가장 좋은 기회가 됩니다.

- 이완은 근육을 긴장시키는 법을 배우고, 긴장된 근육을 이완하고 침착하게 호흡하는 법을 배우고, 마지막으로 몇 분 안에 긴장, 이완 및 호흡을 통해 빠르게 이완하는 법을 배우는 단계로 진행됩니다.

- 명상과 상상을 통해 마음을 이완하는 법을 배우는 것 역시 불안이 있는 아이와 성인 모두에게 유용한 기술입니다.

여러분과 자녀는 다음과 같은 것을 할 필요가 있습니다.

- 이완 과정의 각 단계를 학습하고, 다음 단계로 넘어가기 전에 며칠(최대 일주일) 동안 각 단계를 연습하세요.

- 집에서 빠르게 이완할 수 있게 되면 먼저 스트레스가 없는 상황에서 이완 기술을 연습한 다음, 자녀가 걱정하거나 두려워하는 실제 상황에 이 기술을 적용하도록 해보세요.

- 사다리 기법을 계속해서 연습하고, 탐정처럼 생각하기나 문제해결과

같은 다른 불안관리기술들도 연습하세요(지금쯤이면 여러분의 자녀는 몇 개의 사다리를 올라갔을 것입니다).

10

총정리 및
앞으로의 계획 세우기

앞에서 여러 장에 걸쳐 여러분의 자녀가 불안을 다스릴 수 있게 하기 위한 여러 가지 기법과 전략들을 살펴보았습니다. 이제 자녀와 함께 상황을 총점검하고 미래를 계획할 때입니다. 여러분의 자녀가 많은 성과를 거두었기를 바랍니다. 하지만 아이들은 모두 다 다르며, 아이에 따라 특정 전략에 더 잘 반응하기도 합니다. 따라서 자녀에게 잘 맞는 부분과 그렇지 않은 부분을 살펴봄으로써 좀 더 작업해야 할 필요가 있는 새로운 방향이나 영역에 대해 생각해볼 수 있습니다.

통합하기

이 장에서는 먼저 지금까지 이 책에서 다뤘던 내용들을 간략히 요약할 것입니다. 그다음 다양한 전략들이 어떻게 서로 어우러져 통합적인 프로그램으로 작동되는지에 대하여 살펴볼 것입니다. 책을 시작하면서 소개했던 여섯 명의 아이들에게 적용된 프로그램을 살펴보면서 설명하겠습니다.

이제까지 다루었던 내용

1장과 2장에서 우리는 불안이 무엇인지, 그리고 아이의 불안과 두려움을 어떻게 알아차릴 수 있는지에 대하여 다루었습니다. 자녀가 자신의 기분을 더 잘 이해할 수 있는 방법들에 대해서도 다루었습니다. 그리고 불안의 세 가지 특징-감정과 생리적 반응, 생각, 행동-에 대해 자녀에게 설명할 때 도움이 될 연습들을 제공하였습니다. 또한 불안을 10점 척도로 기록하는 방법을 소개했고, 이 전략을 사용함으로써 상황마다 불안의 정도가 다르다는 점을 깨달을 수 있었을 것입니다.

우리는 또한 불안이 어떻게 생기는지 설명했는데, 이를 통해 여러분의 자녀가 왜 불안을 느끼게 되는지에 대하여 어느 정도 이해하셨기를 바랍니다. 1장에서 아이의 불안을 유지시키는 여러 기제들을 설명하였고, 이를 해결하는 데 도움이 되는 기법들을 제시하였습니다. 이러한 기법에는 탐정처럼 생각하기, 사다리 기법, 문제해결, 자녀 양육과 같은 핵심 기법과 사회성 기술, 이완과 같은 선택적으로 사용 가능한 기법이 포함됩니다.

탐정처럼 생각하기는 불안한 상황에서 생각하는 방식을 변화시키도록 돕는 데 사용하는 전략입니다(3장). 불안한 아이들은 (어른들도 마찬가지겠지만) 부정확하게 생각하고 상황의 부정적 측면을 보는 경향이 있습니다. 특히 불안한 아이들은 나쁜 일이 일어날 가능성을 과대추정하고, 그 결과를 파국적으로 생각합니다. 상황에 대해 달리 생각하는 것을 배우면 기분이 달라질 수 있다는 것을 아이가 깨닫도록 하기 위해 몇 가지 연습들을 제시하였습니다. 가장 중요한 점은, 아이가 탐정처럼 생각하고 자신의 믿음에 대한 증거를 찾는 법을 배운다는 사실입니다. 다음 사항을 염두에 두십시오.

- 여러분의 생각과 믿음은 어떠한 상황에서 여러분이 느끼는 감정에 직접적으로 영향을 미칩니다.
- 걱정스러운 생각은 더 불안하게 느끼도록 만들고, 차분한 생각은 더 편안하게 느끼게끔 해줍니다.
- 불안한 상황에서는 마치 탐정처럼 행동해야 하며, 걱정스러운 생각에 대한 증거를 찾아야 합니다.
- 여러분이 찾을 수 있는 증거는 많이 있습니다. 증거의 가장 좋은 출처는 이전 경험이나 대안적인 설명들로부터 나옵니다.
- 증거를 사용하면, 불안한 상황에서 사용할 수 있는 차분한 생각들을 발견할 수 있습니다.

6장에서는 여러분의 자녀에게 잘 맞는 질문과 생각을 사용해서 어떻게 탐정처럼 생각하기를 쉽게 할 수 있는지에 대해 다뤘습니다. 사다리 기법은 자녀를 두려움에 직면하도록 격려하기 위한 중요한 기법이고, 이는 5장에서 다뤘습니다. 사다리 기법은 일관되고 체계적인 방식으로 실시할 때 가장 효과적입니다. 사다리를 만드는 몇 가지 단계가 있습니다.

- 아이가 두려워하거나 회피하는 상황들을 브레인스토밍 하십시오.
- 유사하거나 서로 관련되어 있는 불안들(유사한 불안한 예측들)을 한데 묶어보십시오.
- 이 두려움들을 조직해서 일련의 작은 단계들로 구성된 사다리를 만드십시오.
- 사다리의 첫 번째 단계부터 시작해서 점진적으로 위 단계로 올라갈 수 있도록 하십시오.

- 각 단계들을 잘 해내면 이를 보상해주십시오. 설사 성공하지 못한 시도라 하더라도, 그것에 들인 노력을 인정하는 의미에서 보상해줄 필요가 있습니다.

사다리 작업이 잘 되게 하려면, 다음의 사항이 중요합니다.

- 각 단계들이 사이가 너무 벌어지지 않도록 간격을 조정하십시오.
- 충분히 익숙해질 때까지 각각의 단계를 몇 차례 반복하십시오.
- 자녀의 동기를 유지시키려면, 자녀와 약속한 때에 그리고 단계가 끝나는 대로 가능한 빨리 보상해줘야 합니다.
- 사다리에는 자녀가 정말로 두려워하는 단계들이 포함될 수 있도록 하십시오.

사다리 기법의 효과를 극대화할 수 있는 방법들이 있겠으나, 복잡하고 미묘한 불안을 다루기 위한 사다리를 개발하는 것은 어렵다는 점을 기억하십시오. 보다 창의적으로 사다리를 개발하는 것과 사다리에서 나타난 문제점을 해결하는 방법은 6장과 7장에서 다루었습니다.

8장과 9장에서는 사회적 상황에서의 자신감을 키우는 데 도움이 필요한 아이들과, 긴장을 푸는 것이 어렵거나 불안으로 인해 신체적 긴장을 많이 느끼는 아이들을 위하여 선택적으로 사용 가능한 기법을 다루었습니다.

8장에서는 아이가 다른 사람들과 상호작용하는 방식인 사회성 기술을 다루었습니다. 불안한 아이라고 모두 사회성 기술에 문제가 있는 것은 아닙니다. 만약 여러분의 자녀가 사회성 기술에 별다른 문제가 없다면, 이 부분은 넘어가도 좋습니다. 그러나 만약 아이가 사회성 기술이 부족하다면, 가능한 긍정적 경험을 많이 할 수 있도록 이 부분을 다루고 넘어가는 것이 좋습니다. 다양한 사회성 기술들을 어떻게 개발하는지를 보다 잘 이해할 수 있도록 아이와 함께 사용할 수 있는 여러 가지 연습들을 설명하였습니다. 아이에게 사회성 기술을 가르칠 때 다음 사항을 명심하십시오.

- 사회성 기술을 왜 사용하는지 설명하고 어떻게 수행하는지 보여주면서 한 번에 하나의 기술을 가르치십시오.
- 가르칠 때는 재미있게, 그리고 시간은 짧게 하십시오.
- 자녀에게 피드백을 주고, 보다 나은 행동 방식을 부드럽게 제시하십시오.
- 보다 많이 연습할 수 있는 기회를 제공하십시오.
- 아주 기초적인 기술부터 시작해서 점차 어려운 기술로 나아가십시오.

우리는 또한 자신을 옹호하거나 괴롭힘에 대응하기 같은 자기주장 행동을 연습하는 것이 자녀의 자신감을 향상시켜주는 데 도움이 될 것이라는 점을 제안하였습니다.

9장에서는 단계별 연습을 통해 이완 기법을 소개했습니다. 이러한 연습은 아이가 근육 긴장과 호흡을 조절하는 방법과 심상을 사용하여 몸을 이완시키는 방법을 배우는 데 도움이 됩니다. 이러한 기술들을 결합하면 불안이 유발되는 상황에서 빠르게 이완할 수 있게 됩니다.

마지막으로 양육 기술을 다뤘던 4장을 잊지 마십시오. 여기에서는 자녀의 불안을 증가시키는 행동 방식과 불안을 잘 다룰 수 있는 행동 방식에 대하여 다루었습니다. 주요 사항은 다음과 같습니다.

- 아이를 보호하거나 무언가를 대신 해주는 것은 단기적으로는 아이를 편안하게 해주지만, 장기적으로는 아이의 불안을 유지시키는 역할을 합니다. 이보다는 아이가 불안에 직면하도록 격려하는 것이 더 도움이 됩니다.

- 아이가 도움을 청하면 어떻게 문제를 헤쳐나갈지 안내해주는 것이 아이를 가장 잘 도울 수 있는 방법입니다. 그러고 나서 아이가 스스로 문제를 해결했을 때 격려해주십시오.

- 자녀가 계속해서 안심시켜달라고 요청하면 탐정처럼 생각하기를 하도록 도와주어야 합니다. 그런 다음 자녀가 충분히 문제를 해결할 수 있다는 것을 알려주고, 이후 도움에 대한 요청은 들어주지 않을 것이란 점을 알려주십시오.

- 여러분이 기뻐할 만한 아이의 행동에 대해서 보상하는 것을 잊지 마십시오.

- 자녀가 혼자서 실수하도록 내버려두는 것이 어렵다면 여러분도 탐정처럼 생각하기를 해보는 것이 필요합니다. 일이 늘 잘되지는 않더라도 장기적으로는 오히려 아이에게 도움이 된다는 점을 스스로 확신하실 수 있어야 합니다.

프로그램을 적용한 사례

앞에 제시한 기법과 구성요소들을 여러분의 자녀에게 모두 사용해야 하는 것은 아닙니다. 문제에 따라서 어떤 기법이 다른 것보다 더 많이 사용되기도 하며, 아이에 따라서 적합한 기법이 달라질 수도 있습니다. 따라서 여러분과 아이가 모든 핵심 기법들(탐정처럼 생각하기, 사다리, 문제해결, 자녀 양육)을 이해하는 것이 중요하지만, 여러분이 완료한 프로그램에서는 일부 기술을 다른 것보다 더 많이 사용했을 것입니다.

　이제 우리는 이 책 전체에서 언급한 여섯 명의 아이를 다시 보면서, 그들이 선택한 최종 프로그램을 살펴보고자 합니다. 이 아이들에게 모두 적용된 필수적 기법이 사다리 기법이라는 것을 발견하실 수 있을 겁니다. 만약 자녀가 사다리 연습을 충분히 하지 않는다면 불안을 극복하는 데 다소 어려움이 따를 수도 있습니다.

탈리아

　탈리아는 물을 무서워하던 아이였습니다. 탈리아는 전반적으로 자신감 있고 외향적인 9살 소녀였으나, 수영하는 것을 무서워했고 이것이 친구들과의 사이에서 자신감을 떨어뜨렸습니다.

　이 경우에는 문제가 매우 제한적이며 평상시에 탈리아는 그다지 수줍어하거나 예민하지 않은 편이었기 때문에, 프로그램은 사다리와 탐정처럼 생각하기를 포함하는 빠르고 직접적인 형식으로 구성되었습니다. 따라서 탈리아의 프로그램은 아이와 부모가 탐정처럼 생각하기를 사용하여 물속에 있는 것이 위험하다는 것에 대한 증거를 찾은 다음, 탈리아를 두렵게 만드는 모든 종류의 상황에 대해 브레인스토밍 하는 것으로 시작되었습니다. 그리고 나서 이 상황들을 쉬운 것부터 어려운 것까지 사다리로 만들어보았습니다.

　탈리아의 불안은 매우 구체적이었으므로, 단계를 점진적으로 어려워지도록 구성하는 것이 비교적 쉬웠습니다. 또한 탈리아는 이 문제를 이겨내고 친구들과 수영하러 갈 수 있기를 정말로 원했기 때문에, 부모님은 아이가 연습을 하도록 때때로 작은 보상을 주기만 하면 되었고, 탈리아의 궁극적 목표-친구들과 바다에 가는 것-를 상기시켜주기만 하면 되었습니다. 탈리아의 경우 전체 프로그램은 3주 동안 진행되었고, 오래 지나지 않아 물에 대한 탈리아의 두려움은 사라졌습니다.

조지

조지는 탈리아보다 더 광범위하고 일반적인 문제를 갖고 있었습니다. 그는 수줍음이 많고 예민했으며 자신감도 낮은 편이었습니다. 이런 문제로 인해 조지는 다양한 사회적 상황들을 회피하였으며, 친구도 별로 없었고, 기분도 대체로 저조하였습니다.

조지의 불안은 생각하는 방식에서 비롯되었으며, 아이가 매우 똑똑했기 때문에 부모님은 탐정처럼 생각하기 프로그램에 중점을 두기로 결정했습니다. 부모님은 조지가 자신의 능력에 대해 그리고 무엇보다 다른 사람들이 자신에 대해 어떻게 생각하는가와 관련하여 보다 현실적으로 생각할 수 있게끔 많은 시간을 들여 노력했습니다. 조지가 배워야 할 가장 중요한 점은 다음과 같았습니다. "너는 잘할 수 있어. 설사 조금 못할지라도 사람들은 너를 형편없다고 생각하지 않아. 설사 사람들이 너를 형편없다고 생각하더라도 그렇다고 해서 세상이 끝나는 게 아니고, 그 사람들은 단지 너하고 잘 맞지 않을 뿐이야." 조지는 연습을 잘 따라 했으나, 이러한 생각들을 실제로 믿는 것이 쉽지만은 않았습니다. 조지는 자신의 생각들을 바꾸기 시작했으나, 완전히 변화시키지는 못했습니다.

새로운 생각들을 강화해주기 위해 부모님은 사다리 기법을 프로그램에 포함시켰습니다. 조지는 매우 자신감이 없고 우울한 상태였기 때문에 조금이라도 어려운 일을 할 때에는 많은 격려와 동기가 필요했습니다. 그래서 부모님은 사다리를 여러 개의 작은 단계들로 쪼개어 만들고, 계속해서 많은 강화와 격려를 해주었습니다. 그래서 조지의 프로그램은 오랜 시간이 필요했습니다. 사실 조지의 믿음은 조지와 부모님이 수년 동안 계속해온 하나의 생활방식으로 자리 잡은 것이었기 때문입니다. 그러나 조지가 잘 다룰 수 있을 만큼 단계들을 아주 작게 만듦으로써 성공 경험을 많이 할 수 있었으며, 부모님으로부터 보상과 격려도 많이 받았습니다. 이를 통해 조지는 더디지만 확실하게 자신감을 키울 수 있게 되었습니다.

마침내, 사다리를 적용하던 중 부모님은 조지가 몇 가지 기본적인 사회성 기술과 실제로 친구들과 친하게 지내는 능력이 부족하다는 것을 알게 되었습니다. 조지가 몇 년 동안 친구가 별로 없었다는 점으로 미뤄볼 때, 이 같은 사실은 매우 이해할 만한 것이었습니다. 더구나 조지는 중학교 1학년 때 몇몇 친구들로부터 괴롭힘을 당하기 시작했습니다. 그래서 부모님은 프로그램에 사회성 기술 훈련을 포함시키기로 했습니다. 조지와 부모님은 새로운 친구를 만나고 친구들에게 말을 거는 여러 방법들을 연습했습니다. 그러고 나서 사다리를 하는 동안이나 실생활을 하는 데 필요한 새로운 기술들을 연습하면서 이에 대한 확신을 가지게 되었습니다. 친구들의 괴롭힘이 그렇게 심하지 않았기 때문에 조지는 부모님이 선생님에게 이 사실을 말하는 것을 원치 않았습니다. 대신에 조지는 괴롭힘에 대처하는 여러 방법들을 연습했으며, 특히 친구들이 자기에 대해 뭐라고 하든, 괴롭히든 말든 상관없다는 사실을 친구들에게 알리려고 노력했습니다. 다행스럽게도 이 방법은 효과가 있어 보였으며, 얼마 가지 않아 괴롭힘은 멈췄습니다. 이러한 성공은 조지의 자신감을 매우 북돋아주었습니다.

조지는 아직도 불안을 극복하기 위해 노력 중이며, 이것은 아마 오랜 시간이 필요한 작업이 될 것입니다. 하지만 몇 주가 지나면서 조지는 프로그램 시작 전과는 매우 다른 사람이 되어 있었습니다. 조지의 자신감이 커짐에 따라 우울감도 점차 줄어들었습니다. 조지와 부모님은 이러한 변화에 매우 기뻐했으며, 이제는 이전의 저조한 기분을 변화시키기 위해 별다른 노력이 필요하지 않게 되었습니다.

제시

제시는 매우 다른 두 가지 문제-끊임없는 걱정과 숨 막히는 것에 대한 두려움-를 가지고 있었습니다. 프로그램 초기에는 제시의 걱정을 다스리고, 부모님이 제시의 도전적인 행동을 다루는 것을 돕는 데 초점을 맞추었습니다. 제시는 사다리 작업을 시작하면서 질식에 대한 두려움을 해소할 수 있었습니다.

걱정을 다루기 위해서 제시는 탐정처럼 생각하기를 배우고 연습하는 것에 초점을 두었습니다. 제시는 모든 상황에서 늘 최악을 걱정하기 때문에 이것은 매우 중요했습니다. 탐정처럼 생각하기가 없었다면 제시는 결코 두려움에 맞서기로 동의하지 않았을 것입니다. 제시와 부모님은 모든 걱정스러운 생각의 증거를 찾는 습관을 들였습니다. 제시의 기술이 증가함에 따라, 부모님은 단지 "탐정이 뭐라고 말하는데?"라고 말하는 정도로만 안내하는 역할을 맡게 되었습니다.

제시는 걱정을 다루기 위한 두 개의 중요한 사다리 과제를 했습니다. 첫 번째는 친구들과의 접촉을 늘리는 것이고, 두 번째는 시간 제한을 두고 과제를 하는 것, 그리고 완벽하게 답하려고 노력하지 않는 것이었습니다. 제시는 천천히 이 사다리들을 밟아나갔습니다. 제시는 친구가 자기를 집으로 초대하지 않았다고 화낼 때 첫 번째 사다리에서 좌절을 겪었습니다. 제시는 거기에서 사다리를 그만두기 원했으나, 탐정처럼 생각하기를 많이 해본 후에 계속해서 작업하게 되었습니다. 자신감을 높이기 위해 제시는 두 단계를 거슬러 올라가서 그것들을 반복하고 계속해나갔습니다.

제시의 질식에 대한 두려움은 제시가 먹기 두려워했던 모든 음식의 목록을 작성한 다음 천천히 목록을 살펴보는 매우 긴 사다리를 통해 해결되었습니다. 양고기와 같은 질긴 음식의 경우에 사다리 단계들은 고기를 얼마나 작게 나누느냐, 그리고 한입 먹을 때마다 얼마나 오래 씹느냐를 포함했습니다. 초기의 단계들은 매우 어려웠지만, 일단 스테이크 샌드위치를 먹는 단계에 도달하자 목록에 있는 나머지 음식들은 쉬워졌고, 먹는 것은 재빨리 정상으로 돌아갔습니다.

제시는 두려워하고 걱정하는 것들을 연습하는 데 오랜 시간이 걸렸고, 눈에 띄는 변화를 보이는 데 몇 달이 걸렸습니다. 제시의 부모는 잠시 좌절했지만, 제시가 스스로 불안을 다스릴 수 있게 될 것을 기대하면서 연습을 지속했습니다. 시간이 흐르면서 돌파구가 생겼고, 어떤 것들은 치열하게 싸워야 했지만 또 어떤 것들은 빨리 습득되었습니다. 중요한 것은 제시의 몸무게가 늘어나기 시작했다는 점이고, 학교에서 시험을 치를 수 있게 되었고, 다음 날 일어날 일들을 미리 걱정하지 않고 잠들 수 있게 되었다는 점입니다.

커트

커트는 두 가지 문제를 갖고 있었습니다. 오염에 대한 두려움 때문에 손을 반복해서 씻는 것과, 생활의 여러 영역에 영향을 미치는 보다 일반화된 두려움이었습니다. 이러한 복합성 때문에 커트의 첫 번째 단계는 각각의 어려움과 관련된 행동과 특징을 모두 분명히 파악하는 것이었습니다.

커트는 자신의 문제들을 정리하여 기억하기 위해서 자신의 불안을 '씻는 문제'와 '걱정 문제'라고 이름 붙였습니다. 이 두 가지 문제에는 많은 유사점이 있었지만, 커트가 분명히 알아야 할 차이점도 있었습니다.

커트의 아빠는 커트를 지지했지만 아이와 같이 작업할 시간이 많지 않았기 때문에, 엄마가 앞장서서 커트와 함께 프로그램을 진행했습니다. 그들은 탐정처럼 생각하기부터 시작했습니다. 씻는 문제에 대해서는 아이가 그다지 많은 세균을 만지지 않았다는 것을 아는 게 필요했고, 설사 그랬다 하더라도 세균이 그리 해롭지 않다는 점을 배울 필요가 있었습니다. 걱정 문제에 있어서는 세상이 그렇게 위험한 장소가 아니라는 일반적인 원리들을 배울 필요가 있었고, 자신이 특별히 다칠 가능성이 없다는 점도 깨달을 필요가 있었습니다. 커트는 걱정거리가 너무 많았기 때문에, 자신이 정확하게 생각하고 있지 않다는 것을 스스로 증명할 증거들을 찾는 일은 매우 쉬운 편이었습니다. 커트는 마치 제임스 본드같이 탐정처럼 생각했고, 이는 보다 어려운 상황들을 견뎌내도록 도와주었습니다.

모든 프로그램에서 그랬던 것처럼, 커트의 프로그램에도 사다리 기법이 포함되었습니다. 커트의 사다리는 생각하기 다소 어려운 것이었는데, 이는 커트가 걱정하는 것들이 덜 구체적이기 때문이었습니다. 그러나 열심히 생각해낸 결과, 커트와 엄마는 몇 가지 사다리 과제의 단계들을 생각해냈습니다. 6장에서 이러한 종류의 예를 제시했던 것을 기억하십시오. 커트에게 가장 어려운 부분은 씻지 않고 며칠을 지내야만 했을 때였습니다. 그러나 그의 결심과 또 엄마가 커트에게 주었던 보상이 이를 견뎌내도록 도와주었습니다. 마침내 몇 주 후에 커트는 보다 쉽게 할 수 있게 되었습니다.

라쉬

라쉬는 부모가 이혼한 어린 여자아이입니다. 라쉬는 엄마가 다치거나 죽게 되어 다시는 엄마를 보지 못하게 될까봐 염려했기 때문에, 엄마와 떨어질 때마다 매우 힘들어했습니다. 아이가 아직 7살밖에 안 되었기 때문에, 엄마는 라쉬에게 탐정처럼 생각하기를 완전히 적용하는 대신 단서 카드에 차분한 생각을 적어 사용하기로 결정했고 이완 기술도 가르쳤습니다. 엄마 역시 수년 동안 이완 훈련을 해왔기 때문에 이러한 결정은 평소 엄마의 생각과도 일치하는 것이었습니다.

라쉬는 이완 훈련을 하면 엄마와 단둘이 특별한 시간을 가질 수 있기 때문에 이완을 아주 즐겨 했습니다. 라쉬는 이완하는 것을 완전히 다 배우지는 못했지만, 사다리 기법으로 넘어가기 전에 필요한 준비를 하기에는 충분했습니다.

라쉬의 프로그램의 주요 부분은 사다리 기법이었습니다. 라쉬와 엄마는 프로그램에서 다양한 상황에 해당하는 사다리들을 만들었습니다-학교 가는 것, 다른 사람 집에서 자는 것, 보모와 함께 있는 것 등. 각각의 사다리는 작은 단계들로 나뉘었고, 그것들을 할 때마다 라쉬는 재미있는 보상을 받았습니다. 보상은 대부분 엄마와 함께 특별한 시간을 갖는 것이었습니다. 프로그램에는 지나치게 안심시켜주기를 원하는 라쉬의 요구에 엄마가 부응하지 않는 것도 포함되었습니다.

엄마는 또한 남편과의 이혼이 아이에게 여러 영향을 주었다는 것을 깨달았습니다. 가장 중요한 것은 자신이 이혼 후에 라쉬를 잃게 될까봐 매우 두려워했었음을 알게 된 것입니다. 그래서 아마도 라쉬를 지나치게 보호하게 되었고, 라쉬의 두려움을 지나치게 받아주었던 모양입니다. 엄마는 라쉬가 가끔 학교에서 돌아와 혼자 집에 있게 될 수도 있다는 사실을 받아들이게 되었고, 이에 대해 크게 신경 쓰지 않을 수 있게 되었습니다. 그래서 엄마는 이제 아이를 덜 보호하면서 라쉬가 두려움에 직면할 수 있도록 좀 더 강하게 격려해보기로 했습니다. 이러한 변화의 일부로, 엄마는 자기 자신의 걱정에 대해서 탐정처럼 생각하기를 시도해보았습니다-라쉬가 무서워하면 어떤 일이 일어날까, 라쉬를 학교에 가게 만들면 라쉬가 정말 날 싫어할까 등등.

마침내 라쉬가 엄마로부터 떨어지는 것을 아주 잘하게 되었을 때, 다른 두려움, 즉 주사 맞거나 병원에 가는 것에 대해서도 사다리를 만들어 훈련하게 되었습니다. 라쉬가 두려워하는 것들은 모두 매우 구체적이어서 프로그램은 매우 간단했고, 오래지 않아 커다란 진전을 보여주게 되었습니다. 모든 프로그램을 하는 데에는 대략 12주 정도 걸렸습니다.

톰

아직 유치원에 다니고 있는 5살의 어린 톰을 기억하실 겁니다. 톰의 주된 두려움은 엄마와 떨어져서 불 끄고 자기 방에 들어가 잠자는 것이었습니다. 그는 또한 다른 사람들과 이야기하는 것을 상당히 꺼리는 수줍음 많고 조용한 아이였습니다. 톰은 아주 어리기 때문에 부모님은 그에게 탐정처럼 생각하기를 가르치려고 시도하는 대신, 단지 걱정스러운 생각을 말로 표현한 다음 그 상황에서 떠올릴 수 있는 차분한 생각을 말로 표현하도록 가르쳤습니다.

톰이 가진 두려움과 회피는 매우 구체적인 것이어서, 톰의 프로그램은 거의 전적으로 사다리 작업에 집중되었습니다. 톰이 너무 어렸기 때문에 부모님이 톰에 대해 알고 있는 것을 바탕으로 대부분의 사다리를 만들었습니다. 결국 톰과 부모님은 다음의 세 가지 사다리를 가지고 열

심히 노력했습니다: 1) 짜증 부리지 않고 엄마와 분리되는 점진적 단계, 2) 어둠 속에서 잠들기 위한 점진적 단계, 3) 가족 이외의 사람들과 대화를 늘리기 위한 점진적 단계. 톰은 각 단계마다 받는 보상에 매우 흥분했으며, 부모님과 함께하는 재미있는 활동에 중점을 두었습니다.

프로그램 초기에 톰의 어머니는 아이와 헤어지는 것을 어려워했고 아이가 화를 내거나 힘들어할 때 마음이 아팠다는 것을 깨달았습니다. 그 결과 엄마는 톰이 두려움을 피하도록 교묘하게 허용해왔다는 사실을 알게 되었습니다. 엄마는 아이를 유치원에 데려가거나 아빠에게 맡기기보다 아이와 함께 집에 있곤 했습니다. 유치원에 가는 날에도 엄마는 나가기를 주저했습니다. 엄마가 이러한 습관을 바꾸기 시작하자(비록 쉽지는 않았지만), 톰의 짜증은 처음에는 증가했습니다(이러한 경우를 전문용어로는 '소거폭발'이라고 합니다). 하지만 점진적인 사다리와 보상이 자신감을 키우기 시작했고, 톰의 극심한 고통이 줄어들기 시작하는 데는 불과 몇 주밖에 걸리지 않았습니다.

몇 달 후 유치원에 갈 때 톰은 엄마에게 웃으면서 작별 인사를 할 수 있었고, 복도에 작은 조명만 켜놓고 혼자 방에서 잠잘 수 있었습니다. 비록 부모님이 일하고 계신 곳에서이긴 하지만 모르는 사람들에게 인사하는 것을 훨씬 더 잘하게 되었고, 사람들과 더 많이 이야기하기 시작했습니다.

성과를 유지하기

아마도 지금 여러분의 마음속에 있는 주요 의문점들은 다음과 같을 것입니다. 앞으로는 어떻게 하면 될까? 얼마나 오래 연습해야 하고, 언제쯤 되어야 이런 연습들을 모두 끝낼 수 있을까? 그러나 이러한 질문들에는 아쉽게

도 확실한 대답이 없습니다. 아이들은 모두 다르며, 상황 또한 모두 다르기 때문입니다. 단지 몇 주 만에 커다란 변화를 보이는 아이들도 있고, 또 어떤 아이들은 천천히 변화해서 몇 달, 심지어는 몇 년 동안 연습을 계속해야 할 수도 있습니다.

대부분의 아이들은 대개 이 중간에 속해서, 10주 내지 15주 동안 열심히 하면 좋은 성과를 나타냅니다. 이쯤에서 공식적이고 체계화된 연습은 멈춘다 하더라도, 살아가면서 배운 것들을 계속 염두에 두어야 할 필요는 있습니다. 아울러 탐정처럼 생각하기와 사다리 기법을 계속해서 상기시키고, 기회가 있을 때마다 연습해볼 필요가 있습니다. 이는 공식적인 훈련을 계속해야 한다는 말이 아니라, 아이가 살아가면서 다소 힘든 일에 부딪칠 때 연습할 필요가 있다는 뜻입니다. 예를 들어 시험을 보거나 체육대회에 참여할 때, 또는 사람들 앞에서 발표할 때 등이 그동안 배웠던 기법들을 상기해볼 수 있는 기회가 될 것입니다. 만약 아이의 불안이 높다면 그때가 대략 일주일 정도 기법들을 연습할 기회입니다. 대부분의 기법들이 일상생활 속에서 자연스럽고 정상적으로 할 수 있는 것이므로, 아이가 해야 하는 연습이 지나치게 힘들지는 않을 것입니다. 아이가 자신감을 쌓고 새로운 친구를 만나고 성공을 하게 됨에 따라, 탐정처럼 생각하기나 문제해결, 심지어는 사다리 같은 기법들도 자연스럽게 일상생활의 일부가 될 것입니다.

문제행동의 재발

마지막으로 언급할 점은 바로 '재발' 가능성에 대한 것입니다. 어느 시점에서 여러분의 자녀는 다시 지나친 불안과 두려움을 겪기 시작할 가능성이 있습니다. 이것은 반드시 일어나는 것은 아니며, 많은 경우에 전혀 발생하지 않습니다. 하지만 1장에서 다뤘듯이, 여러분의 아이가 생물학적으로 불안에 민감한 경우라면 불안 문제가 다시 발생할 가능성은 늘 있습니다. 재발은 몇 가지 이유 때문에 가능합니다. 첫째, 일단 생활하는 것이 다시 나아지면 아이와 부모님은 기법을 연습하는 것을 중단하곤 합니다. 이런 경우에 때때로 불안은 매우 점진적으로 슬며시 다시 찾아옵니다. 둘째, 살다 보면 안 좋은 일은 늘 생길 수 있습니다. 가까운 누군가를 잃을 수도 있고, 중요한 시험에 떨어질 수도 있으며, 낯선 동네로 이사 갈 수도 있고, 또는 교통사고를 당할 수도 있습니다. 이렇게 나쁜 일이 생기면 우리는 위험이 아주 가까이에서 자주 발생한다고 생각하게 됩니다. 예민한 아이의 경우 이러한 것들은 부정적 생각과 불안을 다시 일으키기에 충분합니다. 또한 일반적인 스트레스를 겪는 동안 불안과 두려움이 다시 재발하기도 합니다. 예를 들어 여러분이나 배우자가 실직했을 때, 도둑이 들었을 때, 이혼이나 별거를 했을 때, 이러한 일반적인 스트레스는 아이로 하여금 자신감을 잃게 만들고 다시 불안하게 만듭니다.

만약 재발하게 되더라도 이는 놀랄 만한 일은 아닙니다. 처음으로 돌아가서 기법들을 다시 연습하면 다시 빠르게 불안을 통제할 수 있게 됩니다. 가족 내 스트레스나 커다란 불행 때문에 아이의 불안이 다시 생긴 경우라면, 가족 모두가 그 스트레스를 우선적으로 다루는 시간을 갖는 게 필요합니다. 예를 들어 만약에 아빠가 일하다가 심각한 사고로 병원에 가게 되고 이로 인해 가족이 모두 침울해졌다고 생각해봅시다. 아이는 자신감을 잃을 것이고, 전에 가졌던 혹은 새로운 불안이 아이에게 나타날 수 있습니다. 이때는 허둥지둥하면서 탐정처럼 생각하거나 사다리 기법 등을 급하게 실시하지 않는 것이 좋습니다. 오히려 삶의 변화에 적응하고 실제적인 문제들과 감정에 대처하는 게 더 중요합니다. 그리하여 일단 삶에서의 스트레스를 어느 정도 통제하는 것이 가능해지면, 그때 다시 불안관리기법들을 연습할 수 있을 것입니다.

중요한 것은 아이가 다시 불안의 징후들을 보인다 하더라도, 앞으로 다시 프로그램을 해나가는 데 걸리는 시간은 훨씬 짧아질 것이라는 점입니다. 아이는 이제 기법들을 잘 알고 있고, 바로 연습으로 들어갈 수 있을 것입니다. 게다가 불안은 그리 오래 지속되지 않을 것입니다.

물론 우리는 아이의 삶에 어떤 불행한 일도 생기지 않기를 바라며, 아이가 불안 문제로 인해 힘들어하지 않고 자신의 삶을 잘 다루어나가기를 진심으로 바랍니다. 그러나 살다가 혹시 어려움을 겪을지라도, 아이에게 도움이 될 수 있는 기법과 기술들을 지금 배웠다는 것만으로도 유익한 일이 될 것입니다.

긴장을 풀고 느긋하게 마음먹기: 스트레스에 대한 긍정적·부정적 대처

앞으로 여러분의 자녀가 일상생활의 스트레스를 다루는 긍정적 단계들을 취하도록 격려하는 것이 중요합니다. 아이들은 민감하기 때문에 이러한 기술을 배우는 것이 자신을 돌보는 방법을 발달시키는 데 도움이 될 수 있습니다. 스트레스에 대한 선제적 접근을 취하게 되면 이어지는 불안과 우울, 약물 남용과 같은 심각한 문제의 가능성을 감소시킬 수 있습니다. 여러분의 자녀가 일상생활의 스트레스를 다루는 것을 돕기 위해서 요가를 하거나 이완을 연습하도록 격려하십시오. 반드시 여러분의 자녀가 규칙적으로 운동하고 적당한 영양을 취하는 데 시간을 들이도록 하십시오. 또한 친구나 가족과 함께 어울리는 시간을 갖는 것이 중요합니다. 불안한 아동은 공부나 일에 지나치게 몰입할 수 있습니다. 이런 것들에 거의 모든 시간을 쓰게 되면 쉽게 지쳐버릴 뿐 아니라 목표에 도달하는 것에도 지장을 받게 됩니다. 부모로서 여러분은 일(공부)과 자기관리(운동 등) 사이에 균형 잡힌 삶, 그리고 사람들과 어울리는 것이 정서적이거나 신체적인 건강에 중요하다는 사실을 인식하도록 할 필요가 있습니다.

여러분의 자녀가 청소년기가 되면 스트레스를 다루는 방법으로서 부정적 대처전략을 사용하고 싶은 유혹에 빠지기 쉽습니다. 어떤 아이들은 약물이나 술을 먹고, 친구나 가족으로부터 멀어지고, 다이어트나 수면, 운동과 같은 활동들을 소홀히 함으로써 스트레스를 처리하려는 경우(이를 '부정적 대처'라고 합니다)가 있습니다. 이러한 방법들이 지닌 장단점과 대안에 대해 여러분의 자녀와 열린 마음으로 얘기 나누게 된다면, 자녀들은 아마도 미래에 긍정적 선택을 하게 될 가능성이 높아질 것입니다.

미래를 위한 계획 세우기

프로그램을 마치기 전에 미래를 위해 계획을 세워보는 것이 중요합니다. 앞에서 말한 것처럼, 불안을 다루는 것은 지속적인 작업입니다. 불안을 유발하는 미래의 사건들을 생각해보고 불안관리기술을 사용하는 것을 계획 세워봄으로써 실패를 막을 수 있습니다. 이 말은 여러분의 자녀가 앞으로 불안을 겪을 때가 없을 것임을 말하려는 게 아닙니다. 앞으로 계속 노력한다면 여러분 자녀의 불안수준이 대부분의 사람들이 경험하는 것과 별로 다르지 않을 것이라는 얘기입니다. 어떤 아이에게는 사다리를 마치는 것이 미래의 계획에 포함될 수 있습니다. 여러분과 여러분의 자녀는 지금까지 얼마나 멀리 왔고, 또 앞으로 남겨진 단계나 목표들을 마칠 의사가 얼마나 있는지 살펴보아야 합니다. 원래의 목표에 도달한 아이들에게는 다음에 하게 될 도전이 무엇이 될지 물어보고, 그것을 목표로 세우는 것이 유용합니다. 예를 들어 여러분의 자녀가 2학년이면 이듬해부터 곧 캠프나 다른 집단 활동에 참여하게 될 것입니다. 따라서 실제로 이런 일들에 부딪치기 전에 단계들을 다루기 쉽게 나눠봄으로써 잠재적인 두려움의 크기를 줄여나가는 방식으로 장기적 목표를 세울 필요가 있습니다. 이처럼 자녀에게 현재뿐 아니라 미래에 필요한 기술들을 계속 주시함으로써, 여러분은 자녀가 성공을 기약하도록 미리 도움을 줄 수 있을 것입니다.

부모용 활동 미래를 위한 목표 설정 준비하기

자녀의 미래를 생각하는 시간을 가지십시오.

앞으로 몇 년 동안 우리 아이에게는 어떤 기술들이 필요할까요?(예: 친구 집에서 자기, 캠프 가기, 하교 후 집에 혼자 있기)

_____

_____

_____

자녀가 직면하게 될 어려움은 무엇일까요?(예: 고등학교에 입학하는 것, 이사, 새로운 형제자매가 생기는 것)

_____

_____

_____

이러한 아이디어를 활용하여 자녀와 함께 장기적인 목표를 계획해보세요.

자녀와 함께 하는 활동

아동용 연습 과제 7 목표에 도달하기

마지막 연습 과제는 아이들에게 사다리의 목표에 도달하기 위해 추가적인 노력을 하도록 요청하는 것입니다. 아이들은 불안을 다루기 위해 언제 단계에 직면할지, 어떤 대처기술을 사용할지에 대해 계획을 세워야 합니다. 사다리의 복잡성이나, 수 또는 길이에 따라 몇 주 또는 몇 달 동안 이 연습을 계속 반복해야 할 수도 있습니다. 매주 적절한 계획을 세우도록 그리고 선택한 단계들을 실행하도록 자녀를 도와주십시오. 사다리가 끝나고 지금까지 해온 불안관리 회기를 마칠 무렵이 되면 이제까지의 진행 상황과 앞으로의 미래를 검토하는 데 초점을 맞춘 마지막 아동용 활동(24~27)을 완료하십시오.

아동용 활동 24 다른 사람을 어떻게 도울 수 있을까?

자녀의 불안관리기술을 강화하기 위해서는 유사한 문제를 가진 다른 아이를 자녀가 '돕게' 하는 것이 유용한 방법이 될 수 있습니다. 다른 사람을 도우면서 아이들은 자신의 능력을 다지고 언젠가 직면하게 될 두려움과 걱정도 미리 예방할 수 있게 되기 때문입니다. 이것은 유용한 예방 작업이며, 자신이 유용한 지식을 가지고 있음을 깨닫게 되기 때문에 아이들의 자신감을 높여줍니다.

불안의 어려움이 있는 다른 아이들의 이야기를 몇 개 만들어서 어떻게 하면 더 잘 대처할 수 있는지에 대한 아이디어를 자녀로 하여금 생각해보도록 하십시오. 자녀와 함께 각 사례에 대해 토론하고, 불안을 극복하기 위해 무엇을 할 수 있는지 자녀로 하여금 제안해보게 합니다. 사례에는 다음과 같은 것들이 포함될 수 있습니다.

- 잭은 벌레를 무서워합니다. 벌레를 보면 메스꺼워하고, 심지어는 TV에 나오는

벌레만 봐도 자리를 피하곤 합니다.

- 애니는 첫 여름 캠프를 앞두고 있습니다. 애니는 이제까지 집을 떠나본 적이 없으며, 무슨 일이 일어날지 걱정하고 있습니다.

- 멜리사는 작년에 새 학교로 전학을 갔습니다. 멜리사는 친구를 많이 사귀지 못했고 수줍음이 많아졌습니다.

- 팀은 엄마가 아프거나 다칠까봐 항상 걱정합니다. 그래서 엄마를 돌볼 수 있도록 항상 엄마 곁에 있으려고 합니다.

- 샘은 내년에 고등학교에 입학할 것을 생각하면 정말 긴장합니다. 학교가 넓어서 헤매지는 않을지, 공부가 어렵지는 않을지, 친구를 사귈 수 있을지, 선생님은 어떤 분이실지에 대해 걱정하곤 하며, 이런 걱정들 때문에 잠들기도 어렵습니다.

아동용 활동 25 무엇을 이루었나요?

지난 몇 개월 동안 얼마나 발전했는지에 대해 자녀와 이야기하고, 이러한 성과를 깎아내리지는 마십시오. 여러분의 자녀는 걱정하던 일에 대처할 수 있는 새로운 기술을 배웠으며, 이는 매우 큰 성취입니다. 자녀에게 이러한 성취에 대해 자랑스러워하고 있다고 얘기하고, 아이가 극복한 두려움과 함께 노력에 대해 특별한 칭찬을 해주십시오.

또한 자녀가 여전히 노력해야 할 목표에 대해 생각하게 하고, 이를 언제 어떻게 달성할 것인지에 대해 이야기할 수 있습니다. 앞으로 몇 달 또는 심지어 1년 이상 계속해서 노력해야 할 새로운 목표를 기록하는 것이 도움이 될 수 있습니다.

아동용 활동 26 불안과 걱정이 되살아나는 것을 막기

두려움과 걱정을 통제할 수 있는 유일한 방법은 탐정처럼 생각하기와 문제해결과 같은 기법을 계속 연습해서, 이러한 감정과 싸울 수 있을 만큼 충분히 강하다는 것을 스스로에게 자주 상기시키는 것이라고 자녀에게 말해주십시오. 여러분의 자녀는 한때 두려워했던 사건을 마주함으로써 자신이 지금 얼마나 용감한지를 상기시킬 수 있습니다.

언젠가 아이들이 다시 한번 매우 두렵거나 걱정을 하게 될 수도 있다는 가능성에 대해 자녀와 함께 이야기하십시오. 미래에 그런 경우가 발생하면 자녀는 여러분에게 무슨 일이 일어나고 있는지 이야기할 것이고, 여러분은 자녀에게 관심을 기울이면서 자녀를 이해하기 위해 최선을 다할 것이며, 자녀가 새로운 도전에 직면하는 데 필요한 도움을 줄 것이라고 얘기하십시오. 자녀가 당시에는 매우 불안해할 수 있겠지만, 일반적으로 두려움에 두 번째로 직면하는 것은 지난 몇 달 동안 해왔던 것보다 훨씬 빠르고 쉬울 것입니다.

아동용 활동 27 정말로 큰 도전에 맞서기

마지막 활동으로 여러분은 자녀에게 이전에는 피했을지 모를 즐거운 활동을 해보거나, 가까운 장래에 직면하게 될 큰 도전(예: 캠프에 가거나, 고등학교에 입학하거나, 또는 스포츠팀에 가입하는 것)을 찾아내보도록 하십시오. 활동이 선택되면 자녀가 성공하는 데 도움이 될 만한 계획을 작성하십시오. 여기에는 활동을 시작하기 위해 해야 할 일, 불안을 줄이는 방법, 목표를 달성하기 위해 도움받을 수 있는 곳이 포함될 수 있습니다. 재미있으면서도 도전적인 일을 하는 것을 목표로 정함으로써, 여러분의 자녀가 사회적 접촉을 늘리고 더 많은 불안을 경험하고 극복할 수 있게 하여 궁극적으로 불안관리기술을 완벽하게 익히는 데 도움이 되기를 바랍니다.

10장의 주요 내용

이 장에서 여러분은 다음과 같은 내용을 복습하였습니다.

- 이 프로그램에서 가르치는 모든 기술

- 이 책에 소개된 아이들이 프로그램을 어떻게 완료했는지

- 프로그램 첫 주에 설정한 목표에 도달하는 과정

- 불안관리기술을 계속 실천하는 것이 아이와 여러분이 이룬 성과와 발전을 어떻게 유지시키는지

- 재발할 때(특히 스트레스를 받을 때) 해야 할 일과 문제를 빨리 극복하기 위해 프로그램 기술과 단계들을 재수행하는 것

- 자신을 잘 돌봄으로써 일상적인 스트레스를 능동적으로 관리하는 것이 중요한 이유; 충분한 휴식 취하기, 일·학교 및 사회적 활동의 균형을 유지하기, 자신이나 친구를 소홀히 대하거나 약물이나 술을 사용하는 것과 같은 부정적 대처전략 피하기

여러분과 자녀는 다음과 같은 것을 할 필요가 있습니다.

- 계속해서 사다리 작업을 하고, 탐정처럼 생각하기, 문제해결, 사회성 기술 및 이완과 같은 불안관리기술을 연습하십시오. 사다리의 마지막 단계를 완료하면, 마지막 아동용 활동이 완성될 것입니다.

- 앞으로 생길 두려움에 직면하도록 목표를 검토하고 계획을 세웁니다.

축하합니다!

이제 여러분은 프로그램을 모두 마쳤습니다. 여러분은 앞으로 자녀가 어려움을 겪을 때 도움이 될 수 있는 중요한 기술들을 가르쳤습니다. 이 책의 각 장과 연습 문제를 주의 깊게 살펴보는 것은 상당히 길고 힘든 여정이었을 것입니다.

바라건대 이 과정이 매우 가치 있는 것이었기를 바랍니다. 여러분의 자녀는 프로그램을 시작할 때에 비해 상당히 달라져 있을 겁니다. 물론 변화의 범위는 크거나 작을 수 있습니다. 모든 사람은 다 다르며, 여러분의 자녀가 얼마나 많이 변화되었는지는 여러 요인에 따라 달라집니다.

프로그램을 마치면 아이들의 노력과 성취를 인정해주는 의미에서 수료증을 주십시오(다음에 제시된 수료증을 사용하면 됩니다). 프로그램 초반 목표를 설정하는 활동 중에 여러분은 특별한 가족 활동을 계획한 적이 있습니다. 앞으로 1~2주 안에 그 계획을 세워 실천해보십시오. 성과에 대한 깜짝 보상으로 아이가 좋아하는 음식을 차려놓고 가족끼리 파티를 여는 것도 좋습니다. 또한 불안해하는 자녀가 새로운 기술을 배우고 두려움에 맞서도록 돕기 위해 헌신한 부모님 자신에게 보상하는 것도 잊지 마십시오.

CONGRATULATIONS!!

★★★★★

축하합니다!

_____ 은(는) 아래와 같이 행동할 자격이 있음을 인정합니다.

용감하게 행동하기

탐정처럼 생각하기

불안에 직면하기

여러분이 이룬 모든 성취에 대해 자랑스럽게 여기십시오.

목표를 설정한 워크북의 시작 부분을 다시 살펴보세요.
열심히 노력하면 특별한 것을 함께 하기로 했던 약속을 떠올려보세요.
이제 여러분은 즐길 차례입니다. 여러분은 그럴 만한 자격이 있으니까요!

앞으로의 전망:
청소년기 불안을 이해하기

아동기와 성인기 사이의 주요 전환기인 십대 청소년 시절은 도전으로 가득 차 있습니다. 십대 청소년에게 이 시기는 기대와 설렘으로 가득 차 있기도 하지만, 한편으로는 변화에 대한 걱정이 많은 때이기도 합니다.

이 시기 동안 아이들은 중고등학교에 입학하고, 친구들과 어울려 지내는 것을 배우며, 보다 폭넓은 또래 집단에 속하기 위해 노력합니다. 아이들은 학업 성취에 대한 주변 사람들의 기대뿐 아니라, 자율성과 가족으로부터의 독립 사이에서 상충되는 요구와 기대를 조율해나가며, 신체 변화를 경험하고 관계를 탐구하면서 성적 관심과 성 정체성을 다루어나갑니다. 또한 이 시기는 부모 역시 자신의 삶과 관계, 그리고 직업에서의 전환과 도전을 경험하게 됨에 따라, 가족 전체가 변화하는 시간이 될 수 있습니다.

이러한 모든 변화에 대처하는 것은 아동기 때 불안으로 어려움을 겪었던 십대 청소년들에게는 중대한 스트레스 요인이 될 수 있습니다. 불안장애는 청소년들이 겪는 가장 흔한 문제입니다. 13세에서 18세 사이 청소년의 최대 30%는 어느 정도 불안 증상을 가지고 있으며, 약 8%는 심각한 불안을 경험하고 있습니다(Lawrence 외, 2015, Merikangas 외, 2010). 우울증과 섭식장애 역시 청소년기 중기부터 훨씬 더 흔해집니다(Rapee 외, 2019). 따라서 이 프로그램을 완료하면 여러분의 자녀는 불안을 관리하는 기술을 습득하게 되고, 심한 불안으로부터 자신을 보호해주는 독립성과 자신감을 지니게 될 것입니다. 하지만, 일부 어린이들은 십대가 될 때까지 계속해서 불안을 경험하거나, 한때 잘 관리되었던 불안이 앞에서 언급한 스트레스 요인들에 의해 악화될 수도 있습니다.

부모님과 보호자들은 십대의 자녀들을 어떻게 도와야 할지 막막하게 느끼실 수 있습니다. 왜냐하면 부모님들이 겪어본 적이 없거나, 아니면 이미 너무 오래전에 고민했었던 문제들일 수 있기 때문입니다. 십대 청소년들 또한 부모님이 이와 관련한 경험과 조언을 잘 제공해줄 수 있을 거라고 그다지 기대하고 있지 않습니다.

지금부터 십대 청소년의 불안을 알아차리는 방법, 전문적인 도움을 받아야 하는 시기, 그리고 그들을 양육할 때 발생하는 두려움이나 걱정을 해결하기 위해 이 프로그램에서 배운 기술들을 적용하고 사용하는 방법에 대해 다루고자 합니다.

불안을 알아차리기

부모님은 청소년기에 걸쳐 자녀의 많은 변화를 알아차릴 것입니다. 이러한 변화의 대부분은 정상적인 것이고, 발달상 변화에 대한 적응입니다. 대부분의 십대 자녀들은 스트레스와 불안한 감정, 그리고 기분 변화를 경험하며, 이는 청소년기 적응의 정상적인 부분입니다. 스트레스나 불안을 느끼는 것은 정상적이며, 이를 관리하는 방법이 있다는 것을 자녀로 하여금 알게 해주십시오.

아이들에게서 나타나는 일부 변화는 불안 문제가 재발하거나, 우울증이나 섭식 문제와 같은 추가적인 문제가 나타나는 것일 수 있습니다. 이전에 불안 문제가 있었던 자녀들은 청소년기에 다른 정신건강 문제뿐만 아니라 불안감의 재발에 보다 취약할 수 있습니다. 부모님과 보호자가 십대의 자녀에게서 알아차릴 수 있는 변화에는 다음과 같은 것들이 있습니다.

감정과 기분의 변화

- 초조하거나 긴장된 기분
- 평소보다 더 짜증 나고 변덕스러움
- 안절부절못하고 집중하기 힘듦
- 압도당하는 느낌

사회적 변화

- 증가된 고립감과 많은 시간을 혼자 보냄
- 친구들과의 상호작용을 피함
- 이전에 즐겨 하던 외부 활동과 스포츠를 피함
- 학교 가기 싫어함

신체적 변화

- 사소한 질병의 증가
- 두통
- 복통

- (많든 적든) 식사 패턴의 지속적 변화
- 두근거리는 심장, 현기증, 호흡곤란, 발한 또는 떨림, 무감각 또는 실제로 존재하지 않는 느낌을 포함하는 강렬한 공황 감정

수면 변화

- 쉽게 잠을 못 자고 수면이 불안정함
- 수면 주기의 변화(이것은 성장하는 십대에게 일반적이지만, 장시간 침대에 누워 있는 것도 회피나 우울한 기분의 신호일 수 있습니다.)
- 악몽
- 전반적인 피로

학교 및 기타 수행의 변화

- 성취와 참여의 변화
- 잘 대처하지 못하고, 압도당하는 것
- 일의 집중과 마무리의 어려움

십대들의 불안은 어렸을 적 문제가 다시 나타날 수도 있고, 전혀 새로운 문제들이 나타날 수도 있습니다. 불안은 급성적으로 나타나거나 특정한 스트레스 상황과 연관될 수 있고, 더 오래 지속되고 광범위해질 수도 있으며, 삶의 다양한 영역에 영향을 미칠 수도 있습니다. 이전에 경험했던 불안이 재발하거나 새로운 문제가 등장하는 것은 충격적인 외상 사건이나 사회적 관계에서의 거절 경험, 중요한 상실, 가족의 변화 또는 이사와 같은 일련의 부정적 사건이나 변화를 겪은 다음에 발생할 가능성이 높습니다.

십대에 발생하는 불안에는 어린 시절에 흔히 나타났던 불안도 포함됩니

다. 아동기의 분리불안은 십대가 되어서 학교에 가거나 사회화를 꺼리는 것으로 나타나기도 하고, 부모님이 안전하게 잘 지내는 것에 대한 지속적인 걱정과 책임감으로 나타날 수도 있습니다. 그것은 집 밖의 상황에서 자신감의 상실과 증가된 불안감으로 나타나기도 하고, 따돌림이나 괴롭힘으로 인해 학교를 기피하는 복잡한 문제로 나타날 수도 있습니다.

십대들의 일반화된 걱정은 종종 자신의 미래와 경제적인 걱정으로 확장되기도 하고, 그 정도가 점점 심해질 수도 있습니다. 십대들은 의사 결정에 어려움을 겪을 수 있고, 과제를 미루거나 시험 중에 멍해질 수도 있으며, 종종 자신에 대해 감당할 수 없을 정도로 높은 기준을 세우기도 합니다.

어렸을 때부터 수줍음을 타거나 사회적으로 불안했던 십대 청소년들은 성과나 사회적 상황에서 평가에 대한 두려움으로 인해 보다 지속적이고 광범위한 문제들이 발생할 수 있습니다. 실제로 자의식과 사회불안은 10세 전후에서 13세까지 상당히 증가합니다. 이러한 현상은 이들이 수업 중에 토론에 참여하기를 꺼리거나, 대면이든 비대면이든 동료들과 상호작용하기를 피하는 것, 그리고 가족 모임을 피하는 모습에서 볼 수 있습니다. 어렸을 때 수업 시간에 질문하는 것에 대해 두려움을 지녔던 경향이, 성장하면서 거절이나 부정적인 피드백을 경험하며 또 다른 사회적 수행 상황으로 확대될 수 있습니다.

공황장애, 범불안장애 및 사회불안장애와 같은 일부 불안장애는 이 시기에 가장 흔하게 나타나고, 성인이 될 때까지 지속될 수 있습니다. 신체 변화 및 발달과 함께 찾아오는 사춘기의 시작은 자의식을 악화시키고, 사회에 적응하거나 인정받고 수용되는 것에 대한 우려를 심화시킬 수 있습니다. 이와 유사하게, 학업적 요구가 증가하고 시험이나 공부 또는 일에 대한 압박과 기대가 증가함에 따라 십대들의 수행이나 부정적 평가에 대한 우려가 심화될 수도 있습니다. 청소년들은 학업과 성과에 대한 걱정으로 인해 지나치게 완벽주의에 빠져 실수를 저지르기도 합니다.

아동기에 불안을 경험한 적이 있는 십대들의 경우 우울증과 같은 기분장애가 발생할 위험이 증가합니다. 특히 일반화된 두려움과 사회적 불안이 있는 젊은이들의 경우 부정적인 평가에 대한 두려움 때문에 많은 사회적 상황을 피할 수 있습니다. 이로 인해 이들은 또래와 사회 집단에서 배제되고 거부당할 수 있으며, 부정적인 결과에 대한 두려움이 더욱 커질 수 있습니다.

어떤 십대들은 특히 사회적 상황에 있거나 스트레스를 받고 있는 경우에 생리적 각성을 줄이기 위해 알코올과 약물을 사용하면서 불안으로부터 벗어나려 하기도 합니다. 그러기에 술이나 마약과 같이 부정적인 대처전략을 사용하는 것의 위험에 대해 청소년들과 터놓고 이야기하고, 스트레스가 많은 상황이나 사회적 압력에 대처하는 보다 건강한 방법을 찾기 위해 노력하기 바랍니다.

로잔의 이야기

로잔은 15살 때 첫 공황발작을 경험했습니다. 당시 로잔은 친구의 파티에 있었는데, 갑자기 어지럽고 아프기 시작했습니다. 시야가 흐릿해지면서 모든 것이 마치 멀리 있는 것처럼 보였습니다. 로잔은 곧 기절할 것 같아서 친구들에게 구급차를 불러달라고 소리쳤습니다. 검사 결과 로잔에게 신체적인 문제는 없었지만, 그때부터 로잔은 깜박이는 불빛이나 놀이기구, 심지어 운동과 같이 자신의 몸에 이상한 감각을 일으키는 상황들을 매우 두려워하게 되었습니다. 로잔은 때때로 공포감을 느꼈고, 또 다른 발작을 일으킬지도 모르는 곳으로 가는 것을 피하게 되었습니다.

메이슨의 이야기

14살의 메이슨은 항상 수줍어하고 자신감이 부족했습니다. 하지만, 그는 부모님과 함께 사회성 기술을 향상시키고 수업 시간에 발표하는 것에 대한 두려움을 해결하기 위해 노력했습니다. 메이슨은 13살 때 다른 도시로 이사해야 했고, 새롭고 큰 학교에 적응하는 것을 어려워했습니다. 메이슨은 수업 시간에 실수하고 사람들이 자신을 비웃을까봐 걱정하면서 학교에 다니는 것에 대해 강한 두려움을 갖게 되었습니다. 그는 파티에 초대받고 농구팀에 합류하도록 권유받았지만, 어느 곳에도 가기를 거부했습니다. 메이슨의 부모님은 메이슨이 얼마나 불행하고 위축되어 보일지 걱정했습니다. 메이슨은 스스로를 '실패자'라고 불렀고, 더 이상 이전에 좋아하던 것을 즐기거나 새로운 것을 시도하지 않았습니다. 메이슨의 가족은 주치의와 이에 대해 이야기를 나눴습니다.

전문가의 도움을 받아야 하는 경우

전문가의 도움이 추가로 필요한 경우가 있습니다. 이것은 여러분이 십대 자녀가 불안해하고 있다는 것을 처음으로 알아차렸을 때이거나, 자녀를 돕기 위해 일정 기간 동안 노력한 이후일 것입니다. 그래서 만약 다음과 같은 상황이라면 추가적인 도움을 요청하는 것을 고려해보십시오.

- 불안이나 다른 문제들이 자녀의 공부나 친구들과의 교제 혹은 일상 생활을 크게 방해하는 경우
- 이러한 문제들이 강렬하고, 지속적이며, 방해가 되고, 고통스러울 때
- 부모님께서 자녀의 우울한 기분에 대해 걱정될 때
- 부모님께서 자녀의 안전에 대해 걱정될 때

여러분이 도움을 받을 수 있는 곳은 여러분이 속한 지역사회마다 다를 수 있습니다. 그러나 자녀의 담당 의사나 학교 상담자는 해당 지역의 청소년 정신건강 기관 및 민간 정신건강 전문가를 통해 심리적 도움을 받을 수 있도록 하는 출발점이 될 수 있습니다. 또한 온라인에서도 치료 프로그램을 포함한 많은 정보들을 이용하는 것이 가능합니다. 여러분의 자녀들과 이러한 선택지들을 놓고 함께 이야기하면서 더 많은 도움을 찾아보기 바랍니다.*

전문가의 도움을 구하는 것에 대해 십대 자녀는 자신이 실패했다고 생각하거나, 남들과 다르고 정상적이지 않다고 느낄 수도 있습니다. 부모님은 자녀를 이해하지만, 추가적인 도움이 필요하다는 것을 자녀에게 알려주십시오. "내가 어떻게 도와야 할지 잘 모르겠구나. 네가 이 어려움을 극복할 수 있도록 돕고 싶단다. 함께 방법을 찾아보자."

십대들과 함께 기술을 활용하는 방법

생각과 감정, 그리고 행동이 어떻게 연결되는지 이해하고, 탐정처럼 생각하기를 사용하며, 문제를 해결하고, 사다리 기법을 이용하여 불안에 직면하는 핵심 기술은 청소년은 물론 성인에게도 마찬가지로 불안을 관리하는 주요 방식이 됩니다.

불안이 다시 발생할 때는 이전에 했던 것처럼 접근하십시오. 불안을 부모님과 자녀가 이전에 썼던 기술을 사용하여 해결하여야 할 문제로 생각해 보세요. 이 작업은 전에 썼던 것과 동일한 작업 기록지를 사용하여 핵심 기술을 학습하거나, 아니면 십대에게 적합한 새로운 양식으로 조정하여 수행

---

* 역자주: 우리나라에는 각급 학교에 전문상담교사와 전문상담사가 있으며, 위클래스, 위센터, 위스쿨도 있습니다. 각 지역마다 공공기관인 청소년상담복지센터 및 정신건강복지센터 등이 있으며, 민간 기관(예: 심리상담센터 등)도 쉽게 찾을 수 있습니다. 단, 이러한 기관에서 활동하는 전문가의 학력과 경력 수준의 편차가 크기 때문에 각 기관을 이용할 때 서비스 제공자의 자격사항을 확인해야 합니다.

할 수 있습니다. 이러한 접근법은 십대들의 학교 생활과 또래관계, 그리고 발달과정에 미치는 영향을 최소화함으로써 고통을 줄이고 문제를 예방하는 데 목적이 있습니다.

생각과 감정을 알아차리는 기술과 탐정처럼 생각하기, 사다리 기법은 핵심 기술로서 동일하지만, 십대의 청소년들은 이러한 기술이 어린애들이나 하는 것처럼 보이지 않기를 원할 수 있습니다. 예를 들어, 탐정처럼 생각하기를 '현실적으로 생각하기' 또는 '도움이 되거나 도움이 되지 않는 생각들'로 명칭을 바꾸는 것이 좋을 수 있습니다. 일부 십대들은 사다리 기법의 명칭을 '불안에 직면하기' 또는 '두려움에의 도전'으로 바꾸는 것을 선호합니다. 이때에도 원칙과 전략 및 문제해결 방법은 이전과 동일합니다.

괴롭힘을 다루는 것을 포함하는 자기주장과 사회성 기술에 대한 장(8장), 그리고 명상을 포함한 이완(9장)은 십대들에게도 잘 맞습니다. 자녀가 어렸을 때 이러한 기술을 사용할 필요가 없었다면 지금이라도 이 장들을 처음부터 다시 검토하거나 연습해볼 가치가 있습니다.

안심시켜준다고 해서 불안이 없어지지는 않으며, 역설적으로 불안을 더 악화시킬 수 있습니다. 십대의 자녀가 불안이나 기분장애 또는 고통을 경험하는 것은 결국 부모와 보호자들에게 매우 괴로운 일입니다. 부모님들은 안심시켜주는 것을 통해 자녀의 고통스러운 감정을 없애주고 싶어 하는 경향이 있습니다. 그러나 이것은 당장 자녀의 기분을 좋게 할 수는 있지만, 장기적으로는 도움이 되지 않습니다. 부모님들은 자녀를 안심시켜줌으로써 자신의 불안을 줄이는 함정에 빠질 수 있습니다.

탐정처럼 생각하기

3장을 다시 읽으면서 십대의 자녀들이 걱정과 고통을 초래하는 상황에 대해 보다 현실적으로 생각하도록 돕는 핵심 아이디어를 상기시켜보기 바랍니다. 탐정처럼 생각하는 과정은 걱정스러운 생각을 알아차리고, 질문을 사용하여 걱정스러운 생각이 절대 사실이 아닐 수 있다는 증거를 찾은 다음, 차분하고 현실적인 생각을 하는 것을 포함합니다. 어린아이들에 비해 십대들의 경우에는 증거를 찾고, 그 상황의 결과가 무엇일지 생각해보며, 그들의 불안한 예측이 실제로 나타나더라도 자신이 대처할 수 있을지에 관하여 좀 더 자세히 찾아보도록 격려할 수 있겠습니다.

탐정처럼 생각하기는 불안을 유발하는 상황에 들어가는 것을 알고 있거나, 두려움에 직면할 때 또는 사다리의 단계를 수행할 때 실시할 수 있습니다. 질문을 끝까지 읽으면서 걱정스러운 생각에 도전하고, 그 생각이 절대 사실이 아니라는 증거를 찾아보세요. 압도적인 두려움에 사로잡혀 파국적인 생각으로 치닫기보다는, 자녀가 가진 두려움을 특정 사건이나 이들이 두려워하는 결과와 연결시키도록 도와주세요.

고통을 유발하는 즉각적인 상황에서 탐정처럼 생각하기를 실행에 옮길 수도 있습니다. 십대들과 함께 "또 무슨 일이 일어날 수 있을까?", "만약 그런 일이 일어난다면 대처할 수 있을까?"와 같이 주요한 증거 찾기 질문을 하면서 걱정스러운 생각을 빠르게 알아차린 다음, 차분하고 도움이 되는 또 다른 생각을 하는 연습을 해보시기 바랍니다.

어떤 십대들은 만화 캐릭터의 목소리로 걱정스러운 생각을 말하는 것과 같이 탐정처럼 생각하기에 대한 유머러스한 접근법을 개발하는 것을 선호할지도 모릅니다. 이러한 경우에도 십대들을 창피하게 하거나, 비하하거나, 그들의 걱정을 최소화시키는 식의 제한선을 넘지는 마시고 그들의 의견을 존중하세요. 또 어떤 십대들은 이 과정을 탐정처럼 생각하기라고 부르고 싶어 하지 않을 수도 있습니다. 일반적으로 십대와 어른들은 이 과정을 '현실적으로 생각하기'라고 묘사하는데, 이는 실제 상황에서 발생할 수 있는 가능성과 비용, 잇따르는 결과를 생각해보도록 격려하는 것이기 때문입니다. 이것은 소위 '긍정적으로 생각하기'와는 매우 다릅니다. 실제로 현실에서는 가끔 '나쁜' 일들이 일어나기 때문에 현실적인 관점을 갖는 것이 중요하고, 그 상황에서 화가 나거나 불편할 수도 있겠지만 그들이 잘 대처할 수 있으리라는 자신감을 가지는 것이 중요합니다.

십대들의 불안한 생각은 고통을 유발하는 즉각적인 상황과 관련이 있을 수 있고, 미래에 대한 보다 일반적인 불안한 예측과도 관련이 있을 수 있다는 점을 기억하세요. 때때로 부모들은 자녀가 어떤 상황에서 느끼는 고통의 깊이에 놀랄 수도 있습니다. 이것은 십대 자녀들의 광범위하고 깊은 고민을 탐색하는 단서가 될 수 있습니다.

사다리 기법

사다리를 개발하기 위한 아이디어를 새롭게 하기 위해 5장을 다시 읽어보고, 필요한 경우 문제해결기술을 검토하는 7장을 다시 보시기 바랍니다.

다시 말하지만, 불안한 예측에 도전하는 기회를 제공하기 위해 불안에 직면하는 개념과 사다리를 만드는 과정은 모든 연령대에 걸쳐 동일합니다. 현실적(realistic)이고 반응적(responsive)이며 반복적(repetitive)인 행동과 보상(rewards)이라는 4R이 효과적인 사다리 프로그램의 성공 비결임을 기억하십시오.

- 목표에 대해 현실적일 것
- 필요한 경우 프로그램을 조정하여 반응할 것
- 반복적인 행동을 활용할 것. 즉, 정말로 나쁜 일이 일어나지 않는다는

생각을 강화하기 위해 많은 단계들을 시도해볼 것
- 불안에 직면하려는 십대들의 부지런한 노력을 인정하기 위해 *보상*을 사용할 것

십대 자녀는 자신들의 진전을 인정받기 위해 또는 단계가 어려울 때 동기를 부여받기 위해 보상을 원할 수 있습니다. 이들에게 있어서 단계를 완료하고 확인하는 것은 충분한 보상이 될 것입니다. 여러분과 십대 자녀들은 여러분이 처한 상황에서 가장 잘 작동하는 것을 알아낼 필요가 있습니다. 보상 시스템을 사용하든 사용하지 않든, 자녀가 어떤 노력을 기울이고 있으며 그들이 불안을 극복하려고 얼마나 애쓰고 있는지를 알아차려주는 것은 매우 중요합니다.

부모로서 여러분은 십대 자녀들이 시도하는 모든 단계들로부터 얻은 새로운 학습을 지원할 수 있습니다. 단계가 어떻게 진행되었는지를 확인할 때 자녀가 배운 것을 강화하고 통합하기 위해 다음과 같은 방식으로 몇 가지 질문을 할 수 있습니다. 이러한 질문은 자녀가 자신의 경험을 분석하고 말로 표현할 수 있는 능력을 키우는 데 도움이 됩니다.

- 무슨 일이 일어날 거라고 생각했니?
- 어떤 일이 일어났니?
- 얼마나 놀랐니?
- 무엇을 배웠니?

질문할 때는 요점을 설명하거나 강요하는 것이 아닌 호기심을 자극하는 방식으로 질문해야 합니다. 가장 효과적이고 오래 지속되는 학습은 자녀가

스스로 결과에 대한 결론을 내리는 과정을 통해 이루어집니다. 여러분은 자녀를 응원하고 격려하는 치어리더가 되어주세요.

일부 십대들에게 사다리에 대한 '과학적인' 접근법은 불안에 점진적으로 직면하는 유용하고도 색다른 방법이 될 수 있습니다. 마치 하나의 작은 실험처럼 단계들에 접근하도록 격려해보십시오.

한 단계 또는 어려운 상황을 시도하기 전에, 여러분은 다음과 같은 질문을 할 수 있습니다.

- 가설이 무엇일까? 어떻게 될 것 같니?
- 나쁜 일이 일어날 가능성은 얼마나 될까?
- 단계를 시도한 후에는 다음 질문에 대해 논의합니다.
  - 해보니까 어땠어? 실제로 무슨 일이 일어났니?
  - 실험에 대한 너의 결론은 무엇이니?

이러한 단계와 실험은 믿음과 가정에 도전하는 데 유용합니다. 나쁜 일이 일어날 것이라는 기대와 실제로 일어날 가능성 사이에 불일치가 있다는 것을 알게 되면, 자녀들은 새로운 학습을 하게 됩니다. 불안을 유발하는 상황을 바라보는 다른 방법이 있다는 것, 나쁜 일이 일어날 가능성은 다를 수 있다는 것, 그리고 예상과는 매우 다르게 상황을 관리할 수 있다는 것을 배우게 됩니다.

모든 것이 계획대로 되지 않을 때가 있을 것입니다. 이것은 특히 여러분의 십대 자녀가 사회불안, 즉 사회적 상호작용이나 수행에 대한 두려움을 극복하기 위한 단계나 실험을 시도할 때 발생할 수 있습니다. 어떤 단계를 시도한 결과가 자녀나 부모가 기대했던 것만큼 긍정적이지 않을 수 있습니다. 예를 들어 연설이나 발표를 할 때 주저하거나, 말하다 잊어버릴 수 있습니다. 하지만 중요한 교훈은 정말 나쁜 결과, 즉 그들이 두려워했던 완전한 재앙이나 굴욕은 발생하지 않았다는 것입니다.

단계가 원래 계획대로 진행되지 않을 경우에는 결과가 예상했던 것만큼 나빴는지, 감당할 수 있었는지 물어볼 수 있습니다(예: 어떻게 다루었니? 실제 결과는 어땠니? 얼마나 오래 지속되었니?). 자녀의 감정을 알아주고 아이들이 결과를 파국적으로 생각하지 않고 공정하게 평가할 수 있도록 돕는 것은 여러분이 사후에 도움을 줄 수 있는 방법입니다. 이것은 십대들에게 정말 중요하고 유용한 학습입니다. 부모님과 보호자들은 두려움에 맞서려고 노력하는 십대 자녀들의 용기를 자녀의 나이에 맞는 방식으로 인정함으로써 중요한 지원을 제공할 수 있습니다.

십대 자녀들은 보다 넓은 삶의 경험과 상황들을 마주하게 되면서 불안에 자발적으로 직면할 기회를 갖게 될 것입니다. 기회가 있을 때 이러한 도전을 할 수 있도록 자녀를 격려해주세요. 이는 쇼핑센터에서 친구들을 만나기 위해 혼자 대중교통을 이용하거나, 관심 있는 분야의 새로운 학교 동아리에 대해 배우는 것만큼 간단할 수 있습니다. 도전이 약간의 두려움이나 걱정을 유발하는 경우 필요하면 작은 사다리를 만들어 자녀가 성공해내도록 도울 수 있습니다. 예를 들어 새로운 모임에 가면 무슨 말을 해야 할지 모를까봐 걱정할 수 있는데, 이때 낯선 사람들과 대화할 수 있는 기회를 제공하는 사다리는 자녀의 자신감을 키우는 데 도움이 될 수 있습니다. 부모님께서는 자녀의 이러한 자발적 단계에 대해 칭찬과 인정을 제공해주고, 이에 대한 보상도 제공해주십시오.

부모가 도울 수 있는 방법

안심시켜주는 것과 회피를 허용하는 것은 불안을 없애지 못한다는 점을 기억하십시오. 이러한 방법은 역설적으로 불안을 더 악화시킬 수 있습니다. 앞에서 언급했듯이, 십대 자녀가 불안이나 기분장애 또는 고통을 경험하는 것은 부모님과 보호자들에게도 매우 괴로운 일입니다. 부모님들은 안심시키거나 도움을 주기 위해 자녀에게 개입함으로써 고통스러운 감정을 없애주고 싶어 하는 경향이 있는데, 이는 자연스러운 현상입니다. 하지만 이러한 방법은 자녀의 기분을 당장 나아지게 할 수는 있어도, 장기적으로는 전혀 도움이 되지 않습니다. 부모는 또한 자녀를 안심시켜줌으로써 자신의 불안감을 줄이는 함정에 빠질 수 있습니다. 4장에서 언급한 원칙과 전략들을 다시 한번 떠올려보십시오.

경청과 의사소통

자녀와 소통할 때는 침착하고, 정중하게 경청하며, 자녀가 겪고 있는 상황을 이해하고 있다는 것을 보여주어야 합니다. 자녀가 무엇을 잘못했는지 또는 문제를 어떻게 해결해야 하는지 설명하는 것보다, 자신의 말을 잘 들어주고 있다고 느끼게 하는 것이 가장 도움이 됩니다. 십대 자녀와 대화할 때 다음 사항을 염두에 두세요.

- 열린 자세로 소통하고, 자녀가 느끼고 있는 것을 계속해서 이야기하는 것을 목표로 하십시오.
- 자녀가 느끼고 있는 바를 말하도록 도와주세요. "네가 지금 가장 강하게 느끼는 감정이 어떤 거니?"라고 묻습니다.
- "무슨 일이 일어날까봐 걱정하고 있어?"와 같은 개방형 질문을 사용

하세요. 이는 십대들로 하여금 자신의 불안한 기대를 확인할 수 있도록 도와줍니다. 이때 현재 상황을 최소화하거나 무시하지 않도록 합니다. 때때로 십대들은 그들이 경험하는 불안과 고통을 잠정적이고, 간접적이며, 잘 조절되지 않은 방식으로 전달할 수 있습니다. 만약 그 당시에 여러분이 무언가를 깨닫지 못했거나 알아채지 못했다고 생각된다면, 나중에 조금 차분해진 다음 자녀와 함께 그것을 확인해보세요. 필요한 경우, 자녀가 말하려고 했던 중요한 내용을 놓친 것에 대해 사과하십시오.

• 만약 부모님들 사이에 자녀의 불안이나 다른 문제들을 어떻게 도울 것인지에 대해 의견이 엇갈린다면, 별도의 도움이나 중재를 받으십시오. 의견 차이로 스트레스를 받기보다는, 일치된 태도를 가진 부모와 양육자가 필요합니다.

도움이 되지 않는 부모의 말	도움이 되는 부모의 말
아무것도 아냐. 걱정할 필요 없어.	(자녀가 여러분에게 문제라고 얘기하는 것에 대해) 네가 ~에 대해 걱정하고 있구나.
별것도 아닌 걸 가지고 너무 불안해하지 마.	예전에 네가 ~한 상황에서 잘했던 게 생각나는구나.
너무 유치하구나.	너는 전에 이런 일을 겪어봤단다.
약해지지 마. 나이에 맞게 행동하렴.	전에 이런 기분이 들었을 때 어떤 방법이 효과가 있었니?
진정해. 놀라지 마!	나는 네가 이걸로 정말 스트레스를 받고 있다는 걸 알고 있어. 함께 ~을(운동, 산책, 요리 등 자녀가 즐기는 활동을) 하는 게 어떨까?

도움이 되지 않는 부모의 말	도움이 되는 부모의 말
별거 아냐. 그냥 해봐.	이 일이 힘들다는 걸 알아. 어떤 것부터 시작할 수 있을까?
괜찮아. 모든 일이 잘될 거야.	나쁜 성적을 받는 것과 그것이 내년에 무엇을 의미할지에 대해 걱정하고 있구나. 미래에 대한 걱정이 압도적으로 느껴질 수 있어.
내가 대신 해줄게. 너는 이렇게 하면 돼.	너의 선택은 무엇이니? 누가 도와줄 수 있을까? 이런 문제가 발생하면 보통 어떻게 해결할까? 여기에는 많은 잠재적인 문제가 있지만, 어떤 문제를 해결할 수 있고 어떤 문제를 해결할 수 없을지 생각해보자.
그래, 진짜 완전한 실패구나.	이 과제에서 더 좋은 점수를 받을 것으로 기대했는데, 이제 고급반에 들어가지 못할까봐 걱정하는구나.

희망을 가지고 자녀의 자율성을 지지하기

- 불안과 새로운 문제의 재발에 대처하는 십대 자녀들의 능력에 자신감을 가지십시오.

- 섣불리 해결책을 제시하거나, 부모님이 나서지 마십시오. 지원하는 것과 주도하는 것은 종이 한 장 차이에 불과하지만, 자녀가 만든 해결책을 실행하도록 도울 것을 제안합니다. 예를 들어, 숙제 마감 기한을 연장해달라는 이메일을 부모님이 대신 작성하는 것보다, 자녀가 작성한 이메일을 읽어보는 것입니다.

- 자녀가 스스로 걱정을 해결하도록 격려하되, 강요하지는 마세요.

- 자녀의 가능성과 불안을 극복할 수 있는 자녀의 능력에 대한 부모의

믿음을 강화하십시오.

불안관리기술을 상기시키도록 돕기

- 자녀를 응원하는 치어리더가 되십시오. 과거에 비슷한 상황에서 자녀가 배운 것을 상기시켜주세요. 자녀가 현재 겪고 있는 어려움에 이러한 방법들이 어떻게 적용될 수 있는지 생각할 수 있도록 도와주십시오.
- 달성 가능한 작은 목표를 세울 수 있도록 도와주세요.
- 십대 자녀가 부모님과 함께뿐만 아니라 혼자서도 연습과 단계를 마치도록 격려하고, 가능한 한 다양한 상황에서 연습을 완료하도록 격려하세요.

십대 자녀와 부모님을 위한 건강 행동과 자기관리를 격려하기

- 자신을 돌보고, 건강한 행동을 개발하고, 걱정과 기분을 조절하는 전문 기술을 개발하는 것을 지원하십시오.
- 적절한 수면 습관과 건강한 영양, 규칙적인 식사를 장려하고, 부모님 스스로 모델이 되어주십시오.
- 가족 및 친구들과의 진정성 있고 긍정적인 연결을 장려하십시오.
- 여가와 휴식, 운동 및 스포츠, 창의적인 취미, 그리고 자연에서 보내는 시간을 지원하고 장려하십시오.
- 이완하는 것을 배우고 연습하거나, 마음챙김, 명상, 요가와 같은 자기 돌봄 활동을 권장하세요.
- 부정적인 대처전략인 술과 마약에 대해 십대들과 터놓고 이야기하고, 스트레스가 많은 상황이나 사회적 압력에 대처하는 다른 방법을 찾기 위해 자녀와 함께 협력하십시오.

사회성 기술 및 자기주장

청소년기에는 또래 및 타인과의 관계, 인정받고 싶은 욕구, 자기주장과 사회성 기술의 필요성 등과 같은 완전히 새로운 차원의 어려움을 겪게 됩니다. 부모로서 여러분은 중학교와 고등학교에 다니는 십대 자녀에게 조언할 수 있는 모든 답을 가질 수는 없을 것입니다. 심각한 문제나 안전 문제가 발생하지 않는 한, 부모님께서는 한 발 뒤로 물러서서 자녀가 주도적으로 상황을 처리하도록 하는 것이 중요합니다. 십대들의 선택이 항상 여러분이 바라던 것이 아닐 수도 있지만, 자녀가 독립성을 배우고 결과에 대처할 수 있도록 하는 것, 그리고 자녀의 일이 잘못되었을 때 자녀를 위로하고 지원하는 역할을 하는 것이 십대를 양육하는 부모가 지녀야 할 우선적인 마음자세입니다.

십대에 필요한 사회성 기술은 어린 시절에 필요한 것보다 더 복잡하고 미묘합니다. 자녀가 성장함에 따라 십대들은 데이트를 포함하여 더 복잡한 동료 관계를 탐색할 뿐 아니라, 학교 선생님 혹은 미래의 잠재적 고용주들과 효과적으로 소통할 필요가 있습니다. 이러한 새로운 사회적 상황을 염두에 두고 십대들의 사회성 기술 발달을 검토해보세요. 만약 여러분이 자녀의 자신감이나 주장의 부족이 부정적 영향을 미치고 있다는 것을 알아차린다면, 8장에서 다루었던 기술과 제안들을 사용하여 사회적 상황의 사다리를 만들고 역할극을 해보십시오.

이완하기

마음과 몸을 편안하게 하는 법을 배우는 것은 모든 연령대의 사람들에게 중요하며, 나이가 좀 더 든 아이들과 십대들에게도 어린아이들만큼이나 중요합니다. 여러분은 자녀와 함께 얼마나 많은 도움이 필요한지 의논할 수 있습니다. 예를 들어, 아이들은 연습을 위해 자신만의 명상법을 사용하는 것을 선호할 수도 있습니다. 이완과 명상은 최근 학교에서도 점점 더 많이 가르치고 있습니다. 만약 여러분의 십대 자녀가 이런 경험을 했다면, 자녀가 배운 것을 여러분과 다른 가족들에게 가르쳐보게 하고, 이러한 기술을 사용하는 방법에 대해 함께 이야기를 나누어보세요.

만약 그렇지 않거나 혹은 그 접근법이 자녀에게 잘 맞지 않는다면, 9장에 수록된 연습 각본을 보면서 몇 가지를 함께 연습해보세요. 요즘에는 다운로드할 수 있는 좋은 앱도 많이 있습니다. 십대 자녀와 어른 모두 여러 상황에서 사용할 수 있는 다양한 이완 전략을 갖는 것이 좋습니다. 예를 들어, 밤에 잠자기 전에 이완을 취하기 위한 보다 긴 이완 각본과 그때 사용할 수 있는 간단한 마음챙김 또는 호흡법이 있습니다. 이러한 이완 기술을 차안에서나 책상 앞, 도서관, 화장실 등에서 연습해두십시오. 그러면 언제 어디서나 이완이 필요한 순간에 사용할 수 있을 것입니다.

11장의 주요 내용

- 불안한 아이들이 십대의 어려움을 겪으면서 두려움과 걱정을 경험하는 것은 흔한 일입니다. 이러한 두려움은 이전에 가졌던 두려움일 수도 있고, 새로 생긴 또 다른 두려움일 수도 있습니다.

- 일부 불안한 십대들은 기분이 가라앉거나 우울증에 걸릴 수 있고, 술과 약물을 남용할 수 있으며, 섭식에 어려움을 겪을 수도 있습니다.

- 부모님께서는 자신이나 자녀의 관리 방식이 걱정되거나 자녀의 안전이 염려되는 경우 도움을 구해야 합니다. 부모님과 보호자는 자녀가 불안을 관리할 수 있도록 최대한 일관성 있게 지원해야 합니다.

- 생각과 감정을 파악하고, 탐정처럼 생각하기를 사용하고, 사다리를 사용하여 점진적으로 불안에 직면하는 핵심 기술은 십대와 어른들에게 모두 유용합니다.

- 이완 기술을 다시 배우고 익히는 것은 모든 사람들에게 유용합니다. 자녀가 여러분을 가르치게 함으로써 기술을 다시 익힐 수 있는 기회를 가져보세요.

참고문헌

Caspi, A., G. H. Elder Jr., and D. J. Bem. (1988). "Moving Away from the World: Life-Course Patterns of Shy Children." *Developmental Psychology* 24: 824–31. https://doi.org/10.1037/0012-1649.24.6.824.

Cobham, V. E., M. R. Dadds, S. H. Spence, and B. McDermott. (2010). "Parental Anxiety in the Treatment of Childhood Anxiety: A Different Story Three Years Later." *Journal of Clinical Child & Adolescent Psychology* 39 (3): 410–20. https://doi.org/10.1080/15374411003691719.

Eley, T. C. (1997). "General Genes: A New Theme in Developmental Psychopathology." *Current Directions in Psychological Science* 6 (4): 90–95.

Lawrence, D., S. Johnson, J. Hafekost, K. Boterhoven De Haan, M. G. Sawyer, J. Ainley, and S. Zubrick. (2015). "The Mental Health of Children and Adolescents: Report on the second Australian Child and Adolescent Survey of Mental Health and Wellbeing." Department of Health [Australia]. Available at https://www.health.gov.au/resources/publications/the-mental-health-of-children-and-adolescents.

Lee, S., A. Tsang, J. Breslau, S. Aguilar-Gaxiola, M. Angermeyer, G. Borges et al. (2009). "Mental Disorders and Termination of Education in High-Income and Low- and Middle-Income Countries: Epidemiological Study." *British Journal of Psychiatry* 194 (5): 411–17. https://doi.org/10.1192/bjp.bp.108.054841.

Lyneham, H. J., and R. M. Rapee, R. M. (2006). "Evaluation of Therapist-Supported Parent-Implemented CBT for Anxiety Disorders in Rural Children." *Behaviour Research and Therapy* 44: 1287–1300. https://doi.org/10.1016/j.brat.2005.09.009.

Merikangas, K. R., J.-p. He, M. Burstein, S. A. Swanson, S. Avenevoli, L. Cui, C. Benjet, K. Georgiades, and J. Swendsen. (2010). "Lifetime Prevalence of Mental Disorders in U.S. Adolescents: Results from the National Comorbidity Survey Replication-Adolescent Supplement(NCS-A)." *Journal of the American Academy of Child & Adolescent Psychiatry* 49 (October): 980–89. https://doi.org/10.1016/j.jaac.2010.05.017.

Rapee, R. M., M. J. Abbott, and H. J. Lyneham (2006). "Bibliotherapy for Children with Anxiety Disorders Using Written Materials for Parents: A Randomized Controlled Trial." *Journal of Consulting and Clinical Psychology* 74 (3): 436–44. https://doi.org/10.1037/0022-006X.74.3.436.

Rapee, R. M., J. Fardouly, M. K. Forbes, C. Johnco, N. R. Magson, E. L. Oar, and C. Richardson. (2019). "Adolescent Development and Risk for the Onset of Social-Emotional Disorders: A Review and Conceptual Model." *Behaviour Research & Therapy* 123: 103501. https://doi.org/10.1016/j.brat.2019.103501.

Rapee, R. M., H. J. Lyneham, V. Wuthrich, M.-L. Chatterton, J. L. Hudson, M. Kangas, and C. Mihalopoulos. (2021). "Low Intensity Treatment for Clinically Anxious Youth: A Randomised Controlled Comparison Against Face-to-Face Intervention." *European Child & Adolescent Psychiatry* 30: 1071–79. https://doi.org/10.1007/s00787-020-01596-3.